Integrierte Produkt- und Werkzeugentwicklung durch Gestaltung von Freiheitsgraden

Integrated product and tool development by designing degrees of freedom

Von der Fakultät für Maschinenwesen
der Rheinisch-Westfälischen Technischen Hochschule Aachen
zur Erlangung des akademischen Grades eines
Doktors der Ingenieurwissenschaften
genehmigte Dissertation

vorgelegt von

Abassin Aryobsei

Berichter:

Univ.-Prof. Dr.-Ing. Dipl.-Wirt. Ing. Günther Schuh
Univ.-Prof. Dr.-Ing. Achim Kampker

Tag der mündlichen Prüfung: 03. November 2015

ERGEBNISSE AUS DER PRODUKTIONSTECHNIK

Abassin Aryobsei

Integrierte Produkt- und Werkzeugentwicklung durch Gestaltung von Freiheitsgraden

Herausgeber:
Prof. Dr.-Ing. Dr.-Ing. E. h. Dr. h. c. Dr. h. c. F. Klocke
Prof. Dr.-Ing. Dipl.-Wirt. Ing. G. Schuh
Prof. Dr.-Ing. C. Brecher
Prof. Dr.-Ing. R. H. Schmitt

Band 7/2016

WZL | RWTH AACHEN UNIVERSITY

Fraunhofer IPT

Bibliografische Information der Deutschen Nationalbibliothek
Die Deutsche Nationalbibliothek verzeichnet diese Publikation in der Deutschen Nationalbibliografie; detaillierte bibliografische Daten sind im Internet über http://dnb.ddb.de abrufbar.

Abassin Aryobsei:

Integrierte Produkt- und Werkzeugentwicklung durch Gestaltung von Freiheitsgraden

1. Auflage, 2016

Apprimus Verlag, Aachen, 2016
Wissenschaftsverlag des Instituts für Industriekommunikation und Fachmedien
an der RWTH Aachen
Steinbachstr. 25, 52074 Aachen
Internet: www.apprimus-verlag.de, E-Mail: info@apprimus-verlag.de

Druck: KN Digital Printforce GmbH, Stuttgart

ISBN 978-3-86359-404-6

D 82 (Diss. RWTH Aachen University, 2015)

Vorwort

Die vorliegende Arbeit entstand während meiner Tätigkeit als wissenschaftlicher Mitarbeiter am Lehrstuhl für Produktionssystematik des Werkzeugmaschinenlabors WZL der Rheinisch-Westfälischen Technischen Hochschule (RWTH) Aachen. Hierbei haben mich zahlreiche Personen aus meinem beruflichen und privaten Umfeld unterstützt, denen ich an dieser Stelle gerne danken will.

Herrn Professor Günther Schuh, Inhaber des Lehrstuhls für Produktionssystematik, danke ich für die Möglichkeit zur Promotion sowie für die Schaffung eines praxisnahen, herausfordernden und inspirierenden Umfelds. Für die Übernahme des Koreferats möchte ich Herrn Professor Achim Kampker danken. Ebenso bedanke ich mich bei Herrn Professor Marek Behr für die Übernahme des Prüfungsvorsitzes sowie bei Frau Professor Kirsten Bobzin für die Übernahme des Beisitzes.

Während meiner Zeit am WZL durfte ich zahlreiche interessante Projekte in Industrie und Forschung durchführen und die Erfahrungen in meine Dissertation einfließen lassen. Spannend und bereichernd wurde diese Zeit vor allem durch die tollen Kolleginnen und Kollegen am Lehrstuhl. Der gelebte Teamgeist sowie der freundschaftlichen Umgang untereinander haben mich stets motiviert. Für die wertvollen Diskussionen bei der Themenentwicklung sowie für die kritische Durchsicht der Arbeit möchte ich mich bei Dr. Stefan Rudolf und Dr. Jens Arnoscht bedanken. Weiterhin gilt mein Dank Dr. Kai Korthals, Dr. Arne Bohl, Dr. Michael Schiffer, Dr. Till Vogels, Dr. Nicolas Komorek, Stefan Breunig und Sebastian Barg.

Mein besonderer Dank gilt Dr. Sasa Aleksic für die langjähre Freundschaft während der gemeinsamen Zeit in der Schule, im Studium und schließlich am WZL. Die Projektzeit in München sowie die unzähligen Autobahnfahrten zwischen Aachen und Kassel bleiben unvergesslich.

Bei meinen studentischen Mitarbeitern und Abschlussarbeitern möchte ich mich für Ihre großartige Unterstützung bedanken. In diesem Zusammenhang möchte ich vor allem Patrick Treichel, Georgiy Volevach, Sven Januszek, David Röttig, Falko Tubbe, Jan Ole Hansen und Ahmad Mohsseni hervorheben. Ahmad Mohsseni danke ich für die in der Zeit in Aachen entstandene wunderbare Freundschaft.

Mein größter Dank gilt meiner Familie. Allen voran danke ich meinen Eltern Alia und Ronagul Aryobsei, die mich schon in jungen Jahren motiviert und bestärkt haben. Ihr bedingungsloser Rückhalt und ihre wertvolle Unterstützung in allen Lebenslagen haben mir diesen Weg erst ermöglicht. Ebenso danke ich meiner lieben Frau Rahima, die mich durch Ihre aufmunternde Art und liebevolle Fürsorge auch in den herausfordernden Phasen der Promotion bestärkte. Meinen Geschwistern Mina, Suleiman und Hassina danke für ihr stets offenes Ohr sowie die wertvollen Ratschläge während meiner Promotionszeit. Meiner Familie widme ich diese Arbeit.

Bensheim, im Dezember 2015

Abassin Aryobsei

Zusammenfassung

Unternehmen aus Hochlohnländern sehen sich einem zunehmenden internationalen Verdrängungswettbewerb mit Anbietern aus Osteuropa und Asien ausgesetzt. Um in diesem Wettbewerb zu bestehen, müssen individuell auf den Kunden zugeschnittene Produkte in kurzer Zeit und mit marktfähigen Preisen angeboten werden können. Für die Erfüllung dieser Anforderungen ist eine integrierte Betrachtung der Phasen und Prozesse entlang der Wertschöpfungskette unerlässlich. Der Werkzeugbau als Bindeglied zwischen Produktentwicklung und Serienfertigung stellt hierbei einen wichtigen Stellhebel dar, da er neben der Produktqualität insbesondere die Produktentstehungskosten sowie die Time-to-Market wesentlich beeinflusst. Zwar wird die Notwendigkeit der Integration des Werkzeugbaus in die vorgelagerten Kundenprozesse zunehmend erkannt, allerdings existiert kein systematischer Ansatz, mithilfe dessen die Wechselwirkungen zwischen Produkt und Werkzeug abgebildet und rechtzeitig Freiheitsgrade zur werkzeuggerechten Produktoptimierung identifiziert werden können.

Diesen Handlungsbedarf aufgreifend wird in der vorliegenden Arbeit eine Methodik zur integrierten Produkt- und Werkzeugentwicklung entwickelt, die bei der Reduzierung der durch die Beschaffenheit des Produkts verursachten Werkzeugkosten sowie der durch die Werkzeugentstehungszeit beeinflussten Time-to-Market unterstützt. Im Rahmen der Methodik werden im ersten Schritt die Wechselwirkungen zwischen Produkt und Werkzeug formalisiert dargestellt. Mithilfe der Transparenz über diese Wechselwirkungen ist es möglich, die Treiber der Werkzeugkosten sowie der Werkzeugentstehungszeit zu identifizieren und Stellhebel für eine werkzeuggerechte Optimierung des Produkts abzuleiten. Da Produkte zahlreichen weiteren Restriktionen unterliegen, findet im nächsten Schritt eine Identifikation der Freiheitsgrade für eine werkzeuggerechte Optimierung statt. Freiheitsgrade bilden ein zentrales Element der vorliegenden Arbeit. Sie beschreiben das Ausmaß der möglichen Variation eines Produktmerkmals in seinen Ausprägungen unter Berücksichtigung der weiteren Restriktionen. Sind die Freiheitsgrade im Produkt identifiziert, findet im letzten Schritt ein Optimierungsverfahren statt, mithilfe dessen die Werkzeugkosten sowie die Werkzeugentstehungszeit reduziert werden. Grundlegende Voraussetzung bei der Gestaltung der Methodik bildet die Sicherstellung der Praxistauglichkeit, welche abschließend anhand von zwei Fallbeispielen in ausgewählten Unternehmen gezeigt wird.

Abstract

Companies from high-wage countries face an intensified competition with suppliers from Asia and Eastern Europe. In order to meet this challenge companies must be able to offer customized products with low costs and within a very short time. This can only be achieved by an effective, integrated and flexible process chain. Therefore the management of interfaces between the different areas of the process chain has become a strategic success factor. Since tooling often is placed on the critical path between product development and serial production, the management of the interfaces towards tooling has a significant impact on total time, quality and costs. This fact makes it critical to include tooling into the product development process. Although there is a need for an integrated product and tool development there are no systematic approaches available. Current approaches from research focus mainly on local optimization. This contains either the optimization of product development or tool development. Furthermore many approaches deal with the optimization of product-production systems on a very superior level. Consequently there is a need for a systematic and tooling specific approach that supports an integrated product and tool development.

Based on this gap in research and practice a methodology is developed which supports reducing tooling costs as well as time-to-market. The methodology for an integrated product and tool development consists of three partial models. In the first partial model critical product specifications regarding tooling costs and time-to-market are identified. By formalizing the interactions between product and tool it is possible to identify the drivers of tooling costs and time-to-market at an early stage. In the second partial model the so called degrees of freedom for optimizing the tool suitability of products are identified. Degrees of freedom describe the possibility to change a product in its specifications while simultaneously considering further restrictions. After the degrees of freedom are identified an optimization technique developed within the third partial model. This technique supports both, product development and tooling, to reduce tooling costs and time to market. One basic requirement of the developed methodology is the practical suitability which is shown in two specific case studies.

Inhaltsverzeichnis

Verzeichnis der Tabellen

Verzeichnis der Abbildungen

Verzeichnis der Abkürzungen

a	Steigung der Ausgleichsgerade
A_j	Ausprägungsraum des Produktmerkmals j
bzgl.	bezüglich
bzw.	beziehungsweise
ca.	circa
CAD	Computer Aided Design
CE	Concurrent Engineering
CI	Coupling Index
d.h.	das heißt
DBR	Drum-Buffer-Rope-Methode
DFA	Design for Assembly
DFM	Design for Manfacture
DFMA	Design for Manufacture and Assembly
DFP	Design for Production
DFV	Design for Variety
DGQ	Deutsche Gesellschaft für Qualität e.V.
DIN	Deutsches Institut für Normung e.V.
DSM	Design Structure Matrix
DSP	Decision Support Problem
dt.	deutsch
EDL	Entwicklungsdienstleister
EDV	Elektronische Datenverarbeitung
et al.	et alii

etc.	et cetera
f.	folgende
ff.	fortfolgende
F&E	Forschung und Entwicklung
FEK_i	Fertigungseinzelkosten der Werkzeugbaugruppe i
FMEA	Failure Mode and Effects Analysis
$G_i^{(1)}$	Primärer Gewichtungsfaktor: Kostenanteil einer Werkzeugbaugruppe i an den Gesamtkosten des Referenzwerkzeugs
$G_{i,a}^{(2)}$	Sekundärer Gewichtungsfaktor: Anteil einer Kostenart a an den Gesamtkosten einer Werkzeugbaugruppe i
GVI	Generational Variety Index
Hrsg.	Herausgeber
hrsg. v.	herausgegeben von
IK_i	Investitionskosten (anteilig auf die Werkzeugbaugruppe i)
IMVP	International Motor Vehicle Programmes
IPE	Integrierte Produkterstellung
Jg.	Jahrgang
$KE_{j,i}^{(M)}$	Kosteneinfluss des Produktmerkmals j auf die Werkzeugbaugruppe i
$KE_{k,j,i}^{(A)}$	Kosteneinfluss der Ausprägung k des Produktmerkmals j auf die Werkzeugbaugruppe i
$KE^{(V)}$	Kosteneinfluss einer Produktvariante auf das Werkzeug
KR_j	Kostenreduzierungsfaktor des Produktmerkmals j
KS_j	Kostensensitivität des Produktmerkmals j
MEK_i	Materialeinzelkosten der Werkzeugbaugruppe i
NC	Numerical Control
OEM	Original Equipment Manufacturer
o. V.	Ohne Verfasserangabe
PEP	Produktentstehungsprozess
PK_i	Prozesskosten (anteilig auf die Werkzeugbaugruppe i)
PKW	Personenkraftwagen
PPCEM	Product Platform Concept Exploration Method

QFD	Quality-Function-Deployment
RK_i	Reparaturkosten der Werkzeugbaugruppe i
RWTH	Rheinisch-Westfälisch Technische Hochschule Aachen
S.	Seite
SE	Simultaneous Engineering
SOP	Start of Production
SUV	Sport Utility Vehicle
TKSA	Toleranzkostensensitivitätsanalyse
TQM	Total Quality Management
u.a.	unter anderem
VDMA	Verband Deutscher Maschinen- und Anlagenbauer
VDI	Verein Deutscher Ingenieure
Verl.	Verlag
Vgl.	Vergleiche
W_{DLZ}	Erforderliche Durchlaufzeit für die Werkzeugentstehung
WEP	Werkzeugentstehungsprozess
WK_{ges}	Gesamtkosten des Referenzwerkzeugs
WK_i	Kosten der Werkzeugbaugruppe i
WZL	Werkzeugmaschinenlabor WZL der RWTH Aachen
$x_{j,i,a}$	Faktor zur Bewertung des Einflusses des Merkmal j auf die Kostenart a der Werkzeugbaugruppe i
$y_{k,j,i}$	Faktor zur Bewertung der Intensität des Kosteneinflusses der Ausprägung k des Merkmal j auf die Werkzeugbaugruppe i
Z_K	Zeitliche Kritikalität eines Produkts
Z_V	Verfügbare Zeit zwischen dem Design Freeze und dem SOP
Z_{WZ}	Dauer der Werkzeugentstehung
z. B.	zum Beispiel

1 Einleitung

1.1 Motivation

Die zunehmende Globalisierung sowie der Übergang vom Verkäufer- zum Käufermarkt sorgen in nahezu allen Branchen für eine Intensivierung der Konkurrenz und einen verschärften Differenzierungsdruck für produzierende Unternehmen.[1] Der mit diesem Trend verbundene Preiskampf, insbesondere mit asiatischen Wettbewerbern, hat dazu geführt, dass eine alleinige Konzentration auf Produktindividualisierung und Qualität nicht mehr ausreicht, um am Markt erfolgreich zu agieren.[2] Vielmehr stehen Unternehmen aus Hochlohnländern vor der Herausforderung, individuell auf den Kunden ausgerichtete hochwertige Produkte in kurzer Zeit und mit marktfähigen Preisen anbieten zu können.[3] Gerade für die Erreichung von letztgenannten Kosten- und Zeitzielen ist eine effektive und effiziente Prozessabwicklung innerhalb der Wertschöpfungskette unerlässlich. Ein zentrales Element der Wertschöpfungskette bildet der Werkzeugbau, denn er fungiert als Bindeglied zwischen Produktentwicklung und Serienfertigung und liegt daher oftmals auf dem zeitlich kritischen Pfad des Produktentstehungsprozesses (siehe Abbildung 1-1).[4]

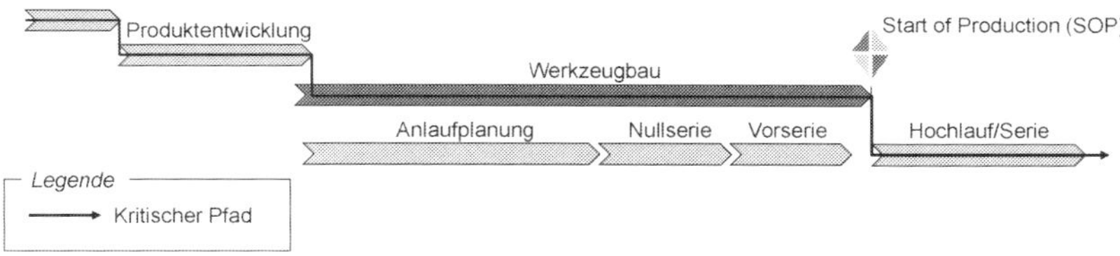

Abbildung 1-1: Der Werkzeugbau auf dem kritischen Pfad der Prozesskette

[1] Vgl. Specht et al. (2002), F&E-Management, S. 3; Eurostat (2014), EU in the World, S.91
[2] Vgl. Schwartz (2013), Mittelstand im rauen Wind, S. 1ff.
[3] Vgl. Schuh et al. (2011), Integrative Assessment and Configuration of Production Systems, S. 457
[4] Vgl. Eversheim et al. (1998), Werkzeugbau mit Zukunft, S. 1

Neben dem Einfluss auf die Durchlaufzeit haben Werkzeuge einen hohen Anteil an den einmaligen und laufenden Produktionskosten.[5] So können je nach Produktionszweig bis zu 30% der Produktionskosten durch Betriebsmittel verursacht sein. Dieser Anteil gilt sowohl für die Investitionskosten bei der Neubeschaffung der Werkzeuge als auch für die laufenden Kosten beim Werkzeugeinsatz in der Produktion, z.B. durch Reparaturen.[6] Eine zielgerichtete Kooperation mit dem Werkzeugbau im Rahmen der Produktentwicklung sowie der Serienproduktion gewinnt folglich zunehmend an Bedeutung.[7] Gerade die Schnittstelle zwischen Produktentwicklung und Werkzeugbau erweist sich als wichtiger Stellhebel, da die Erreichung der Kosten- und Zeitziele sowohl beim Produkt als auch beim Werkzeug in dieser frühen Phase entscheidend beeinflusst werden. Dabei besteht die Herausforderung darin, das Produkt rechtzeitig werkzeuggerecht zu gestalten, um nachgelagerte Änderungskosten oder Verzögerungen in der Time-to-Market zu verhindern.[8]

Im Gegensatz zu Standardwerkzeugen zeichnen sich die im Rahmen dieser Arbeit betrachteten Werkzeuge durch eine teilweise oder vollständige Abbildung der Werkstückform in der Werkzeuggeometrie aus. Gerade im Bereich dieser sogenannten Hohlformwerkzeuge hat die Beschaffenheit des Produkts einen entscheidenden Einfluss auf die Struktur des Werkzeugs und damit auch auf seine Kosten sowie seine Entstehungszeit.[9] Dieser Umstand erfordert eine integrierte Betrachtung der Produkt- und Werkzeugentwicklung.[10] Aus der Notwendigkeit der Integration des Werkzeugbaus in den Produktentwicklungsprozess bieten immer mehr Werkzeugbaubetriebe Leistungen an, die nicht zum ursprünglichen Kerngeschäft gehören. Hierzu zählen insbesondere Beratungsdienstleistungen hinsichtlich einer werkzeuggerechten Produktgestaltung bis hin zur kompletten Übernahme der Bauteilkonstruktion.[11] Jedoch fehlt es bislang an einem systematischen Ansatz, mit dem die Auswirkungen der Auslegung der Produktgestalt auf die Kosten sowie auf die Entstehungszeit des Werkzeugs erkannt und Möglichkeiten einer werkzeuggerechten Produktoptimierung aufgezeigt werden können. Bestehende Ansätze befassen sich bisher nur mit der lokalen Optimierung der Bereiche Produktentwicklung und Werkzeugentwicklung oder fokussieren sehr übergeordnet die Fragestellung, wie Produkt-

[5] Vgl. Ittner (2004), Quantitative Bewertung von Kernkompetenzen in der Automobilzulieferindustrie am Beispiel des Presswerkzeugbaus, S. 17

[6] Vgl. Eversheim et al. (1998), Werkzeugbau mit Zukunft, S. 2

[7] Vgl. Schuh et al. (2013), Werkzeugbau 4.0, S.4

[8] Vgl. Boos (2008), Methodik zur Gestaltung und Bewertung von modularen Werkzeugen, S. 32

[9] Vgl. Eversheim et al. (1998), Werkzeugbau mit Zukunft, S. 3

[10] Vgl. Schuh et al. (2014), Globaler industrieller Werkzeugbau, S. 232f.

[11] Vgl. Schuh (2009), Toolmaking for the future, S. 26

Produktionssysteme sinnvoll synchronisiert werden können. Eine Methodik zur integrierten Produkt- und Werkzeugentwicklung existiert folglich bis heute nicht. An diesem Defizit setzt die vorliegende Arbeit an.

1.2 Zielsetzung der Arbeit

Vor dem Hintergrund der in Abschnitt 1.1 erläuterten Herausforderungen ist das Ziel der vorliegenden Arbeit eine Reduzierung der Werkzeugkosten durch die werkzeuggerechte Gestaltung einer Produktfamilie[12] sowie eine Reduzierung der Time-to-Market durch die Integration des Werkzeugbaus in die Produktentwicklung. Ein zentrales Element bei der integrierten Betrachtung der Produkt- und Werkzeugentwicklung bildet die formalisierte Darstellung der Wechselwirkungen zwischen Produkt und Werkzeug. Mithilfe der Transparenz über diese Wechselwirkungen sollen die Varianten einer Produktfamilie zunächst hinsichtlich der entstehenden Werkzeugkosten sowie der durch den Werkzeugbau beeinflussten Time-to-Market bewertet werden. Basierend auf der Bewertung gilt es diejenigen Produktvarianten zu identifizieren, welche im Hinblick auf die beiden Zielgrößen als kritisch zu erachten sind und den größten Optimierungsbedarf aufweisen. Da aufgrund von weiteren Anforderungen an das Produkt eine werkzeuggerechte Optimierung nicht immer unbegrenzt möglich ist, sind die sogenannten Freiheitsgrade[13] im Produkt zu ermitteln. Diese gilt es im nächsten Schritt systematisch einzuschränken, sodass die Werkzeugkosten sowie die Time-to-Market minimal ausfallen. Für die systematische Einschränkung der Freiheitsgrade ist somit ein Vorgehen erforderlich, mithilfe dessen die durch die Produktgestalt versursachten Werkezugkosten minimiert und der Werkzeugbau durch einen frühen Informationszugang in den Produktentwicklungsprozess integriert wird.

Somit lässt sich die übergeordnete Zielsetzung der vorliegenden Arbeit wie folgt formulieren:

> Zielsetzung dieser Arbeit ist die Entwicklung einer *Methodik zur integrierten Produkt- und Werkzeugentwicklung*, um die durch die Beschaffenheit des Produkts verursachten *Werkzeugkosten* sowie die durch die Werkzeugentstehungszeit beeinflusste *Time-to-Market* zu minimieren.

---

[12] Da Produkte oftmals nicht alleine, sondern in Produktfamilien mit zueinander komplementären Varianten entwickelt werden, wird dieser Aspekt auch in der vorliegenden Arbeit berücksichtigt. Als Produkte werden Bauteile, welche mit Hohlformwerkzeugen hergestellt werden, verstanden.

[13] Freiheitsgrade bezeichnen hierbei die Möglichkeit, ein Produktmerkmal (z.B. Länge, Breite, Material) in seinen Ausprägungen zu variieren, ohne wichtige Anforderungen an das Produkt zu verletzen.

Um das übergeordnete Ziel zu erreichen, wird dieses in drei Teilziele untergliedert:

- Entwicklung eines Bewertungsmodells zur Identifikation der hinsichtlich Werkzeugkosten und Time-to-Market kritischen Produktvarianten
- Entwicklung eines Erklärungsmodells zur Bestimmung der Freiheitsgrade im Produkt hinsichtlich einer werkzeuggerechten Optimierung
- Entwicklung eines Entscheidungsmodells für die optimale Einschränkung der Freiheitsgrade im Produkt hinsichtlich Werkzeugkosten und Time-to-Market

KUBICEK empfiehlt zur Absicherung des Forschungsprozesses die Formulierung grundlegender Forschungsfragen.[14] Vor dem Hintergrund der vorgestellten Herausforderungen und der definierten Zielsetzung ist folgende Forschungsfrage[15] zu formulieren:

„Wie ist eine Methodik zur integrierten Produkt- und Werkzeugentwicklung zu gestalten?“

Im folgenden Abschnitt wird der forschungsmethodische Ansatz vorgestellt, welcher für die Beantwortung der definierten Forschungsfrage zugrunde gelegt wird.

1.3 Konzeption des Forschungsprozesses

Der Prozess der wissenschaftlichen Forschung kann nach BINDER und KANTOWSKY mit einer Reise anschaulich verglichen werden: „Von einem bestimmten Ort aus beginnt der Forschende seine Reise, in deren Verlauf er –günstigenfalls– unbekannte Ortschaften und Länder oder gar unentdeckte Kontinente auffindet, neue Wege durch unerschlossenes Gelände bahnt und Menschen kennenlernt, und so eine neue Wirklichkeit für sich und die “scientific community” erschließt“[16]. Diesem Verständnis einer Reise folgend kann die vorliegende Arbeit äquivalent als Dokumentation einer Forschungsreise interpretiert werden. Um die während dieser Forschungsarbeit dazugewonnenen Entdeckungen im Sinne von neuen Erkenntnissen der Allgemeinheit intersubjektiv zugänglich zu machen, ist es erforderlich, die grundlegende Er-

---

[14] Vgl. Kubicek (1977), Heuristische Bezugsrahmen und heuristisch angelegte Forschungsdesign als Elemente einer Konstruktionsstrategie empirischer Forschung, S. 25

[15] Für die Erläuterung der Teilforschungsfragen wird auf das Kapitel 4 dieser Arbeit verwiesen.

[16] Binder et al. (1996), Technologiepotentiale, S. 3f.

kenntnisperspektive und das methodologische Vorgehen für die Erkenntnisgewinnung zu beschreiben.[17]

Um die Basis für die grundlegende Erkenntnisperspektive zu schaffen, wird die vorliegende Arbeit in das Spektrum von Wissenschaften nach ULRICH und HILL eingeordnet (siehe Abbildung 1-2).[18] Dieser Ansatz gliedert die Wissenschaft in Formal- und Realwissenschaften.

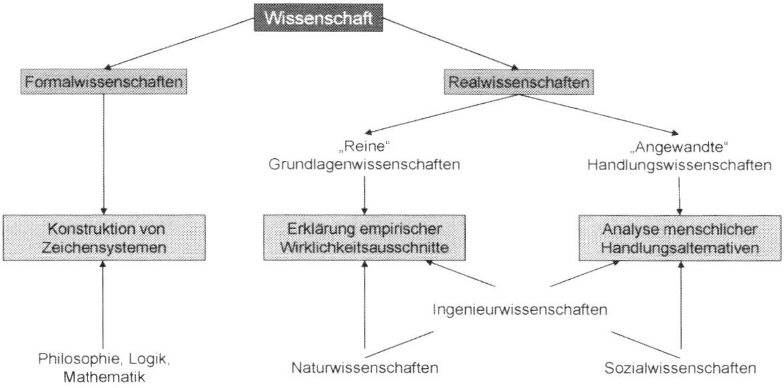

Abbildung 1-2: Wissenschaftssystematik[19]

Formalwissenschaften folgen dem Ziel, Zeichensysteme zu konstruieren und Regeln zum Zwecke ihrer Verwendung aufzustellen. Sie umfassen unter anderem die Mathematik, Logik oder Informatik. Hingegen verfolgen Realwissenschaften das Ziel, sinnlich wahrnehmbare Ausschnitte aus der Wirklichkeit zu beschreiben, zu erklären und zu gestalten. Weiterhin unterteilen sich die Realwissenschaften in reine Grundlagenwissenschaften und angewandte Handlungswissenschaften. Erstgenannte befassen sich damit, Ausschnitte der Wirklichkeit empirisch zu erklären, um ein besseres Verständnis der sowohl belebten als auch unbelebten Natur zu erlangen. Letztgenannte untersuchen das Verhalten des Menschen mit dem Ziel, seine Handlungsalternativen aufzuzeigen. Dazu gehören unter anderem die Sozialwissenschaften, worunter auch die Betriebswirtschaftslehre fällt. Die Ingenieurwissenschaften sind ein-

[17] Vgl. Binder et al. (1996), Technologiepotentiale, S. 3

[18] Vgl. Ulrich et al. (1976), Wissenschaftstheoretische Grundlagen der Betriebswirtschaftslehre, S. 305

[19] In Anlehnung an Ulrich et al. (1976), Wissenschaftstheoretische Grundlagen der Betriebswirtschaftslehre, S. 305

deutig den Realwissenschaften zuzuordnen, nicht jedoch den Unterklassen Grundlagen- bzw. Handlungswissenschaften, da sie die Verbindung der beiden Wissenschaften bilden.[20]

Die vorliegende Arbeit fällt thematisch unter die Ingenieurswissenschaften. Da die Arbeit im engen Praxisbezug entstanden ist und einer erstmaligen Untersuchung nachgeht, um neues Wissen zu erlangen, welches den Menschen bei seiner Entscheidungsfindung dahingehend unterstützt, bessere Handlungsoptionen wahrzunehmen, ist sie ferner den angewandten Handlungswissenschaften zuzuordnen. In Anlehnung an die Methodologie der empirischen Sozialforschung steht als Maßstab für einen wissenschaftlichen Fortschritt weniger der Zuwachs an Erkenntnissicherung sondern vielmehr der Gewinn an Verständnis im Fokus. Vor allem basiert der wissenschaftliche Fortschritt auf der Erlangung von kontraintuitiven Erkenntnissen, der Analyse unbeabsichtigter Wirkungen planvoller Handlungen sowie auf das Aufzeigen von Perspektiven.[21]

Nach der Einordnung der Arbeit innerhalb des Wissenschaftsspektrums in den Bereich angewandter Handlungswissenschaften, gilt es vorwissenschaftliche und wertgebundene Annahmen des Forschers anzugeben, um seine Sicht auf die Realität zu definieren. Hierdurch wird das sogenannte Subjektivitätskriterium einer wissenschaftlichen Arbeit überwunden und Wertprämissen werden aufgedeckt.[22] Innerhalb der Wissenschaftstheorie wird das einer Leitidee zugrunde liegende Verständnis als Paradigma[23], Forschungs-[24] oder Erkenntnisprogramm[25] bezeichnet. Diese haben das Ziel, mittels der Entwicklung von Grundmodellen der an der Verdeutlichung arbeitenden Gemeinschaft von Wissenschaftlern eine gewisse Orientierung vorzugeben.[26] Hierbei wird zwischen dem theoretischen Ansatz nach GUTENBERG, dem entscheidungstheoretischen Ansatz nach HEINEN sowie dem interdisziplinären systemtheoretischen Ansatz nach ULRICH unterschieden.[27] Letztgenannter Ansatz gilt als integrativ, praxisorientiert und zeichnet sich durch seine ingenieurwissenschaftliche Nähe

[20] Vgl. Ulrich et al. (1976), Wissenschaftstheoretische Grundlagen der Betriebswirtschaftslehre, S. 305

[21] Vgl. Kubicek (1977), Heuristische Bezugsrahmen und heuristisch angelegte Forschungsdesign als Elemente einer Konstruktionsstrategie empirischer Forschung, S. 7

[22] Vgl. Ulrich et al. (1976), Wissenschaftstheoretische Grundlagen der Betriebswirtschaftslehre, S. 306

[23] Vgl. Kuhn (1976), Die Struktur wissenschaftlicher Revolutionen, S. 25

[24] Vgl. Lakatos (1974), Falsifikation und die Methodologie wissenschaftlicher Forschungsprogramme

[25] Vgl. Albert (1998), Marktsoziologie und Entscheidungslogik - Ökonomische Probleme in soziologischer Perspektive, S. 14f.

[26] Vgl. Kuhn (1976), Die Struktur wissenschaftlicher Revolutionen, S. 25

[27] Vgl. Ulrich et al. (1976), Wissenschaftstheoretische Grundlagen der Betriebswirtschaftslehre, S. 307ff.

aus. Zudem ist er ist auf die Gestaltung, Lenkung und Entwicklung von Unternehmen gerichtet und berücksichtigt deren Komplexität und Dynamik.[28]

Aufgrund der genannten Eigenschaften eignet sich der systemtheoretische Ansatz nach ULRICH sehr gut für den Forschungsprozess der vorliegenden Arbeit. Abbildung 1-3 gibt eine Darstellung des für diese Arbeit zugrunde gelegten Forschungsprozesses wieder:

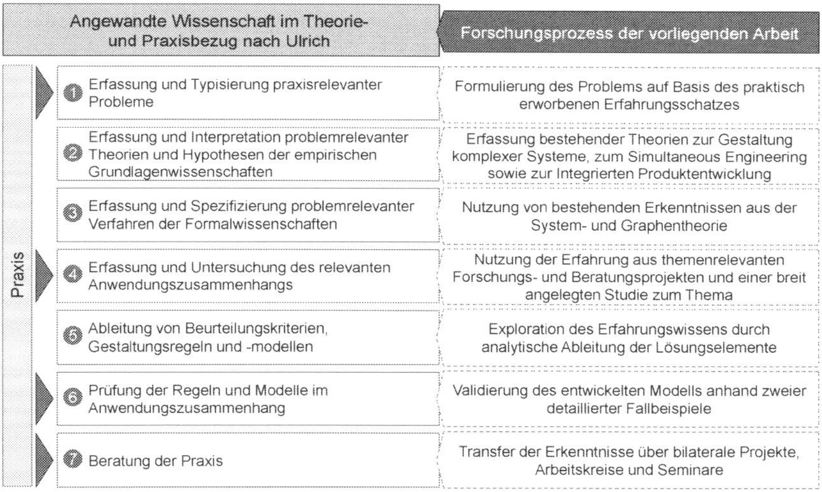

Abbildung 1-3: Forschungsprozess nach ULRICH[29]

Die Formulierung der Problemstellung der vorliegenden Arbeit basiert auf den Erkenntnissen aus einschlägigen Forschungs- und Beratungsprojekten des Autors im Werkzeugbau, Maschinen- und Anlagenbau sowie der Automobilindustrie. Die Erfahrungen wurden im Rahmen seiner Zeit als wissenschaftlicher Mitarbeiter am Lehrstuhl für Produktionssystematik des Werkzeugmaschinenlabors WZL der RWTH Aachen gemacht. Um problemrelevante Theorien zu identifizieren und zu interpretieren, wurden Literaturstudien zur Gestaltung komplexer Systeme im Allgemeinen sowie zum Werkzeugbau, zur Integrierten Produktentwicklung und zum Simultaneous Engineering im Speziellen betrieben, sodass die geforderte Interdiszipli-

[28] Vgl. Ulrich et al. (1976), Wissenschaftstheoretische Grundlagen der Betriebswirtschaftslehre, S. 308
[29] In Anlehnung an Ulrich et al. (1984), Management, S. 193

narität von ULRICH Berücksichtigung fand. Im Laufe der Assistenzzeit fand zudem ein stetiger Informationsaustausch zu dem Gießerei-Institut der RWTH Aachen sowie zu diversen Unternehmen des Werkzeugbaus statt. Auf dieser Grundlage wurden schließlich einzelne Teilmodelle entwickelt und durch eine betriebliche Validierung in ausgewählten Unternehmen auf ihre praktische Durchführbarkeit geprüft.

1.4 Aufbau der Arbeit

Ziel dieses Abschnitts ist die grundlegende Beschreibung des Aufbaus der vorliegenden Arbeit sowie die Einordnung dieser in den zuvor beschriebenen Forschungsprozesses nach ULRICH (siehe Abbildung 1-4).

Das einleitende Kapitel führt in die Thematik ein und stellt die Zielsetzung und Motivation der Arbeit heraus. Dies kann dem ersten Schritt des Forschungsprozesses nach ULRICH, dem Erfassen und Typisieren praxisrelevanter Probleme, gegenübergestellt werden.

Das zweite Kapitel behandelt die Grundlagen der Produktentwicklung und des Werkzeugbaus, wobei insbesondere auf die Schnittstelle zwischen diesen beiden Bereichen eingegangen wird. Ziel des Kapitels ist die Definition aller zum Verständnis der Arbeit relevanten Begrifflichkeiten.

Im dritten Kapitel wird eine Vorstellung und Bewertung des Status Quo zur integrierten Produkt- und Werkzeugentwicklung in der Praxis und Theorie vorgenommen. Hierbei soll das Praxisdefizit anhand zweier Studien herausgestellt werden, während das Theoriedefizit durch eine Vorstellung und Bewertung bestehender Ansätze aus der wissenschaftlichen Literatur verdeutlicht werden soll. Diese Ansätze sollen anhand festgelegter Kriterien bewertet werden, welche sich an der Zielsetzung sowie dem Objektbereich der vorliegenden Arbeit orientieren.

Abbildung 1-4: Einordnung der Arbeit in den Forschungsprozess nach ULRICH[30]

Aufbauend auf den im dritten Kapitel herausgestellten Defiziten in Theorie und Praxis soll im vierten Kapitel das Grobkonzept der Methodik zur integrierten Produkt- und Werkzeugentwicklung vorgestellt werden. Hierzu werden zunächst mit der System- und Graphentheorie wesentliche, der Methodik zugrunde liegende Theorien vorgestellt. Hiernach erfolgt unter Zuhilfenahme der VDI 2221 eine Einordnung der Methodik in den Produktentwicklungsprozess. Anschließend wird die Methodik übergeordnet beschrieben.

Im fünften Kapitel der Arbeit wird die Methodik zur integrierten Produkt- und Werkzeugentwicklung ausdetailliert. Hierzu werden die Teilmodelle der Methodik nacheinander detailliert vorgestellt und deren Anwendung anhand von Beispielen visualisiert.

Das sechste Kapitel umfasst die Validierung der Methodik anhand zweier Beispiele aus der industriellen Praxis. Hierbei sollen insbesondere die Anwendbarkeit der Teilmodelle und die Plausibilität der Ergebnisse beleuchtet werden.

[30] In Anlehnung an Ulrich et al. (1984), Management, S. 193

Das siebte und letzte Kapitel fasst die gewonnenen Erkenntnisse zusammen und liefert einen Ausblick bezüglich des weiteren Forschungsbedarfs auf dem Gebiet der integrierten Produkt- und Werkzeugentwicklung.

2 Grundlagen der Produktentwicklung und des Werkzeugbaus

Ziel des zweiten Kapitels ist es, die Grundlagen der Produktentwicklung sowie des Werkzeugbaus mit dem Fokus einer integrierten Produkt- und Werkzeugentwicklung zu schaffen. Hierbei werden zunächst relevante Begrifflichkeiten zur Produktentwicklung definiert. Zudem werden die Elemente der Produktentwicklung betrachtet und die grundlegenden Abschnitte des Produktentwicklungsprozesses beschrieben. Ebenso werden der Betrachtungsumfang im Hinblick auf den Werkzeugbau definiert sowie die grundlegenden Begrifflichkeiten erläutert. Neben der Bedeutung des Werkzeugbaus für die industrielle Wertschöpfung wird ein Einblick in die Erzeugnisse sowie die unterschiedlichen Formen der Organisationsstruktur gegeben. Anschließend werden die grundlegenden Abschnitte der Prozesskette des Werkzeugbaus und insbesondere des Werkzeugentwicklungsprozesses erläutert. Aufbauend auf den Grundlagen zur Produktentwicklung sowie zum Werkzeugbau werden die Schnittstelle dieser beiden Einheiten und die Formen der Interdependenzen beschrieben.

2.1 Grundlagen der Produktentwicklung

Dieser Abschnitt dient der Präzisierung und Definition relevanter Begrifflichkeiten und Vorgehensweisen aus dem Bereich der Produktentwicklung. Hierzu sollen zunächst in Abschnitt 2.1.1 Definitionen im Kontext des Produkts vorgestellt und auf die vorliegende Arbeit angepasst werden. Anschließend sollen in Abschnitt 2.1.2 die Phasen der Produktentstehung sowie der Produktentwicklung voneinander abgegrenzt und anschließend in den Produktlebenszyklus eingeordnet werden. Besonderer Fokus gilt hierbei den einzelnen Abschnitten des Produktentwicklungsprozesses.

2.1.1 Begriffsdefinitionen im Kontext des Produkts

Die Beschreibung eines realen Sachverhaltes sowie das wissenschaftliche Arbeiten an sich erfordern ein präzises und eindeutiges Verständnis aller relevanten Begrifflichkeiten.[31] Zwar wird ein Großteil der in dieser Arbeit auftauchenden Begriffe regelmäßig im alltäglichen Sprachgebrauch verwendet, die Definition und damit auch das Verständnis der Begriffe unterscheiden sich jedoch je nach Kontext und Nutzer. Somit ist im Vorfeld eine eindeutige Beschreibung der relevanten Begriffe sicherzustellen. Hierzu werden im Folgenden die Begrifflichkeiten ‚Produkt', ‚Produktlinie', ‚Produktfamilie', ‚Produktstruktur', ‚Funktionsstruktur' sowie ‚Produktarchitektur' definiert. Anschließend werden die Begriffe ‚Merkmal' und ‚Ausprägung' im Kontext technischer Produkte definiert, wobei stets dargelegt wird, wie diese im Sinne dieser Arbeit zu verstehen sind.

2.1.1.1 Produkt

Der Begriff *Produkt* ist sprachwissenschaftlich aus dem lateinischen Wort ‚producere' (dt.: hervorbringen) abgleitet. Das Wörterbuch DUDEN definiert ein Produkt als „etwas, was (aus bestimmten Stoffen hergestellt) das Ergebnis menschlicher Arbeit ist"[32]. Eine etwas abweichende Definition liefert das Wirtschaftslexikon GABLER, welches ein Produkt als „Ergebnis der Produktion und Sachziel einer Unternehmung oder auch Mittel der Bedürfnisbefriedigung" bezeichnet und ferner zwischen Sachgütern, Dienstleistungen und Energieleistungen differenziert.[33] Weitere wissenschaftliche Arbeiten benutzen ebenfalls unterschiedliche Definitionen. So sprechen PONN und LINDEMANN von Produkten als Leistungsbündel, welche neben dem eigentlichen Sachprodukt häufig auch Dienstleistungen beinhalten.[34] Des Weiteren sei die Definition nach GROSSE-HEITMEYER erwähnt, in der das Produkt als „Erzeugnis, hervorgebracht als Ergebnis eines betrieblichen Produktionsprozesses" beschrieben wird.[35] BURGHARDT hingegen bezeichnet sowohl körperliche Gegenstände, als auch geistige Erzeugnisse und Dienstleistungen als Produkte. Hierbei definiert er den Begriff als Output bzw. Resultat von „Entwicklungs- und Projektierungsanstrengungen".[36]

Normative Definitionen finden sich in der DIN bzw. der DIN ISO. Laut DIN ISO 16016 gilt ein Produkt als „Gegenstand oder Substanz, produziert von einem natürli-

[31] Vgl. Schanz (1988), Methodologie für Betriebswirte, S. 17
[32] Duden Online (2014), "Produkt"
[33] Vgl. Möhrle, "Produkt"
[34] Vgl. Ponn et al. (2011), Konzeptentwicklung und Gestaltung technischer Produkte, S. 8
[35] Grosse-Heitmeyer (2006), Globalisierungsgerechte Produktstrukturierung auf Basis technologischer Kernkompetenzen, S. 34
[36] Vgl. Burghardt (2002), Einführung in Projektmanagement, S. 18

chen oder künstlichen Prozess“[37]. In der DIN 199-1 wird ein Produkt als ‚Erzeugnis‘ bzw. ‚End-Erzeugnis‘ bezeichnet und ferner als „durch Produktion entstandener gebrauchsfähiger bzw. verkaufsfähiger Gegenstand“ definiert.[38]

In der vorliegenden Arbeit wird für den Begriff Produkt überwiegend letztere Definition verwendet:

*Ein **Produkt** ist im Sinne eines körperlichen, substanziellen Gegenstands zu verstehen. Dienstleistungen und geistige Erzeugnisse sind von dieser Produktdefinition ausgeschlossen. Ein Produkt ist das Ergebnis einer bestimmten Anzahl an Fertigungsverfahren (z.B. Umformen) und kann ein einzelnes Element sein oder aus mehreren Teilen bestehen.*

2.1.1.2 Produktlinie und Produktfamilie

Nach der Definition des Wirtschaftslexikons GABLER werden „verschiedene Varianten eines Produkts [...] in einer Produktlinie zusammengefasst“[39]. Dabei besteht eine substitutive Beziehung zwischen den Produktvarianten und die Differenzierung erfolgt über das jeweilige Ausstattungsniveau. Grund für das Angebot einer Produktlinie ist das Bestreben von Unternehmen, ein volles Angebotsspektrum anzubieten und dadurch hohe Marktanteile zu erzielen.[40] KOTLER und BLIEMEL charakterisieren eine Produktlinie als eine Gruppierung von Produkten aus einem gemeinsamen Marktsegment.[41] Eine häufige Anwendung findet der Begriff Produktlinie in der Softwareindustrie. Nach CLEMENTS und NORTHROP bezeichnet eine Produktlinie “a set of [...] systems sharing a common, managed set of features that satisfy the specific needs of a particular market segment or mission and that are developed from a common set of core assets in a prescribed way”[42]. Die Elemente einer Software-Produktlinie besitzen sowohl eine gemeinsame Menge an Modulen bzw. Eigenschaften, sogenannte Kernelemente, als auch einen einheitlichen Entwicklungsweg. Letzterer beschreibt den Zusammensetzungsprozess der einzelnen Produkte durch Wahl wiederverwendbarer Kernelemente, beispielsweise der Software-Architektur.[43]

Im Rahmen der vorliegenden Arbeit wird der Begriff Produktlinie wie folgt definiert:

---

[37] o. V. (2008), Technische Dokumentation, S. 471
[38] o. V. (2008), Technische Dokumentation, S. 11
[39] Markgraf, "Produktlinie"
[40] Vgl. Markgraf, "Produktlinie"
[41] Vgl. Kotler et al. (2001), Marketing-Management, S. 662
[42] Clements et al. (2002), Software Product Lines, S. 34
[43] Vgl. Brecher (2011), Integrative Produktionstechnik für Hochlohnländer, S. 228

*Eine **Produktlinie** fasst Produkte zusammen, welche auf einem gemeinsamen Basiskonzept aufbauen. Ausgehend von diesem Basiskonzept können diverse Ausprägungen des Produkts variiert werden, um relevante Kundenwünsche zu befriedigen. Durch die sich ergebenden Produktvarianten entsteht eine Menge bzw. Gruppierung von Produkten mit Verwendung in einem Marktsegment. Zwischen den Produktvarianten besteht eine substitutive Beziehung.*

Eine *Produktfamilie* besteht nach GABLER aus „im Absatz komplementär miteinander verbundene[n] Produkten", deren Vertrieb meist unter einer gemeinsamen Dachmarke erfolgt.[44] Nach ERLACH bezeichnet die Produktfamilie die Summe aller Produkte, die an gemeinsamen Fertigungsstationen ähnliche oder gleiche Prozessschritte durchlaufen haben.[45] SCHÖNSLEBEN definiert eine Produktfamilie als „eine Menge von Produkten mit ähnlichen Merkmalen (z.B. Form, Material) oder ähnlicher Funktion"[46]. MEYER und LEHNERD unterstreichen in ihrer Definition den Aspekt, dass Produktfamilien durch unterschiedliche Kunden- bzw. Differenzierungsanforderungen entstehen.[47]

In Hinblick auf den Kontext der vorliegenden Arbeit wird sich der Definition nach SCHÖNSLEBEN angeschlossen:

*Eine **Produktfamilie** stellt eine Sortimentsgliederung der Produkte aus Sicht des Herstellers dar. Die enthaltenen Produkte besitzen ähnliche Merkmale oder ähnliche Funktionen.[48] Eine Abgrenzung zur Produktlinie erfolgt dabei über den komplementären Charakter der Produktvarianten einer Produktfamilie. Eine Produktfamilie kann somit mehrere Produktlinien beinhalten.*

2.1.1.3 Produktstruktur

Die *Produktstruktur* bildet nach DIN 199 modellhaft die determinierenden Beziehungen zwischen den einzelnen Bauteilen eines Produkts ab.[49] Nach SCHÖNSLEBEN beschreibt die Produktstruktur „die strukturierte Zusammensetzung des Produkts aus seinen Komponenten". Letztere können Einzelteile, Baugruppen, Kaufteile oder Rohmaterialien sein. Ferner kann eine Produktstruktur Abstufungen enthalten, welche durch Gruppierung von Komponenten aus unteren Ebenen zu einem Element

[44] Vgl. Burmann (2014), Produktfamilie "Produktfamilie"
[45] Vgl. Erlach (2010), Wertstromdesign, S. 38f.
[46] Schönsleben (2000), Integrales Logistikmanagement, S. 81
[47] Vgl. Meyer et al. (1997), The power of product platforms, S. 35
[48] Vgl. Schönsleben (2000), Integrales Logistikmanagement, S. 81
[49] Vgl. DIN Norm 199 (1977)

der nächsthöheren Ebene zustande kommen.[50] Nach GROSSE-HEITMEYER beschreibt die Produktstruktur „die hierarchische Struktur sowie das Beziehungsnetzwerk aller materiellen und immateriellen Ergebnisse des Produktentstehungsprozesses“[51]. Auch RAPP sieht in der Produktstruktur die Abbildung aller Beziehungen zwischen den Elementen eines Produkts.[52] EVERSHEIM gliedert die Produktstruktur nochmals in eine fertigungsorientierte Produktstruktur, welche das Produkt in Hauptbaugruppen, Baugruppen und Einzelteile unterteilt sowie in eine funktionale Produktstruktur[53], welche das Produkt in Hauptfunktionsgruppen, Funktionsgruppen und Funktionsträger aufteilt.[54]

Im Rahmen dieser Arbeit wird die auf physischen Elementen basierende fertigungsorientierte Produktstruktur fokussiert und wie folgt definiert:

*Eine **Produktstruktur** stellt die Zusammenhänge aller physikalischen Elemente eines Produkts dar. Elemente wie Einzelteile und Baugruppen werden dabei nach zuvor definierten Kriterien strukturiert bzw. gegliedert.*

Innerhalb der Produktstruktur sind die Elemente über Schnittstellen miteinander verbunden. Die Schnittstellen können dabei rein mechanisch sein, oder aber auch dem Austausch von Masse, Informationen und Energie dienen.[55] Abhängig davon, ob eine Schnittstelle eine oder mehrere Funktionen erfüllt, handelt es sich um eine monofunktionale oder multifunktionale Schnittstelle.[56]

2.1.1.4 Funktionsstruktur

Der Begriff *Funktion* bezeichnet den Zusammenhang zwischen den Eingangs- und Ausgangszuständen eines Systems[57], mit dem Ziel der Erfüllung einer spezifischen Aufgabe[58]. Sind im Rahmen einer konstruktiven Aufgabe alle Eingangs- und Ausgangszustände präzisiert, liegen eine Gesamtaufgabe und damit eine Gesamtfunktion

[50] Vgl. Schönsleben (2000), Integrales Logistikmanagement, S. 79

[51] Grosse-Heitmeyer (2006), Globalisierungsgerechte Produktstrukturierung auf Basis technologischer Kernkompetenzen, S. 35

[52] Vgl. Rapp (1999), Produktstrukturierung, S. 9

[53] Im Rahmen der vorliegenden Arbeit wird die funktionale Produktstruktur nach EVERSHEIM als Funktionsstruktur bezeichnet. Die Begriffsklärung der Funktionsstruktur erfolgt in 2.1.1.3.

[54] Vgl. Eversheim (1998), Organisation in der Produktionstechnik, S. 18f.

[55] Vgl. Ropohl (1999), Allgemeine Technologie, S. 95

[56] Vgl. Rapp (1999), Produktstrukturierung, S. 34f.

[57] Vgl. Ehrlenspiel et al. (2013), Integrierte Produktentwicklung, S. 423. Beispielsweise erfüllt ein Getriebe die Funktion "Moment vergrößern" mit den Eingangs- und Ausgangszuständen "80 Nm" beziehungsweise "120 Nm".

[58] Vgl. Ropohl (1999), Allgemeine Technologie, S. 78f.; Pahl et al. (2006), Konstruktionslehre, S. 44

vor. Die Gesamtfunktion lässt sich in Teilfunktionen untergliedern, die wiederum als Haupt- oder Nebenfunktionen klassifiziert werden können. Hauptfunktionen dienen unmittelbar der Erfüllung der Gesamtfunktion während Nebenfunktionen, oft auch als Hilfsfunktionen bezeichnet, einen unterstützenden Charakter aufweisen.[59] Das Verknüpfen von Teilfunktionen zu einer Gesamtfunktion wird als *Funktionsstruktur* bezeichnet (siehe Abbildung 2-1 in Abschnitt 2.1.1.5). Diese kann hierarchisch oder flussorientiert aufgebaut sein.[60]

PAHL ET AL. schlagen für die Darstellung von Funktionen eine flussorientierte Struktur vor. Hierbei wird die Funktionsstruktur in einer sogenannten Black-Box-Darstellung abgebildet, in welcher die Teilfunktionen über die ein- und ausgehenden Energie-, Stoff- und Signalflüsse miteinander verbunden sind. Die jeweiligen Teilfunktionen ergeben sich in ihrer Benennung kausal aus dem Unterschied zwischen den Eingangs- und Ausgangsgrößen.[61]

LINDEMANN ergänzt die Darstellungsmöglichkeiten von Funktionen und definiert sogenannte Funktionsmodelle. Dabei empfiehlt er, je nach Zielsetzung, die Nutzung von umsatz-, nutzer- und relationsorientierten Funktionsmodellen. Umsatzorientierte Funktionsmodelle ermöglichen die Darstellung der Zustände eines Umsatzprodukts beim Durchlaufen eines Systems, z.B. die Verarbeitungsstufen eines Teigproduktes in einer Teigrührmaschine. In umsatzorientierten Funktionsmodellen können, ähnlich zu der Darstellung von PAHL ET AL., auch Stoff-, Energie- und Signalflüsse dargestellt werden. Steht eine Unterscheidung der Anwendungsfälle des Produkts oder etwa deren Nutzer im Vordergrund, wird das nutzerorientierte Funktionsmodell empfohlen. Als Nutzer können hierbei der Endnutzer (Kunde), unternehmensinterne Nutzer (z.B. Fertigung, Montage) oder unternehmensexterne Nutzer (z.B. Lieferanten) genannt werden. Von relationsorientierten Funktionsmodellen spricht LINDEMANN, wenn Zusammenhänge bzw. Abhängigkeiten zwischen Funktionen dargestellt werden. Dabei werden sowohl nützliche als auch schädliche Funktionen dargestellt und durch spezifische Beziehungstypen miteinander verknüpft. Die Beziehung zwischen zwei Funktionen kann durch abstrakte Relationen wie „Funktion A verursacht Funktion B" verdeutlicht werden.[62]

Im Rahmen der vorliegenden Arbeit soll der Begriff Funktionsstruktur wie folgt verstanden werden:

---

[59] Vgl. Pahl et al. (2006), Konstruktionslehre, S. 44
[60] Vgl. Czichos et al. (2012), Hütte – Das Ingenieurwissen, S. K8
[61] Vgl. Pahl et al. (2006), Konstruktionslehre, S. 44f.
[62] Vgl. Lindemann (2009), Methodische Entwicklung technischer Produkte, S. 117f.

*Die **Funktionsstruktur** ist das Ergebnis der strukturierten Beschreibung der funktionalen Eigenschaften eines Produkts sowie der Zusammenhänge der einzelnen Strukturelemente untereinander. Als Strukturelemente einer Funktionsstruktur fungieren Teilfunktionen, welche wiederum als Haupt- oder Nebenfunktionen klassifiziert werden können. Die Funktionsstruktur kann sowohl hierarchisch als auch ablauforientiert aufgebaut sein.*

2.1.1.5 Produktarchitektur

MEIER definiert den Begriff *Produktarchitektur* als „die Summe aus Produktstruktur und Funktionsstruktur sowie deren Transformationsbeziehungen“[63]. Nach ULRICH ist die Produktarchitektur wie folgt definiert: “Product architecture is the scheme by which the function of a product is allocated to the physical components”[64]. Somit stellt für ihn der Begriff Produktarchitektur eine Vereinigung der Funktionsstruktur und Produktstruktur dar.[65] FELDHUSEN ET AL. greifen diese Definition auf und beschreiben ebenfalls die Produktarchitektur durch die Funktionsstruktur, die Produktstruktur sowie die Transformationsbeziehungen zwischen den beiden Strukturen.[66] Ein wesentlicher Nutzen von standardisierten Produktarchitekturen ist die Erschließung von Skaleneffekten.[67] Die genannten Zusammenhänge werden in Abbildung 2-1 bildlich verdeutlicht.

[63] Meier (2007), Produktarchitekturtypen globalisierter Unternehmen, S. 44
[64] Ulrich (1995), The role of product architecture in the manufacturing firm, S. 419
[65] Vgl. Ulrich (1995), The role of product architecture in the manufacturing firm, S. 420
[66] Vgl. Feldhusen et al. (2013), Pahl/Beitz Konstruktionslehre, S. 255f.
[67] Vgl. Schuh (2013), Lean Innovation, S. 13

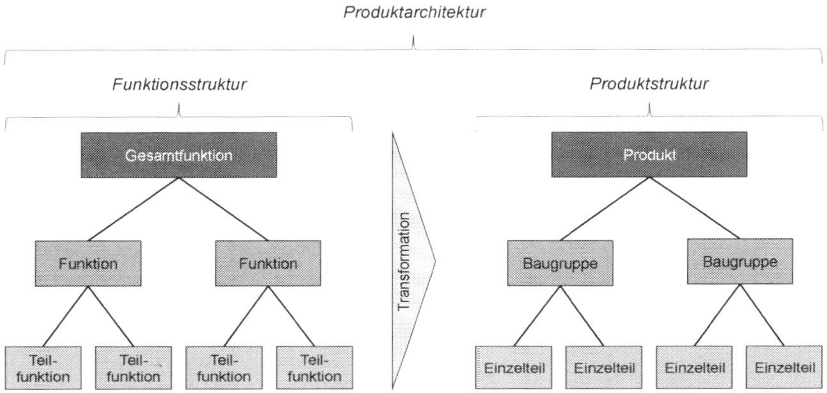

Abbildung 2-1: Funktionsstruktur und Produktstruktur als Ableitung der Produktarchitektur[68]

ULRICH unterscheidet zwischen einer modularen und einer integralen Produktarchitektur. Erstere ordnet jeder Funktion der Funktionsstruktur genau eine Komponente der Produktstruktur zu. Zwischen den Komponenten herrschen dabei eindeutig definierte Schnittstellen. Im Gegensatz hierzu verlangt die integrale Produktarchitektur keine 1:1-Zuordnung zwischen Funktionen und Komponenten.[69] Nach GÖPFERT ergeben sich vier Klassen von Produktarchitekturen: Modulare Produktarchitekturen, integrale Produktarchitekturen, funktional-modulare Produktarchitekturen sowie physisch-modulare Produktarchitekturen. Bei modularen Produktarchitekturen erfüllt jede Komponente genau eine Funktion und kann zerstörungsfrei von den anderen Komponenten getrennt werden. Integrale Produktarchitekturen stellen das genaue Gegenteil dar. Hier erfüllen die Komponenten mehrere Funktionen und können nicht zerstörungsfrei getrennt werden. Die physisch-modulare Produktarchitektur verlangt eine Trennbarkeit der Komponenten, allerdings müssen diese keine funktionale Unabhängigkeit vorweisen. Die Komponenten einer funktional-modularen Pro-

[68] In Anlehnung an Arnoscht (2013), Beherrschung von Komplexität bei der Gestaltung von Baukastensystemen, S. 16

[69] Vgl. Ulrich (1995), The role of product architecture in the manufacturing firm, S. 422

duktarchitektur sind wiederum nicht trennbar, besitzen jedoch eine vollkommene funktionale Unabhängigkeit.[70]

Im Rahmen der vorliegenden Arbeit soll der Begriff Produktarchitektur wie folgt verstanden werden:

*Eine **Produktarchitektur** besteht aus der Produktstruktur, der Funktionsstruktur sowie den zwischen diesen herrschenden Transformationsbeziehungen. Die Transformationsbeziehungen stellen die Verknüpfung bzw. Zuordnung der Teilfunktionen der Funktionsstruktur zu den physischen Produktelementen der Produktstruktur dar.*

2.1.1.6 Merkmale und Ausprägungen technischer Produkte

Da die Eigenschaftsbeschreibung technischer Produkte durch Merkmale und Ausprägungen einen wichtigen Aspekt dieser Arbeit darstellt, wird im Folgenden auf die Begrifflichkeiten Eigenschaft, Merkmal und Ausprägung eingegangen.

Nach EHRLENSPIEL ist eine *Eigenschaft* „alles, was durch Beobachtungen, Messergebnisse, allgemein akzeptierte Aussagen usw. von einem Gegenstand festgestellt werden kann“[71]. Eigenschaften setzen sich aus Merkmalen und deren Ausprägungen zusammen. Ein *Merkmal* beschreibt die Bedeutung bzw. das Bezugsobjekt der Eigenschaft, während die *Ausprägung* einen quantitativen oder qualitativen Wert für das Merkmal festlegt.[72] Diese Definition wird von HOFER aufgegriffen. Nach HOFER besteht ein Produkt aus einer Menge an Merkmalen, die je nach Ausprägung eine bestimmte Produktvariante beschreiben.[73] So sind etwa „Stahl“ oder „Aluminium“ Ausprägungen des Merkmals „Werkstoff“. Nach DIN 2330 werden Merkmale in Beschaffenheits-, Funktions- und Relationsmerkmale eingeteilt.[74] Beschaffenheitsmerkmale werden auch als „direkte Merkmale“ bezeichnet und beschreiben unmittelbar am Produkt feststellbare Parameter[75], beispielsweise die Geometrie oder den Werkstoff. Funktionsmerkmale dagegen beschreiben den Zweck des Produkts bzw. die durch das Produkt auszuführende Handlung. Relationsmerkmale kommen erst im Zusammenhang mit weiteren Systemen zum Tragen. Beispielsweise wäre die Bedienbarkeit

[70] Vgl. Göpfert (1998), Modulare Produktentwicklung, S. 108

[71] Ehrlenspiel et al. (2013), Integrierte Produktentwicklung, S. 30

[72] Vgl. Ehrlenspiel et al. (2013), Integrierte Produktentwicklung, S. 30; Lindemann (2009), Methodische Entwicklung technischer Produkte, S. 158; PONN ET AL. beschreiben geforderte Eigenschaften eines Produktes als Anforderungen und drücken wiederum diese Anforderungen durch Merkmale und Ausprägungen aus, siehe dazu Ponn et al. (2011), Konzeptentwicklung und Gestaltung technischer Produkte, S. 39.

[73] Vgl. Hofer (2001), Management von Produktfamilien, S. 26

[74] Vgl. DIN Norm 2330 (1979)

[75] Vgl. Müller (2013), Betriebswirtschaftslehre für Ingenieure, S. 12

eines Produkts durch den Menschen oder die durch das Produkt verursachte Umweltbelastung ein Relationsmerkmal. Funktions- und Relationsmerkmale hängen mittelbar von den Beschaffenheitsmerkmalen ab. So beeinflusst die Wahl einer bestimmten Bauteillänge das zu übertragende Drehmoment (Funktionsmerkmal), während sich die Wahl eines bestimmten Werkstoffs auf die Zuverlässigkeit (Relationsmerkmal) des Produkts auswirkt.[76] Auch nach LINDEMANN sind Funktions- und Relationsmerkmale lediglich Folgegrößen der Beschaffenheitsmerkmale.[77]

Wie in Abschnitt 1.1 erläutert, hat die Beschaffenheit des Produkts einen entscheidenden Einfluss auf die Struktur des Werkzeugs, der Werkzeugkosten sowie der Werkzeugentstehungszeit. Daher wird der Fokus in der vorliegenden Arbeit auf die Beschaffenheitsmerkmale gelegt.

2.1.2 Begriffsdefinitionen im Kontext der Produktentwicklung

Nachdem im vorherigen Abschnitt Begriffe im Kontext des Produkts definiert wurden, liegt der Fokus dieses Abschnitts auf der Produktentwicklung. Hierzu werden zunächst in Abschnitt 2.1.2.1 die grundlegenden Begriffe ‚Produktentwicklung', ‚Produktentwicklungsprozess' und ‚Produktentwicklungsprojekt' definiert. Daraufhin wird in Abschnitt 2.1.2.2 der Produktentwicklungsprozess in die Phasen des Produktentstehungsprozess sowie des Produktlebenszyklus eingeordnet. Abschließend werden die einzelnen Abschnitte des Produktentwicklungsprozesses anhand der VDI 2221, welche die am weitesten verbreitete Methodik zum Konstruieren und Entwickeln darstellt, erläutert.

2.1.2.1 Produktentwicklung, Produktentwicklungsprozess und Produktentwicklungsprojekt

Nach der DIN EN ISO 9000 ist die *Entwicklung* definiert als ein „Satz von Prozessen, der Forderungen in festgelegt Merkmale oder in Spezifikationen eines Produkts, eines Prozesses, oder eines Systems umwandelt"[78]. Oftmals wird in der Literatur der Begriff Entwicklung in Kombination mit dem Begriff Konstruktion verwendet. So definieren PAHL ET AL. den Entwicklungs- und Konstruktionsprozess als „die Summe aller Arbeitsschritte von der Produktidee bis Erzeugung der Fertigungsunterlagen"[79]. BÖGE verweist auf die VDI 2221 und ordnet den Entwicklungs- und Konstruktionsprozess

[76] Vgl. Ehrlenspiel et al. (2013), Integrierte Produktentwicklung, S. 30f.; Lindemann (2009), Methodische Entwicklung technischer Produkte, S. 158

[77] Vgl. Lindemann (2009), Methodische Entwicklung technischer Produkte, S. 158f.

[78] Leonhard et al. (2009), Managementsysteme - Begriffe, S. 113 nach DIN EN ISO 9000

[79] Pahl et al. (2006), Konstruktionslehre, S. 13

im Produktentstehungsprozess vor die Fertigung und Montage ein.[80] EHRLENSPIEL und MEERKAMM trennen jedoch die oft simultan verwendeten Begriffe. Nach Ansicht der Autoren lässt sich die Entwicklung als eine der Konstruktion übergeordnete Einheit eines Unternehmens beschreiben, welche sich gegenüber anderen Einheiten, wie etwa Produktion und Vertrieb abgrenzt (siehe Abbildung 2-2). Die Konstruktion wird dabei als konzeptioneller und gestalterischer Teilprozess der Entwicklung verstanden.[81]

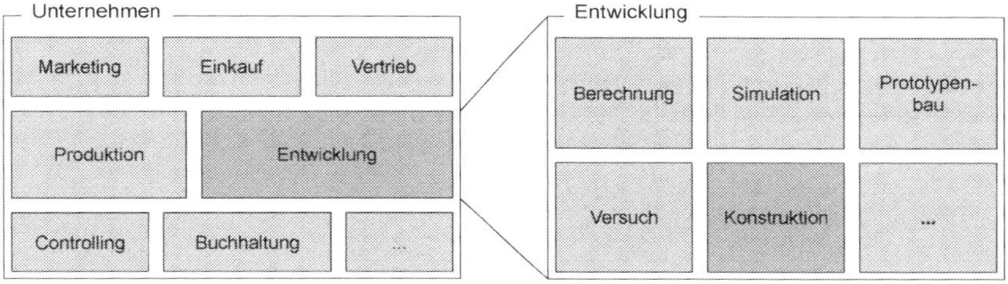

Abbildung 2-2: Konstruktion als Teilprozess der Entwicklung[82]

Im Rahmen dieser Arbeit wird der Begriff Entwicklung durch den heute geläufigeren Begriff *Produktentwicklung* ersetzt. Die Produktentwicklung wird wie folgt definiert:

Die ***Produktentwicklung*** *bezeichnet eine organisatorische Einheit innerhalb eines Unternehmens, welche für den Produktentwicklungsprozess zuständig ist. Hauptaufgabe der Produktentwicklung ist die Umwandlung von Kundenanforderungen in technische Spezifikationen eines Produkts, Prozesses oder Systems.*

Für eine geeignete Definition des Begriffs *Produktentwicklungsprozess* muss zunächst der Begriff *Prozess* ausreichend erläutert werden. Dieser entstammt sprachwissenschaftlich dem lateinischen Wort ‚procedere' (dt.: fortdauern, vorrücken, Fortschritte machen).[83] Das Wirtschaftslexikon GABLER definiert den Begriff als „die Gesamtheit aufeinander einwirkender Vorgänge innerhalb eines Systems"[84]. Auch die Deutsche Gesellschaft für Qualität e.V. (DGQ) vertritt eine ähnliche Definition und

[80] Vgl. Böge (2015), Handbuch Maschinenbau, S. 114
[81] Vgl. Ehrlenspiel et al. (2013), Integrierte Produktentwicklung, S. 8
[82] In Anlehnung an Ehrlenspiel et al. (2013), Integrierte Produktentwicklung, S. 8
[83] Vgl. Berwanger (2014), "Prozess"
[84] Berwanger (2014), "Prozess"

beschreibt den Prozess als „Gesamtheit der Tätigkeiten, die sich gegenseitig bedingen oder beeinflussen und unter Verwendung von Ressourcen Eingaben in Ergebnisse umwandeln"[85]. Nach FELDBRÜGGE ist ein Prozess „eine Kette von zusammenhängenden Aktivitäten, die gemeinsam einen Kundennutzen schaffen"[86]. Zu beachten ist bei dieser Definition, dass Prozesse Kunden von weiteren Prozessen sein können.[87] HABERFELLNER beschreibt Vorgänge, die eine Zustandsänderung in einem System hervorrufen, als Prozesse.[88] Nach SCHWAB kann ein Prozess in „Zulieferungen, Inputs, und ein Ergebnis, dem Output"[89], aufgeteilt werden. SCHÖNMANN sieht in der Darstellung von Prozessen die Möglichkeit eine Überschaubarkeit von Vorgängen abzubilden sowie Kontrollen und Korrekturen zu ermöglichen.[90]

In Verbindung mit der im Rahmen dieser Arbeit verwendeten Definition für die Produktentwicklung wird der Begriff Produktentwicklungsprozess wie folgt definiert:

*Der **Produktentwicklungsprozess** umfasst alle Aktivitäten der eigentlichen Entwicklung und Konstruktion eines Produkts. In diesem Prozess wird durch die zielgerichtete Anwendung von Forschungsergebnissen und Erfahrungen der funktionelle sowie strukturelle Aufbau des Produkts festgelegt und dokumentiert. Neben der Konzipierung und Gestaltung gehören zu dem Produktentwicklungsprozess auch Aktivitäten der Berechnung, Simulation sowie des Prototypenbaus und der Versuchsdurchführung.*

Ebenso muss zur Definition des Begriffs *Produktentwicklungsprojekt* zunächst eine umfassende Definition des Begriffs *Projekt* erfolgen. BURGHARDT definiert ein Projekt als ein Vorhaben zur Erzeugung eines Produkts sowie alle hierzu notwendigen Aktivitäten. Weitere entscheidende Eigenschaften des Projekts sind nach BURGHARDT die Einmaligkeit, der feste Start- und Endtermin, die klare Verantwortungsstruktur sowie ein abgestimmtes Kostenvolumen.[91] Genormt ist der Begriff in der DIN 69901. Hier wird von einem „Vorhaben, das im Wesentlichen durch Einmaligkeit der Be-

[85] Leonhard et al. (2009), Managementsysteme - Begriffe, S. 89
[86] Feldbrügge et al. (2008), Prozessmanagement leicht gemacht, S. 15
[87] Vgl. Feldbrügge et al. (2008), Prozessmanagement leicht gemacht, S. 16f.
[88] Vgl. Haberfellner (1975), Die Unternehmung als dynamisches System, S. 46
[89] Schwab (2013), Geschäftsprozessmanagement mit Visio, ViFlow und MS Project, S. 15
[90] Vgl. Schönmann (2012), Produktentwicklung in der Automobilindustrie, S.61
[91] Vgl. Burghardt (2002), Einführung in Projektmanagement, S. 18f.

dingungen in seiner Gesamtheit gekennzeichnet ist, wie z.B. Zielvorgabe, zeitliche, finanzielle, personelle oder andere Begrenzung, [...]"[92] gesprochen.

Ebenso zeichnet sich nach SCHMELZER ein *Produktentwicklungsprojekt* durch Einmaligkeit, spezifische Zielsetzung und zeitliche Befristung aus. Zudem stellen Faktoren wie Neuartigkeit, Komplexität, Risiko sowie funktionsübergreifende und interdisziplinäre Zusammenarbeit Merkmale eines Produktentwicklungsprojekts dar.[93] Ziel des Produktentwicklungsprojekts ist es, Produktanforderungen effizient in technisch und wirtschaftlich realisierbare Lösungen umzusetzen.[94] PAULUKUHN sieht ein Produktentwicklungsprojekt als eine „zeitlich und inhaltlich abgegrenzte Entwicklungsaufgabe mit klar definierter Zielvorgabe in Form eines neuen Produkts"[95]

Im Rahmen der vorliegenden Arbeit wird der Begriff Produktentwicklungsprojekt wie folgt definiert:

*Ein **Produktentwicklungsprojekt** bezeichnet eine durch ihre Einmaligkeit sowie zeitliche Begrenzung charakterisierte Entwicklungsaufgabe, welche eine spezifische Zielvorgabe in Form eines Produkts besitzt. Zur Erreichung des vorgegebenen Entwicklungsziels wird im Rahmen des Produktentwicklungsprojektes der Produktentwicklungsprozess durchlaufen.*

2.1.2.2 Einordnung der Produktentwicklung und Produktentstehung in den Produktlebenszyklus

Für die Einordnung der *Produktentstehung* sowie *Produktentwicklung* in den *Produktlebenszyklus* werden im Folgenden die Phasen des Produktlebenszyklus nach PAHL und BEITZ, SPUR und KRAUSE, EIGNER, sowie der VDI 2243 betrachtet. Nach PAHL und BEITZ existieren drei Formen eines Produktlebenszyklus: der betriebswirtschaftliche, der technologische und der intrinsische. Der betriebswirtschaftliche Produktlebenszyklus betrachtet Kenngrößen wie Umsatz, Gewinn oder Dauer der Marktpräsenz über die Zeit, während der technologische Produktlebenszyklus die Leistungsfähigkeit der Technologien im Produkt über die Zeit betrachtet. Der intrinsische Produktlebenszyklus hingegen stellt eine zeitliche Abfolge von Phasen dar. Diese umfasst die Phasen von der anfänglichen Produktidee über Entwicklung, Produktion, Vertrieb bis zur Entsorgung.[96]

---

[92] DIN Norm 69901 (08/1987), S. 11
[93] Vgl. Schmelzer (1992), Organisation und Controlling von Produktentwicklungen, S. 148
[94] Vgl. Schmelzer (1992), Organisation und Controlling von Produktentwicklungen, S. 46
[95] Vgl. Paulukuhn (2005), Typologisierung von Entwicklungsprojekten im Maschinenbau, S. 20
[96] Vgl. Pahl et al. (2006), Konstruktionslehre, S. 97f.

Der Produktlebenszyklus nach SPUR und KRAUSE ist durch die Phasen Produktforschung, Produktplanung, Produktkonstruktion, Produkterprobung, Produktherstellung, Produktdistribution, Produktgebrauch und Produktabwicklung gekennzeichnet (siehe Abbildung 2-3). Der Produktentwicklungsprozess umfasst die Phasen Produktplanung, Produktkonstruktion sowie Produkterprobung und verkörpert somit den planerischen, gestalterischen und organisatorischen Anteil der Produktentstehung. Der Produktentstehungsprozess ist gegenüber dem Produktentwicklungsprozess um die Phase der Produktherstellung erweitert. Zur Produktherstellung gehören die Fertigung und Montage, aber auch Bereiche wie Fertigungsplanung und -steuerung.[97]

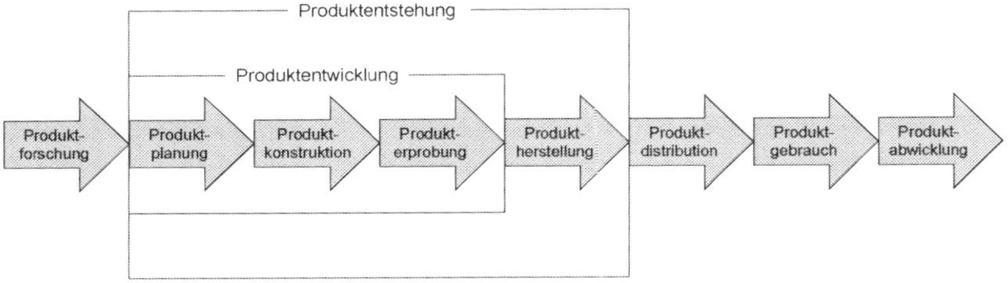

Abbildung 2-3: Einordnung der Produktentwicklung und Produktentstehung im Produktlebenszyklus nach SPUR und KRAUSE[98]

Nach EIGNER beginnt der Produktlebenszyklus mit der Definition der Produktanforderungen. Anschließend folgen die Phasen Produktplanung, Produktentwicklung, Prozessplanung, Produktion, Betrieb und Recycling. Der Produktentwicklungsprozess beinhaltet dabei im Wesentlichen die Phasen der Produktplanung sowie der eigentlichen Produktentwicklung. Die Produktentstehung ist umfassender und beinhaltet neben der Produktentwicklung auch die Phase der Prozessplanung. Im Gegensatz zu SPUR und KRAUSE sieht EIGNER die eigentliche Produktherstellung im Rahmen der Produktion nicht als Bestandteil des Produktentstehungsprozesses (siehe Abbildung 2-4).[99] Resultat des Produktentstehungsprozesses ist laut EIGNER „das intellektuelle Produkt inklusive aller Planungsunterlagen, […]“[100].

[97] Vgl. Spur (1997), Das virtuelle Produkt, S. 3f.
[98] In Anlehnung an Spur (1997), Das virtuelle Produkt, S. 4
[99] Vgl. Eigner (2008), Product lifecycle management, S. 9f.
[100] Eigner (2008), Product lifecycle management, S. 10

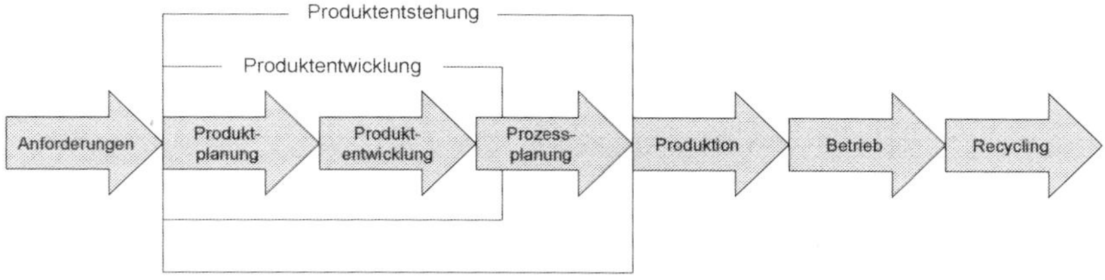

Abbildung 2-4: Einordnung der Produktentwicklung und Produktentstehung im Produktlebenszyklus nach EIGNER[101]

Nach der Richtlinie VDI 2243 startet der Produktlebenszyklus mit der Definition von unternehmensinternen Anforderungen (abgeleitet von Unternehmenszielen) und unternehmensexternen Anforderungen (abgeleitet vom Markt) an das Produkt. Aufbauend auf den Anforderungen wird eine Produktidee entwickelt, welche in der Entwicklungs- und Konstruktionsphase konkretisiert wird. In der anschließenden Lebensphase erfolgen die Fertigung, Montage sowie die Erprobung des Produkts, bevor es über den Vertrieb zu der Nutzungsphase übergeht. Diese Nutzungsphase ist zeitlich limitiert und findet mit dem Recycling des Produkts ihr Ende (siehe Abbildung 2-5).[102]

[101] In Anlehnung an Eigner (2008), Product lifecycle management, S. 2
[102] Vgl. VDI 2243 (2002)

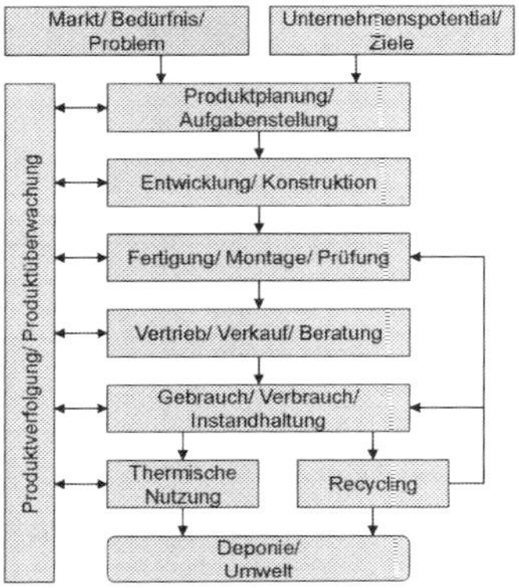

Abbildung 2-5: Lebenszyklusphasen eines technischen Produkts nach VDI 2243[103]

Innerhalb des Lebenszyklus eines technischen Produkts kommt im Rahmen der vorliegenden Arbeit dem Produktentwicklungsprozess eine besondere Bedeutung zu. In Anlehnung an die VDI 2221, welche die bekannteste Richtlinie zur Konstruktion und Entwicklung technischer Produkte darstellt, werden nachfolgend die einzelnen Phasen des Produktentwicklungsprozesses kurz beschrieben.

Die VDI 2221 wurde entwickelt, um eine allgemein anwendbare Methodik zum Entwickeln und Konstruieren technischer Systeme zu erschaffen, welche die Vielfalt zu lösender Aufgaben, unternehmensspezifischer Bedingungen sowie marktseitiger und arbeitstechnischer Entwicklungstrends berücksichtigt.[104] Die Richtlinie ist in insgesamt sieben Arbeitsschritte aufgeteilt, wobei jeder Arbeitsschritt durch Rückspringen auf vorangegangene Abschnitte iterativ durchlaufen werden kann.[105] Nach jedem Arbeitsschritt werden Ergebnisdokumente erstellt, welche dem zunehmenden Detaillierungs- bzw. Konkretisierungsgrad des Produkts im Laufe der Arbeitsschritte repräsentieren.[106] Im Folgenden werden die sieben Arbeitsschritte nach der VDI 2221 beschrieben (siehe Abbildung 2-6):

[103] In Anlehnung an VDI 2243 (2002)
[104] Vgl. VDI 2221 (1993), S. 2
[105] Vgl. VDI 2221 (1993), S. 11
[106] Vgl. VDI 2221 (1993), S. 9

Arbeitsabschnitt 1: Klären und präzisieren der Aufgabenstellung

Im ersten Arbeitsabschnitt wird ausgehend von den Kundenanforderungen die Entwicklungsaufgabe ausreichend präzisiert. Dies umfasst das Zusammentragen aller verfügbaren Informationen sowie das Erkennen und Schließen von Informationslücken. Das Ergebnis dieses Zusammentragens ist eine strukturierte Liste formulierter Anforderungen, die sogenannte Anforderungsliste. Diese enthält die für die Auslegung von Produkten wesentlichen Informationen.[107] Die Anforderungsliste begleitet den Entwicklungsprozess und wird vor jedem neuen Arbeitsabschnitt aktualisiert. Um eine effiziente Aktualisierung der Anforderungsliste zu gewährleisten, ist eine fortlaufende Kommunikation zwischen dem Kunden, der Produktplanung und den Verantwortlichen für die einzelnen Arbeitsabschnitte notwendig.[108]

Arbeitsabschnitt 2: Ermitteln von Funktionen und deren Strukturen

In Arbeitsschritt 2 erfolgt die Ermittlung und Konkretisierung der vom Produkt zu erfüllenden Teilfunktionen, welche in ihrer Gesamtheit die Funktionsstruktur bilden. Die Funktionsstruktur und die damit verbundene strukturierte Beschreibung der Teilfunktionen unterstützt, insbesondere bei Produkten mit komplexen Stoff-, Energie-, und Signalflüssen, das Suchen von Lösungen für das Gesamtprodukt.[109]

Arbeitsabschnitt 3: Suchen nach Lösungsprinzipien und deren Strukturen

In Arbeitsschritt 3 werden technische Lösungsprinzipien für die Teilfunktionen, die sogenannten Wirkprinzipien, identifiziert. Entsprechend der Funktionsstruktur bildet die Kombination der Wirkprinzipien die Wirkstruktur.[110] Die Wirkstruktur enthält Technologien und Vorgänge, welche auf physikalischen, chemischen oder biologischen Effekten beruhen und zur Realisierung der Funktion beitragen. Die Realisierung einer Funktion hängt von der Wirkgeometrie, z.B. Anordnung der Wirkflächen (Art, Form, Lage, usw.), der erforderlichen Wirkbewegung (Translation, Rotation), der Form (gleichförmig, ungleichförmig), der Richtung (x, y, z – Richtung; um x,y,z-Achse), dem Betrag (Höhe der Geschwindigkeit) sowie der Werkstoffart ab.[111]

Arbeitsabschnitt 4: Gliedern in realisierbare Module

[107] Vgl. Conrad (2013), Grundlagen der Konstruktionslehre, S. 138
[108] Vgl. VDI 2221 (1993), S. 9f.
[109] Vgl. VDI 2221 (1993), S. 10
[110] Für weitere Erläuterungen des Begriffs "Wirkstruktur" siehe auch Feldhusen et al. (2013), Pahl/Beitz Konstruktionslehre, S. 246f.
[111] Vgl. VDI 2221 (1993), S. 10

In Arbeitsabschnitt 4 werden Lösungsprinzipien in realisierbare Module gegliedert. Dies ermöglicht die endgültige Festlegung und Beschreibung der Schnittstellen zwischen den Baugruppen und Einzelteilen. Die einzelnen Module werden ab diesem Arbeitsschritt häufig parallel und getrennt voneinander betrachtet. Somit findet eine Verzweigung der Arbeiten in der Produktentwicklung statt, bevor die Arbeitsschritte, in denen die Produktgestalt ausdetailliert wird, beginnen. Das Ergebnis dieses Arbeitsschritts ist eine modulare Struktur, welche wesentliche Gruppen und Elemente (Teilsysteme und Systemelemente) der Lösung der Entwicklungsaufgabe sowie deren Verknüpfung (Schnittstellen) erkennen lässt. Die Struktur kann auf unterschiedliche Weisen dargestellt werden. Beispielhaft seien hier Anordnungsskizzen, Graphen, Strukturgramme oder Fließbilder erwähnt.[112]

Arbeitsabschnitt 5: Gestalten der maßgebenden Module

Im fünften Arbeitsschritt erfolgt das sogenannte Grobgestalten des Produkts, im Rahmen dessen die Gestalt für die maßgebenden Module erstmalig konkretisiert wird. Dabei können im Sinne der Modularisierung die einzelnen Module auch losgelöst und parallel zueinander bearbeitet werden. Die Module werden nach geometrischen, stofflichen sowie programmtechnischen Merkmalen festgelegt. Die Festlegung sollte jedoch zunächst nur bis zu dem Grad erfolgen, an dem die Wechselwirkungen zwischen den Merkmalen erkannt und das Gestaltungsoptimum ausgewählt werden kann. Das Ergebnis dieses Arbeitsschritts bilden Vorentwürfe, wie beispielsweise grobe maßstäbliche Zeichnungen oder Stromlaufpläne.

Arbeitsabschnitt 6: Gestalten des gesamten Produkts

In diesem Arbeitsschritt erfolgt das sogenannte Endgestalten bzw. Feingestalten der im vorherigen Arbeitsschritt grob gestalteten Module. Auch die bis zu diesem Zeitpunkt nicht berücksichtigten und nicht maßgebenden Module werden hierbei bearbeitet. Das Ergebnis dieses Arbeitsschritts ist ein Gesamtentwurf, welcher aus ersten detaillierten maßstäblichen Zeichnungen sowie Stücklisten besteht.

Arbeitsabschnitt 7: Ausarbeiten der Ausführungs- und Nutzungsangaben

Im letzten Arbeitsschritt werden die Ausführungs- und Nutzungsangaben zu dem entwickelten Produkt ausgearbeitet. Die relevanten technischen Spezifikationen zur Gestalt sowie zum Gebrauch des Produkts wurden bereits im vorherigen Arbeitsschritt festgelegt und werden hier als Input-Informationen verwendet. Das Ergebnis dieses Arbeitsschritts ist die Produktdokumentation mit Nutzungsangaben, welche in

[112] Vgl. VDI 2221 (1993), S. 10

Form von Stücklisten, Einzelteil-, Gruppen- und Gesamtzeichnungen, Betriebsanleitungen, Benutzerhandbüchern oder Fertigungs-, Montage-, Prüf- und Transportvorschriften vorliegen kann.[113]

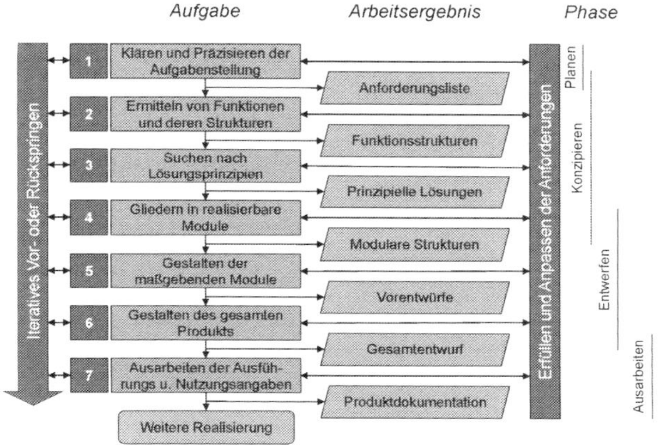

Abbildung 2-6: Konstruktionsprozess nach VDI 2221[114]

Abhängig von dem Neuheitsgrad des Produkts sowie der Zielsetzung der Entwicklungsaufgabe, werden die einzelnen Arbeitsabschnitte des Vorgehens unterschiedlich intensiv durchlaufen. So gestaltet sich beispielsweise die Definition einer Funktionsstruktur bei einer vollkommen neuen Aufgabenstellung als anspruchsvoller im Vergleich zu Entwicklungsaufgaben, bei denen auf Erfahrungen von bereits durchgeführten Produktentwicklungsprojekten mit ähnlichen Produkten zurückgegriffen werden kann.[115] Ferner ergibt sich aufgrund des zunehmenden Entwicklungsumfangs sowie der Forderung nach einer immer kürzer werdenden Entwicklungsdauer die Notwendigkeit die Arbeitsschritte zeitgleich auszuführen.[116] Auf das sogenannte Simultaneous Engineering wird in 2.3.2 eingegangen.

[113] Vgl. VDI 2221 (1993), S. 10
[114] In Anlehnung an VDI 2221 (1993), S. 9
[115] Vgl. VDI 2221 (1993), S. 11
[116] Vgl. Naefe (2012), Einführung in das Methodische Konstruieren, S.11ff.

2.2 Grundlagen des Werkzeugbaus

Nachdem in Abschnitt 2.1 die relevanten Begrifflichkeiten und Vorgehensmodelle der Produktentwicklung vorgestellt wurden, wird im Folgenden auf die Grundlagen des Werkzeugbaus eingegangen. In Abschnitt 2.2.1 wird zunächst ein einheitliches Verständnis der Begriffe Werkzeug und Werkzeugbau geschaffen, wonach in Abschnitt 2.2.2 auf die Bedeutung des Werkzeugbaus für produzierende Unternehmen sowie auf die Erzeugnisse des Werkzeugbau eingegangen wird. Anschließend erfolgt in Abschnitt 2.2.3 eine Beschreibung der Strukturen und Prozesse im Werkzeugbau, wobei insbesondere der Werkzeugentwicklungsprozess näher erläutert wird.

2.2.1 Definition relevanter Begrifflichkeiten

Im folgenden Abschnitt werden zunächst die Grundaufgaben von produzierenden Unternehmen beschrieben, um daraufhin auf die Produktionsfaktoren und insbesondere auf die Betriebsmittel einzugehen. Anschließend wird der Fokus auf das Werkzeug als Betriebsmittel gelegt, von den weiteren Betriebsmitteln abgegrenzt und im Kontext der vorliegenden Arbeit definiert. Hiernach wird der Begriff Werkzeugbau definiert und im Rahmen des Begriffsverständnisses in der vorliegenden Arbeit eingegrenzt.

2.2.1.1 Produktionsfaktoren

Die Grundaufgabe von produzierenden Unternehmen ist die Umwandlung von Rohstoffen und Zulieferteilen, die vom Beschaffungsmarkt bezogen werden, zu Produkten, welche anschließend auf dem Absatzmarkt konkurrenzfähig vertrieben werden. Die Umwandlung wird dabei mithilfe einer Kombination der sogenannten Produktionsfaktoren vollzogen.[117] Diese werden nach WÖHE in Dispositivfaktoren und Elementarfaktoren eingeteilt. Den Dispositivfaktoren werden Organisation, Planung, Leitung sowie Überwachung der Produktionsprozesse zugeordnet, wohingegen die auszuführende Arbeit sowie Betriebsmittel und Werkstoffe zu der Gruppe der Elementarfaktoren zählen.[118] Der Fokus dieser Arbeit liegt auf den Betriebsmitteln, zu welchen neben Vorrichtungen, Mess- und Prüfmitteln auch Werkzeuge gehören.[119] Dabei sind Werkzeuge zu der Kategorie der passiven Betriebsmittel zuzuordnen, da sie eine Werkzeugmaschine zur Bewegung und Fixierung benötigen und somit nicht

[117] Vgl. Wöhe et al. (1996), Einführung in die allgemeine Betriebswirtschaftslehre, S. 28
[118] Vgl. Wöhe et al. (1996), Einführung in die allgemeine Betriebswirtschaftslehre, S. 93f.
[119] Vgl. Brankamp (1981), Organisation des Betriebsmittelbaus, S. 13

eigenständig ein Werkstück bearbeiten können.[120] Nachfolgend werden die Begriffe Werkzeug und Werkzeugbau definiert.

2.2.1.2 Werkzeug und Werkzeugbau

Werkzeuge werden nach der VDI Richtlinie 2815 allgemein als Fertigungsmittel definiert, die auf ein Material zwecks Form- bzw. Substanzveränderung mechanischer oder physikalisch-chemischer Art einwirken.[121] Obwohl diese Definition Hohlformwerkzeuge miteinbezieht, existiert eine Diskrepanz zwischen der genannten Definition und dem allgemeinen Verständnis von Werkzeugen im Maschinenbau, in dem vorwiegend die Standardwerkzeuge, wie Fräsköpfe, Drehmeißel, Bohrer oder Schleifscheiben als Werkzeuge betrachtet werden.[122]

Eine differenziertere Definition vertritt der Verband Deutscher Maschinen- und Anlagenbauer (VDMA), wonach Werkzeuge in Standard- und Präzisionswerkzeuge aufgeteilt werden. Während unter Standardwerkzeugen die oben genannten (Standard-) Fräsköpfe, Drehmeißel etc. zu verstehen sind, können Präzisionswerkzeuge in folgende Bereiche aufgegliedert werden:

- Fertigungsmess- und Prüftechnik
- Spannzeuge
- Stanzwerkzeug-, Vorrichtungs- und Formenbau
- (Präzisions-)Zerspanwerkzeuge[123]

Die im Kontext der vorliegenden Arbeit betrachteten Hohlformwerkzeuge sind der Gruppe „Stanzwerkzeug-, Vorrichtungs- und Formenbau" zuzuordnen. Hohlformwerkzeuge werden zur Herstellung von Kunststoff- oder Metallgussprodukten, aber auch von umgeformten oder gestanzten Metallprodukten benötigt.[124] Für die detaillierte Beschreibung der Typen von Hohlformwerkzeugen wird an dieser Stelle auf Abschnitt 2.2.2.2 verwiesen.

Die Besonderheit gegenüber den weiteren Werkzeugen besteht bei den Hohlformwerkzeugen darin, dass sie die Werkstückgeometrie teilweise oder vollständig als

---

[120] Vgl. Corsten (2000), Produktionswirtschaft, S. 336
[121] Vgl. VDI 2815. Diese Norm von 1978 wurde 2001 ersatzlos gestrichen, ist aber noch weitläufig in der Werkzeugbaubranche in Gebrauch.
[122] Vgl. Boos (2008), Methodik zur Gestaltung und Bewertung von modularen Werkzeugen, S. 28
[123] In den verschiedenen statistischen Auswertungen des VDMA bilden Hohlformwerkzeuge eine Unterkategorie der Präzisionswerkzeuge, vgl. Spennemann (2001), Organisationsstrukturen im Werkzeugbau, S. 11
[124] Vgl. Eversheim et al. (1998), Werkzeugbau mit Zukunft, S. 24

Werkzeugform abbilden.[125] Somit wird der Begriff Werkzeug im Rahmen der vorliegenden Arbeit wie folgt definiert:

Ein ***Werkzeug*** *ist ein Arbeitsmittel, das am Werkstück erwünschte Form- oder Substanzänderungen mechanischer oder physikalisch-chemischer Art hervorruft. Dabei bildet das Werkzeug die Werkstückgeometrie teilweise oder ganz in der Werkzeugform ab.*

Wie bei den Werkzeugen existieren auch in der Definition des *Werkzeugbaus* Unterschiede zwischen der geläufigen Benutzung des Begriffs und der in der Praxis üblichen Aufgabe, die von dieser Einheit übernommen wird.[126] Grundsätzlich werden in der Organisationseinheit Werkzeugbau die zuvor genannten Werkzeugtypen hergestellt. In vielen Unternehmen sowie in der Literatur wird der Werkzeugbau jedoch auch als Betriebsmittelbau bezeichnet.[127] Diese Namensgebung hat sich eingebürgert, da in diesem Bereich üblicherweise nicht nur Werkzeuge, sondern auch Prüfmittel, Vorrichtungen, Modelle etc. hergestellt werden. Aufgrund des speziellen Fokus dieser Arbeit auf Hohlformwerkzeuge wird der Betriebsmittelbau jedoch nicht mit dem Werkzeugbau gleichgesetzt (siehe Abbildung 2-7). Daher wird im Rahmen dieser Arbeit dem Verständnis von FRICK[128] gefolgt, der den Werkzeugbau als Oberbegriff für ‚Formenbau' oder ‚Werkzeug- und Formenbau' verwendet. Der Werkzeugbau wird in der vorliegenden Arbeit wie folgt definiert:

Im ***Werkzeugbau*** *werden Werkzeuge für die Anwendung verschiedener Produktionsverfahren (häufig zur Massenproduktion) entwickelt und hergestellt. Der Werkzeugbau umfasst sowohl die Herstellung von Werkzeugen als auch von Formen.*

---

125 Vgl. Kröning et al. (2005), Unternehmensqualifizierung, S. 4

126 Vgl. Eversheim et al. (1998), Werkzeugbau mit Zukunft, S. 74

127 Vgl. Brankamp (1981), Organisation des Betriebsmittelbaus, S. 5

128 Vgl. Frick (2006), Erfolgreiche Geschäftsmodelle im Werkzeugbau, S. 20f.

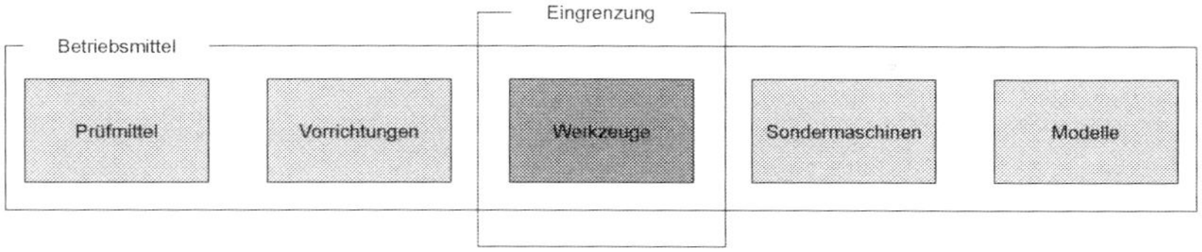

Abbildung 2-7: Abgrenzung der Werkzeuge von den restlichen Betriebsmitteln[129]

Der Werkzeugbau kann sowohl extern im Sinne eines Zulieferers als auch intern als Teil der eigenen Organisation ausgeführt sein.[130] Für eine detailliertere Beschreibung der internen und externen Ausprägung des Werkzeugbaus wird auf Abschnitt 2.2.3.1 verwiesen.

2.2.2 Der Werkzeugbau und seine Erzeugnisse

Ziel des nachfolgenden Abschnitts ist es, den Einfluss des Werkzeugbaus auf das Endprodukt aufzuzeigen sowie die unterschiedlichen Typen der im Rahmen dieser Arbeit betrachteten Hohlformwerkzeuge zu beschreiben. Hierbei bietet Abschnitt 2.2.2.1 einen Einblick in die allgemeine Bedeutung des Werkzeugbaus für produzierende Unternehmen, wonach in Abschnitt 2.2.2.2 die Erzeugnisse des Werkzeugbaus vorgestellt werden.

2.2.2.1 Bedeutung des Werkzeugbaus für produzierende Unternehmen

Der Werkzeugbau nimmt als relativ kleinbetriebliche Branche eine sehr wichtige Stellung für produzierende Unternehmen ein, da er innerhalb der Wertschöpfungskette als Bindeglied zwischen Produktentwicklung und Serienfertigung fungiert.[131] Einerseits hat der Werkzeugbau einen Bezug zur Produktentwicklung, indem er sich bereits in der Entwurfsphase einbringen und die Produktgestaltung werkzeuggerecht unterstützen kann.[132] Auf der anderen Seite beschäftigt er sich an der Nahtstelle zur Serienfertigung mit der Aufgabe, eine möglichst ressourcensparende, aber qualitativ hochwertige Produktion zu gewährleisten (siehe Abbildung 2-8). Dazu gehören unter anderem die Bereitstellung produktionsfähiger Werkzeuge, ihre Instandhaltung und

---

[129] Eigene Darstellung in Anlehnung an Frick (2006), Erfolgreiche Geschäftsmodelle im Werkzeugbau, S. 20f.
[130] Vgl. Eversheim et al. (1998), Werkzeugbau mit Zukunft, S. 74
[131] Vgl. Eversheim et al. (1998), Werkzeugbau mit Zukunft, S. 95; Boos et al. (2013), Beherrschung der Wertschöpfung im Betriebsmittelbau, S.123ff.
[132] Vgl. Boos (2008), Methodik zur Gestaltung und Bewertung von modularen Werkzeugen, S. 31

gegebenenfalls Reparaturdienstleistungen.[133] Durch die Schlüsselposition des Werkzeugbaus innerhalb der Wertschöpfungskette beeinflusst er im hohen Maß die Dimensionen Qualität, Zeit und Kosten, auf die im Folgenden vertiefend eingegangen wird.[134]

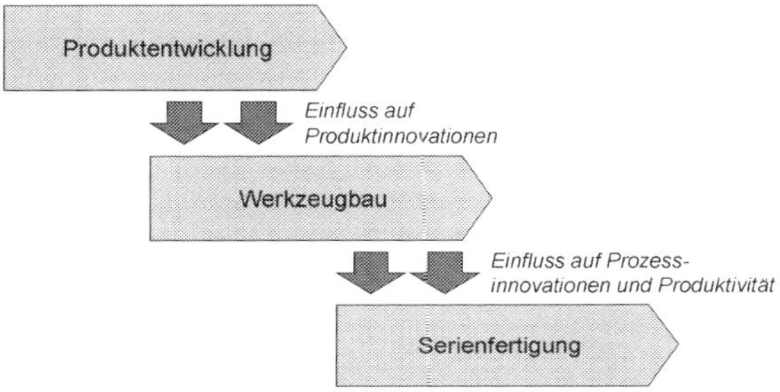

Abbildung 2-8: Der Werkzeugbau als Bindeglied zwischen Produktentwicklung und Serienfertigung[135]

Durch seinen Einsatz im Fertigungsprozess hat das Werkzeug einen großen Einfluss auf die *Produktqualität*, indem es vor allem die geometrischen (z.B. Form, Rauheit), mechanischen (z.B. Zähigkeit, Eigenspannungen) und chemischen Eigenschaften (z.B. Korrosion) des Produkts bestimmt.[136] So hat beispielsweise die Audi AG Umformwerkzeuge mit hochsensiblen Sensoren entwickelt, die bei der Blechumformung eine Abweichung vom Idealzustand direkt erfassen.[137] Besonders die Schnittstelle zur Produktentwicklung stellt hierbei einen wichtigen Stellhebel dar. Hier kann der Werkzeugbau rechtzeitig hinsichtlich der werkzeugtechnischen Realisierbarkeit des Produkts beraten und ferner mit seinem fachspezifischen Know-how neue Ideen in die Produktgestaltung einbringen.[138] Damit fördert er, neben der Sicherstellung eines werkzeuggerechten bzw. qualitätsgerechten Produktionsablaufs, auch Produktinnovationen.[139]

[133] Vgl. Ritz (1999), Bewertung technischer Änderungen im Werkzeugbau, S. 11
[134] Vgl. Fricker (2005), Strategische Stringenz im Werkzeug- und Formenbau, S. 37
[135] In Anlehnung an Schuh (2010), Operative Exzellenz im Werkzeug- und Formenbau, S. 12
[136] Vgl. Klocke et al. (2007), Fertigungsverfahren 1, S. 3
[137] Vgl. PSIPENTA (2013), Audi Werkzeugbau, S. 1
[138] Vgl. Frick (2006), Erfolgreiche Geschäftsmodelle im Werkzeugbau, S. 3
[139] Vgl. Kuhlmann (2013), Methodik zur Gestaltung von Geschäftsprozessen im industriellen Werkzeugbau, S. 33

Ein weiterer wichtiger Faktor, bei dem der Werkzeugbau eine entscheidende Rolle spielt, ist die *Zeit*. Aufgrund seiner Position auf dem kritischen Pfad der Prozesskette hat der Werkzeugbau einen direkten Einfluss auf die Time-to-Market, welche als die Zeit definiert wird, die das Endprodukt von seinem ersten Tag der Planungsphase bis hin Markteinführung benötigt. Deutlich wird dieser Einfluss beispielsweise bei der Betrachtung der Serienentwicklung von Automobilen, bei der die Herstellung der Karosseriewerkzeuge bis zu der Hälfte der Entwicklungszeit in Anspruch nehmen kann.[140]

Für eine erfolgreiche und zeitsparende Produktion ist zudem entscheidend, wie flexibel ein Produzent auf unvorhersehbare Situationen wie Reparaturen oder aus der Volatilität der Kundennachfrage resultierende Änderungen reagieren kann.[141] Meist sind Pufferzeiten zwischen den einzelnen Produktionsprozessen extrem knapp bis gar nicht vorgesehen, sodass den Verantwortlichen nur wenig Zeit verbleibt, die Anpassungs- bzw. Änderungsarbeiten an den werkzeugabhängigen Prozessen durchzuführen.[142] Deswegen unterliegt dem Werkzeugbau die Verantwortung, durch die Auslegung des Werkzeugs ein hohes Maß an Flexibilität und Anpassungsfähigkeit zu gewährleisten, indem Änderungen sicher durchgeführt und die Zeitverluste minimal gehalten werden.

Neben den bisher aufgeführten Dimensionen Qualität und Zeit hat der Werkzeugbau einen signifikanten Einfluss auf die *Kosten*.[143] Dabei handelt es sich sowohl um die einmalig anfallenden Kosten bei der Herstellung bzw. den Erwerb des Werkzeugs als auch um die Herstellungskosten des Endprodukts in der Serienproduktion.[144] Erstgenannte stellen für den Produzenten einen hohen Anteil an den Investitionskosten dar. Zur Verdeutlichung dessen kann das folgende spezifische Beispiel herangezogen werden: Für die Produktion eines mittelklassigen PKW mit einer Summe von 1,1 Mrd. € Investitionskosten fielen 150 Mio. € für die Beschaffung der Werkzeuge an. Dies ergibt anteilig 13,6% und stellt somit nach F&E-projektbezogenen Investitionen (49%) sowie den Produktions- und Gebäudeinvestitionen (35%) den größten Anteil dar.[145] Auch die Lebenszykluskosten des Werkzeugs, die aufgrund seiner Nutzung in

[140] Vgl. Frick (2006), Erfolgreiche Geschäftsmodelle im Werkzeugbau, S. 23

[141] Vgl. Schleyer (2006), Erfolgreiches Kooperationsmanagement im Werkzeugbau, S. 24

[142] Vgl. Fricker (2005), Strategische Stringenz im Werkzeug- und Formenbau, S. 37

[143] Vgl. Schuh (2012), Idealer Werkzeugbau, S. 15

[144] Vgl. Klotzbach (2006), Gestaltungsmodell für den industriellen Werkzeugbau, S. 116

[145] Vgl. Ittner (2004), Quantitative Bewertung von Kernkompetenzen in der Automobilzulieferindustrie am Beispiel des Presswerkzeugbaus, S. 17

Form von Reparatur-, Wartungs- und Instandhaltungskosten auftreten, können unter Umständen Anteile von bis zu 30% der Produktionskosten ausmachen.[146]

Nachdem die Bedeutung des Werkzeugbaus für produzierende Unternehmen vorgestellt wurde, werden im nächsten Abschnitt die Erzeugnisse des Werkzeugbaus thematisiert. Dabei liegt der Fokus auf die unterschiedlichen Typen von Hohlformwerkzeugen.

2.2.2.2 Erzeugnisse des Werkzeugbaus

Hohlformwerkzeuge werden bei urformenden, umformenden, trennenden oder fügenden Fertigungsverfahren eingesetzt. Der Vorteil gegenüber spanenden Fertigungsverfahren besteht darin, dass Hohlformwerkzeuge eine bereits endkonturnahe Form mit zum Teil hohen Oberflächengüten in einem Fertigungsschritt herstellen können.[147] Ferner trägt ein hoher Materialausnutzungsgrad zur Wirtschaftlichkeit bei, da nahezu das gesamte Material in dem Prozessschritt umgeformt bzw. urgeformt wird. Da Hohlformwerkzeuge jedoch gegenüber Standardwerkzeugen hochspezialisiert, kundenindividuell angepasst, präzise angefertigt und damit kostenintensiv sind, weisen sie in der Regel einen hohen Marktpreis auf. Aus diesem Grund eignen sich Hohlformwerkzeuge hauptsächlich für die Serienproduktion.[148]

Führt ein Hohlformwerkzeug mehrere unterschiedliche Operationen durch, so handelt es sich um ein Folgeverbundwerkzeug. Ein sogenanntes Einzelwerkzeug liegt hingegen vor, wenn nur eine Fertigungsoperation durchgeführt wird.[149] Die Gruppe der Hohlformwerkzeuge wird in die vier Untergruppen Presswerkzeuge, Schmiedegesenke, Gießwerkzeuge und Kunststoffwerkzeuge aufgeteilt (siehe Abbildung 2-9).[150] Diese werden nachfolgend erläutert.

Presswerkzeuge wenden umformende Verfahren zur Materialveränderung an.[151] Sie bearbeiten vorrangig Stahl und Aluminium in Blechform und sind häufig hintereinander in einer sogenannten Pressenstraße angeordnet. Da in einer Pressenstraße zumeist auch Schneidvorgänge integriert sind, werden alle Werkzeuge zur Blechumformung und Blechtrennung unter der Gruppe der Presswerkzeuge zusammengefasst.[152] Presswerkzeuge müssen hohen Oberflächenanforderungen gerecht werden

[146] Vgl. Eversheim et al. (1998), Werkzeugbau mit Zukunft, S. 2
[147] Vgl. Kröning et al. (2005), Unternehmensqualifizierung, S. 4
[148] Vgl. Fritz (2012), Fertigungstechnik, S. 69
[149] Vgl. Birkert et al. (2013), Umformtechnische Herstellung komplexer Karosserieteile, S. 31
[150] Vgl. Eversheim et al. (1998), Werkzeugbau mit Zukunft, S. 24
[151] Vgl. Eversheim et al. (1998), Werkzeugbau mit Zukunft, S. 24
[152] Vgl. Eversheim et al. (1998), Werkzeugbau mit Zukunft, S. 25

und filigrane Konturen herstellen können.[153] Umgangssprachlich wird die Gruppe der Presswerkzeuge daher häufig als Stanz- und Umformwerkzeuge bezeichnet. Jedoch ist die genaue Bezeichnung der verwendeten Werkzeuge terminologisch nicht eindeutig, da häufig Kombinationen der zuvor beschriebenen Charakteristika in einem komplexen Werkzeug realisiert sind.[154]

Eine weitere Untergruppe der Hohlformwerkzeuge bilden *Schmiedegesenke*, die zur Massivumformung und zum Mehrstufenschmieden von Werksstücken genutzt werden.[155] Die Massivumformung bezeichnet alle Verfahren, bei denen Querschnittsänderungen an metallischen Werkstücken durchgeführt werden, ohne dabei Material abzutragen.[156] Erzeugnisse der Massivumformung werden vor allem in der Automobilindustrie sowie im Maschinen- und Anlagenbau eingesetzt.[157] Grundsätzlich wird die Massivumformung abhängig von der Temperatur in drei Typen unterteilt: Bei der Kaltmassivumformung (bei Raumtemperatur) verfestigt sich das Werksstück in besonderem Maße und erreicht eine im Vergleich zu anderen Verfahren hohe Oberflächengüte.[158] Wegen der häufig großen Abmessungen des Werkstücks sowie der Umformung im kalten Zustand werden sehr hohe Drücke (bis zu 3000 N/mm^2) benötigt, welche die Werkstoffe, aber auch die Werkzeuge, oftmals bis an ihre physikalischen Grenzen bringen.[159] Jedoch hat die Kaltmassivumformung den Vorteil, dass bei einem niedrigen Energieaufwand (aufgrund der Umformung bei Raumtemperatur ohne Erwärmung) hohe Festigkeiten erreicht werden können, was ferner zu Gewichtsvorteilen bei den Endprodukten führt.[160] Dagegen wird bei der Halbwarmmassivumformung (500-900 °C) das Werkstück bis knapp unter die Rekristallisationstemperatur aufgeheizt. Dies bietet den Vorteil, dass eine Verdreifachung des Umformgrades im Vergleich zur Kaltmassivumformung realisiert werden kann. Nachteilig ist jedoch, dass aufgrund der Erwärmung ein deutlich höherer Energieaufwand benötigt wird.[161] Bei der Warmmassivumformung (900-1200 °C) kann ein noch höherer Umformgrad erreicht werden. Dies geht jedoch zulasten der Oberflächengüte, da bei derart hohen Temperaturen eine Zunderbildung auf der Werkstückoberfläche erfolgen kann.[162]

---

[153] Vgl. Kalweit et al. (2012), Handbuch für Technisches Produktdesign, S. 447
[154] Vgl. Boos (2008), Methodik zur Gestaltung und Bewertung von modularen Werkzeugen, S. 34
[155] Vgl. Fritz (2012), Fertigungstechnik, S. 417
[156] Vgl. Herbertz et al. (2013), Massivumformung kurz und bündig, S. 9
[157] Vgl. Weidel (2013), Intelligenter Leichtbau durch Massivumformung, S.35ff
[158] Vgl. Klocke et al. (2005), Fertigungsverfahren, S. 187
[159] Vgl. Verein Deutscher Ingenieure e.V. (2003), Massivumformung heute, S. 27
[160] Vgl. Klocke et al. (2005), Fertigungsverfahren, S. 222
[161] Vgl. Klocke et al. (2005), Fertigungsverfahren, S. 222
[162] Vgl. Klocke et al. (2005), Fertigungsverfahren, S. 258

Als dritte Untergruppe sind *Gießwerkzeuge*, welche urformende Verfahren anwenden, zu nennen. Gießwerkzeuge lassen sich grundsätzlich in die Verfahren Druckgussformen, welches besonders stark verzweigte metallische Geometrien erlaubt, und Kokillengussformen einteilen.[163] Bei letzterem Verfahren wird das flüssige Metall in eine geteilte Form (Kokille) gegossen, abgekühlt und ausgeworfen.[164] Die Strömungsgeschwindigkeit und somit auch der in der Form vorherrschende Druck werden dabei ausschließlich durch die Schwerkraft aufgebaut.[165] Das Kokillengussverfahren weist zwar eine hohe Automatisierbarkeit auf und kann mit geringem Aufwand und Ausschuss sogar große Bauteile in einem Prozess fertigen, stößt jedoch an fertigungsbedingte Grenzen. So können beispielsweise die niedrigen Strömungsgeschwindigkeiten zu schlechter Maßgenauigkeit führen. Aus diesem Grund hat sich das Druckgussverfahren in der Praxis durchgesetzt, bei dem das flüssige Metall unter hohem Druck in das Hohlformwerkzeug eingespritzt wird. Dabei besteht ein direkter Zusammenhang zwischen dem Einspritzdruck und der Strömungsgeschwindigkeit des Fluides im Werkzeug.[166]

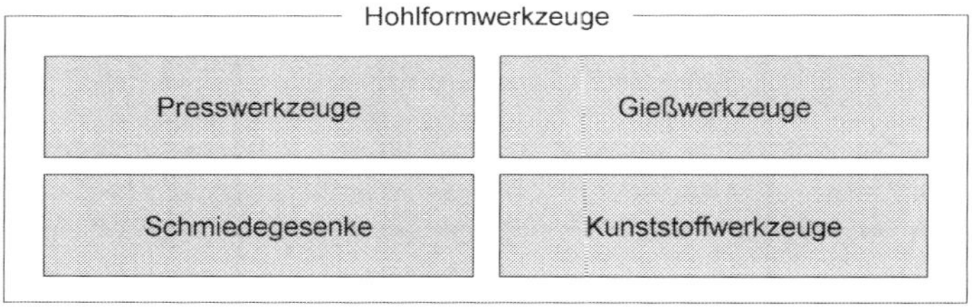

Abbildung 2-9: Untergruppen der Hohlformwerkzeuge[167]

Neben den Urformverfahren, bei denen das Fluid metallischer Natur ist, stellen Kunststoffe eine weitere Untergruppe dar. Die dafür erforderlichen Werkzeuge werden *Kunststoffwerkzeuge* genannt. Auch die Begriffe Spritzgießwerkzeuge oder Spritzgusswerkzeuge sind geläufig, da das Spritzgussverfahren die häufigste Art der Kunststoffverarbeitung darstellt.[168] Bei diesen wird, analog zu den metallischen Druckgussverfahren, der flüssige Kunststoff diskontinuierlich (taktweise) unter ho-

[163] Vgl. Klocke et al. (2005), Fertigungsverfahren, S. 16
[164] Vgl. Fritz (2012), Fertigungstechnik, S. 73
[165] Vgl. Eigenfeld (2004), Praxis der Druckgussfertigung, S. 11
[166] Vgl. Reimer (1959), Druckguss, S. 67f.
[167] In Anlehnung an Eversheim et al. (1998), Werkzeugbau mit Zukunft, S. 25
[168] Vgl. Bonnet (2014), Kunststofftechnik, S. 162

hem Druck in die Werkzeugform eingespritzt. Nach einer Verdichtung wird der Kunststoff abgekühlt und zur Reaktion gebracht.[169] Bei dieser Reaktion handelt es sich in den meisten Fällen um eine Vernetzung der Polymerketten, die entscheidenden Einfluss auf die späteren Werkstückeigenschaften hat.[170] Gegenüber dem metallischen Druckgussverfahren lassen sich im Kunststoffspritzgussverfahren deutlich höhere Stückzahlen produzieren, was vorrangig durch die schnellere Abkühlungsgeschwindigkeit und das bessere Fließverhalten begründet ist.[171]

2.2.3 Strukturen und Prozesse des Werkzeugbaus

Nachdem in den vorherigen Abschnitten die Bedeutung des Werkzeugbaus sowie seine Erzeugnisse thematisiert wurden, soll nachfolgend auf die Strukturen und Prozesse innerhalb des Werkzeugbaus eingegangen werden. Hierzu werden zunächst in Abschnitt 2.2.3.1 die Organisationsstrukturen im Werkzeugbau beleuchtet, wonach Abschnitt 2.2.3.2 die Prozesskette des Werkzeugbaus fokussiert wird. Abschließend wird in Abschnitt 2.2.3.3 auf den Werkzeugentwicklungsprozess eingegangen.

2.2.3.1 Organisationsstrukturen im Werkzeugbau

Der Werkzeugbau kann sowohl *extern* im Sinne eines Zulieferers als auch intern als Teil der eigenen Wertschöpfungskette ausgeführt sein.[172] Bei externen Werkzeugbaubetrieben handelt es sich um rechtlich selbstständige und unabhängige Einheiten, welche Aufträge von unterschiedlichen produzierenden Unternehmen akquirieren und bearbeiten. Geschäftsziel eines externen Werkzeugbauers ist die Gewinnmaximierung, die für das Fortbestehen des Unternehmens erforderlich ist.[173] Externe Werkzeugbaubetriebe diversifizieren in der Regel ihr durch Auslastungsschwankungen bedingtes Risiko mittels einer breit gefächerten Kundenbasis. Hierdurch reduzieren sie eine Beeinflussung der internen Kapazitätsauslastung bei möglichen wirtschaftlichen Schwankungen in den unterschiedlichen Marktsegmenten. Trotz der breiten Kundenbasis fokussieren externe Werkzeugbauer ihr Leistungsspektrum und spezialisieren sich meist auf die Herstellung eines Werkzeugtyps.[174]

Im Gegensatz zum externen Werkzeugbau ist der *interne* Werkzeugbau in die Prozesskette eines Mutterunternehmens integriert und bezieht seine Sach- und Finanzmittel aus dem Mutterunternehmen. Ein Grund für die interne Angliederung des

---

[169] Vgl. Johannaber et al. (2004), Handbuch Spritzgiessen, S. 300f.
[170] Vgl. Johannaber et al. (2004), Handbuch Spritzgiessen, S. 350
[171] Vgl. Johannaber et al. (2004), Handbuch Spritzgiessen, S. 698
[172] Vgl. Eversheim et al. (1998), Werkzeugbau mit Zukunft, S. 74
[173] Vgl.Gutenberg (1951), Grundlagen der Betriebswirtschaftslehre, S. 3
[174] Vgl. Spennemann (2001), Organisationsstrukturen im Werkzeugbau, S. 12

Werkzeugbaus ist der Know-how-Schutz. Produkt- und Werkzeugmuster sollen so vor äußerem Zugriff geschützt werden. Zudem ermöglicht die räumliche Nähe eine schnellere Reaktionsfähigkeit bei Werkzeugausfällen, wodurch eine erhöhte Produktionsverfügbarkeit gewährleistet wird.[175]

Der interne Werkzeugbau kann sowohl als klassische Abteilung als auch als Profit- oder Cost-Center eingerichtet sein. Bei der Organisation als klassische Abteilung werden die Kosten des Werkzeugbaus in Umlageform von anderen Unternehmensbereichen getragen. Dies kann dem Werkzeugbau große Chancen im Sinne der Nutzung von beinahe unbeschränkten Mitteln eröffnen, erzeugt jedoch auch hohe Kosten aufgrund von mangelnder Kostenverantwortung.[176] Das Cost-Center als weitere Organisationsform weist im Gegensatz zur klassischen Abteilung eine eigenständige Kostenverantwortung auf.[177] Es steht mit externen Werkzeugbauern im Kostenwettbewerb, agiert in der Praxis jedoch nicht eigenständig am Markt. Die Eigenständigkeit in Bezug auf die Kostenverantwortung geht bisweilen so weit, dass Leistungen von externen (Konkurrenz-)Anbietern bezogen werden können, wenn das Cost-Center nicht das Kostenziel einhalten kann. Jedoch gilt es zu berücksichtigen, dass bei einem Cost-Center keine direkten Gewinnmargen erzielt werden können, weshalb die Kosten für Leistungen nur bedingt mit denen eines externen Anbieters vergleichbar sind.[178]

Bei einem Profit-Center besteht per Definition eine Gewinnerzielungsabsicht und zudem eine Kostenverantwortung. Diese Organisationsform weist einen derart hohen Grad an Unabhängigkeit auf, dass sie am ehesten mit externen Werkzeugbauern vergleichbar ist. Obwohl das Profit-Center einem eigenständigen Unternehmen betriebswirtschaftlich sehr ähnlich ist, kann es trotzdem nicht völlig unabhängig am Markt agieren, da es immer noch strategisch vom Mutterkonzern ausgerichtet und geführt wird.[179]

In der betrieblichen Praxis wird der interne Werkzeugbau meist als Cost-Center eingerichtet. Hierbei haben die Aufträge des Mutterkonzerns Vorrang gegenüber externen Anfragen und müssen bearbeitet werden. Eine Besonderheit ist das Recht des ‚Last Calls', welches die Nachbesserung des internen Angebots gegenüber externen

---

[175] Vgl. Frick (2006), Erfolgreiche Geschäftsmodelle im Werkzeugbau, S. 23

[176] Vgl. Kuhlmann (2013), Methodik zur Gestaltung von Geschäftsprozessen im industriellen Werkzeugbau, S. 28

[177] Vgl. Boos (2008), Methodik zur Gestaltung und Bewertung von modularen Werkzeugen, S. 28

[178] Vgl. Eversheim et al. (1998), Werkzeugbau mit Zukunft, S. 75

[179] Vgl. Eversheim et al. (1998), Werkzeugbau mit Zukunft, S. 75

Anbietern ermöglicht, sodass eine höhere Chance einer internen Auftragsvergabe besteht.[180]

Nachdem in diesem Abschnitt auf die beiden grundsätzlichen Formen des Marktzugangs sowie auf die jeweiligen Organisationsformen eingegangen wurde, soll im folgenden Abschnitt die Prozesskette des Werkzeugbaus erläutert werden.

2.2.3.2 Prozesskette des Werkzeugbaus

In der Literatur bestehen diverse Ansätze zur Beschreibung der Prozesskette des Werkzeugbaus.[181] Zwar können sich diese hinsichtlich der Benennung sowie der Anzahl der Phasen unterscheiden, bezogen auf den Inhalt der jeweiligen Prozessschritte stimmen sie jedoch grundsätzlich überein. Am geläufigsten ist die Aufgliederung der Prozesskette in die vier wesentlichen Phasen Auftragsakquisition, Werkzeugentwicklung, Arbeitsplanung und Werkzeugproduktion (siehe Abbildung 2-10). Diese Aufgliederung wird auch für die vorliegende Arbeit zugrunde gelegt. Nachfolgend werden die Phasen der Prozesskette des Werkzeugbaus erläutert:

Die *Auftragsakquisition* als erstes Element der Prozesskette des Werkzeugbaus stellt auch gleichzeitig die erste Schnittstelle zum Kunden dar. Zu ihren Aufgaben wird unter anderem der Vertriebsprozess gezählt, in dem Anfragen seitens des Kunden bearbeitet bzw. neue Aufträge akquiriert werden. Für eine bessere Abstimmung in Bezug auf die technische Umsetzung von Anfragen werden oftmals weitere Funktionsbereiche des Werkzeugbaus, z.B. Konstruktion, in diese Phase miteinbezogen.[182] Ein weiterer Bestandteil der Auftragsakquisition ist die herausfordernde Aufgabe der Werkzeugkalkulation. Aufgrund der Unikatfertigung und der damit verbundenen Planungsunsicherheit sind die Werkzeugkosten während der Angebotserstellung nur grob abschätzbar. Auswertungen zur Abschätzbarkeit von Werkzeugkosten bei glei-

[180] Vgl. Kuhlmann (2013), Methodik zur Gestaltung von Geschäftsprozessen im industriellen Werkzeugbau, S. 28

[181] Vgl. Pollack (1995), Entwicklung eines Informationssystems zur strategischen Planung des Werkzeugbaus, S. 11; Tracht (2002), Planung und Steuerung des Werkzeug- und Formenbaus auf Basis eines integrierten Produktmodells, S. 11; Westekemper (2002), Methodik zur Angebotspreisbildung, S. 9; Ittner (2004), Quantitative Bewertung von Kernkompetenzen in der Automobilzulieferindustrie am Beispiel des Presswerkzeugbaus, S. 14; Fricker (2005), Strategische Stringenz im Werkzeug- und Formenbau, S. 47; Schleyer (2006), Erfolgreiches Kooperationsmanagement im Werkzeugbau, S. 34; Klotzbach (2006), Gestaltungsmodell für den industriellen Werkzeugbau, S. 49; Eversheim et al. (1998), Werkzeugbau mit Zukunft, S. 21; Klocke (2005), Zukunftsstudie Werkzeug- und Formenbau, S. 50; Frick (2006), Erfolgreiche Geschäftsmodelle im Werkzeugbau, S. 27

[182] Vgl. Bronner (2008), Angebots- und Projektkalkulation, S. 3f.

chen Eingangsinformationen haben gezeigt, dass die Kosten zum Teil um 100 Prozent variieren können.[183]

Nach einer erfolgreichen Annahme des vom Werkzeugbau erstellten Angebots fällt die Steuerung dem Projektmanagement zu, welches das Projektangebot in einen internen Auftrag umwandelt.[184] Der hohe Entwicklungs- und Änderungsaufwand der kundenindividuellen Lösungen und das zumeist große Projektvolumen pro Einzelauftrag erfordert ein Abwickeln der Aufträge in Projektform.[185] Das Projektmanagement übernimmt während des Projekts sowohl beratende als auch kontrollierende Funktionen entlang der Zielgrößen Kosten, Zeit und Qualität.

Nach erfolgreicher Auftragsakquisition und Umwandlung in einen internen Auftrag beginnt der *Werkzeugentwicklungsprozess*. Dieser ist untergliedert in die Methodenplanung und die (Werkzeug-)Konstruktion. Bei der Methodenplanung wird das grobe Werkzeugkonzept festgelegt. Die Anzahl der Umformstufen, die Auslegung des Kühlsystems für die Kavität oder die Art des Auswerfersystems können Elemente sein, die in dieser Phase definiert werden. Nachdem das Werkzeugkonzept festgelegt ist, wird häufig eine detailliertere und präzisere Kostenkalkulation mit dem Kunden abgestimmt. Anschließend erfolgt im Rahmen der (Werkzeug-)Konstruktion die Umsetzung des Werkzeugkonzepts in einem CAD-Modell. Im Rahmen der Werkzeugkonstruktion werden bereits über 80% der anfallenden Werkzeugkosten festgelegt. Aus diesem Grund kann die Werkzeugkonstruktion als Schlüsselphase in der Abwicklung von Werkzeugbauprojekten bezeichnet werden.[186] Da ein Fokus dieser Arbeit auf der Werkzeugentwicklung liegt, wird der Werkzeugentwicklungsprozess in Abschnitt 2.2.3.3 nochmals detailliert beschrieben.

Nach Fertigstellung des CAD-Modells werden die für die Produktion benötigten Stücklisten erstellt und an die *Arbeitsplanung* übergeben, die das nächste Element der Prozesskette darstellt. Kernergebnis dieses Prozessschritts ist der Arbeitsplan mit dazugehörigen Arbeitsanweisungen. Dieser beinhaltet die Planung sowie die regelmäßige Überwachung der Fertigung und Montage. In den größtenteils klein und mittelständisch geprägten Werkzeugbauunternehmen erfolgt die Planung zumeist nur auf Grobebene, da die Feinplanung und -überwachung von den zuständigen Meistern durchgeführt wird. Die Bearbeitung der Fertigungsaufträge auf den Werk-

[183] Vgl. Schlüter (2006), Vorkalkulationsmethoden von Spritzgießwerkzeugen, S. 1
[184] Vgl. Klotzbach (2006), Gestaltungsmodell für den industriellen Werkzeugbau, S. 49
[185] Vgl. Schleyer (2006), Erfolgreiches Kooperationsmanagement im Werkzeugbau, S. 30
[186] Vgl. Klocke (2005), Zukunftsstudie Werkzeug- und Formenbau, S. 52

zeugmaschinen erfordert eine NC-Programmierung, dessen Erstellung einen weiteren Aufgabenbereich der Arbeitsplanung darstellt.[187]

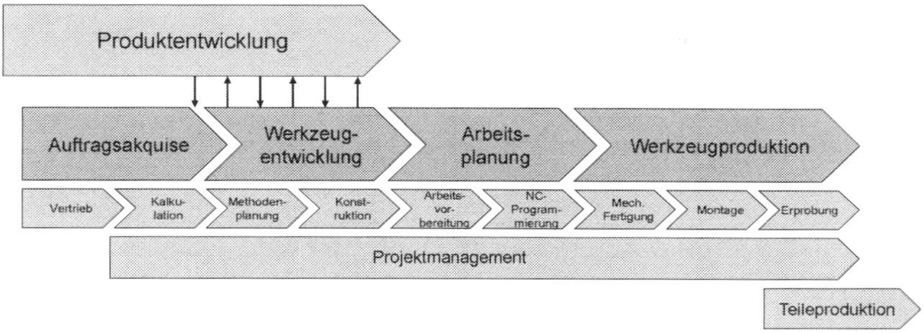

Abbildung 2-10: Die Prozesskette des Werkzeugbaus[188]

Nach Abschluss der Arbeitsplanung startet die *Werkzeugproduktion.* Kernaufgabe der Werkzeugproduktion ist die mechanische Bearbeitung der Werkstücke. Das kostenausschlaggebende Element ist hierbei zumeist das Formnest, da dieses immer kundenindividuell hergestellt wird und unter den Werkzeugkomponenten die größte Komplexität aufweist. Die Hauptfertigungsverfahren, die bei der Herstellung des Werkzeugs eingesetzt werden, sind Fräsen, Drehen, aber auch Senk- und Drahterodieren. Zusätzlich wird häufig das Formnest noch schleifend bearbeitet, da es eine besonders hohe Oberflächengüte aufweisen muss.

Im Rahmen der Montage bzw. Bankarbeit werden alle Werkzeugkomponenten zusammengebaut und zur Gewährleistung der Funktionalität des Werkzeuges entsprechend angepasst.[189] Die Bankarbeit (als Form der Montage) findet im Werkzeugbau weiterhin Anwendung, da die Komplexität der Werkzeuge und die daher notwendige Unikatfertigung manuelle Arbeiten erfordern. Demnach ist auch der kostenintensive Einsatz vieler Facharbeiter unausweichlich.[190] Auf die Montage folgend können noch

[187] Vgl. Jurklies (2004), Generierung und Bewertung von Prozessketten für den Werkzeug- und Formenbau, S. 21

[188] In Anlehnung an Klotzbach (2006), Gestaltungsmodell für den industriellen Werkzeugbau, S. 49

[189] Im industriellen Sprachgebrauch wird unter dem Begriff „Montage“ meist nur der Zusammenbau von Teilen und Baugruppen verstanden. Im Werkzeugbau erhält er jedoch eine erweiterte Bedeutung und schließt die Funktionssicherstellung mit ein, siehe dazu auch Boos (2008), Methodik zur Gestaltung und Bewertung von modularen Werkzeugen, S. 44

[190] Vgl. Ritz (1999), Bewertung technischer Änderungen im Werkzeugbau, S. 9

letzte Nacharbeiten und das Finishing vorgenommen werden, bevor die Qualitätsüberprüfung im Rahmen der Erprobung (auch Try Out genannt) im letzten Teilschritt der Werkzeugproduktion erfolgt.[191]

2.2.3.3 Der Werkzeugentwicklungsprozess

Nachdem in Abschnitt 2.2.3.2 auf die Prozesskette des Werkzeugbaus eingegangen wurde, wird im folgenden Abschnitt der Werkzeugentwicklungsprozess nach BOOS erläutert (siehe Abbildung 2-11).[192] BOOS stützt sich bei der Beschreibung des Werkzeugentwicklungsprozesses auf PAHL ET AL., welche den Konstruktionsprozess in die Schritte Planung und Klärung der Aufgabenstellung, Konzeption, Entwurf und Ausarbeitung aufteilen.[193]

Die erste Phase des Werkzeugentwicklungsprozesses nach BOOS in Analogie zu PAHL ET AL. ist die *Planung und Klärung der Aufgabenstellung*. Hierbei wird das für den Auftrag zugrunde liegende Pflichtenheft zunächst geprüft und als Grundlage für ein Technologiegespräch zwischen den Experten aus der Kalkulation, Konstruktion, Arbeitsvorbereitung und Produktion genutzt. Ziel dieses Gespräches ist die Identifikation eines groben Werkzeugkonzepts für das herzustellende Bauteil und die Festlegung der hierfür erforderlichen Technologien. Neben dem ersten Grobkonzept werden ferner die werkzeugspezifischen Randbedingungen wie Temperierung, Anschlüsse oder die zu verwendenden Materialien festgelegt. Auf Basis des festgelegten Konzepts wird ein Meilensteinplan für das Entwicklungsprojekt erstellt, anhand dessen der Projektfortschritt sowohl zeitlich als auch kostenseitig begutachtet werden kann.[194]

Im Rahmen der zweiten Phase wird die *Konzeption* des Werkzeugs vorgenommen. An dieser Stelle wird das in der vorherigen Phase definierte Grobkonzept weiter ausdetailliert. Hierbei wird auf Basis des festgelegten Werkzeugtyps nach bereits ausgelegten ähnlichen Werkzeugen aus Vorgängerprojekten gesucht. Ausschlaggebend für eine Ähnlichkeit sind gleiche Werkzeugfunktionen sowie ein vergleichbares mit dem Werkzeug herzustellendes Bauteil. Bei Vorliegen eines ähnlichen Werkzeugs kann der Konstrukteur sich an dem bereits entwickelten Werkzeugkonzept orientieren. Andernfalls muss für das zu entwickelnde Werkzeug eine neue Funktions- und Wirkstruktur aufgebaut werden.[195]

---

[191] Vgl. Klotzbach (2006), Gestaltungsmodell für den industriellen Werkzeugbau, S. 50
[192] Vgl. Boos (2008), Methodik zur Gestaltung und Bewertung von modularen Werkzeugen, S. 79
[193] Vgl. Pahl et al. (2006), Konstruktionslehre, S. 194f.
[194] Vgl. Boos (2008), Methodik zur Gestaltung und Bewertung von modularen Werkzeugen, S. 80
[195] Vgl. Boos (2008), Methodik zur Gestaltung und Bewertung von modularen Werkzeugen, S. 81

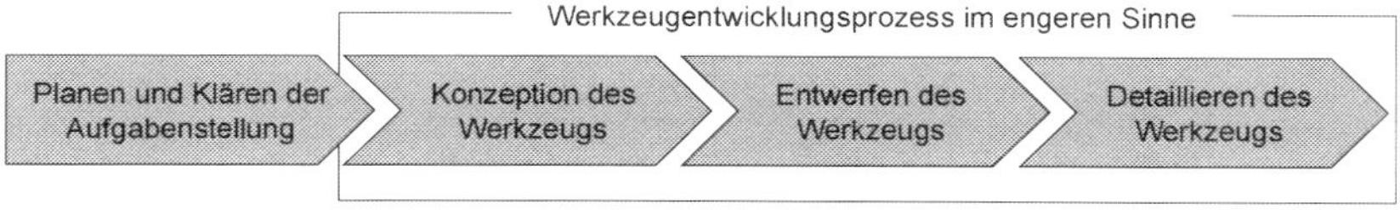

Abbildung 2-11: Werkzeugentwicklungsprozess nach BOOS[196]

Der dritte Schritt im Werkzeugentwicklungsprozess ist das *Entwerfen* des Werkzeugs. Hierbei wird zunächst geprüft, ob bereits angefertigte Basiskonstruktionen, sogenannte Konstruktionstemplates[197], in denen standardisierte und skalierbare Komponenten des Werkzeugs abgelegt sind, vorhanden sind. Mit ihrer Hilfe ist es möglich, die Konstruktion des Werkzeugs wesentlich zu beschleunigen. Falls kein entsprechendes Ausgangsmodell vorhanden ist, muss die Baustruktur des Werkzeugs neu gestaltet werden.[198]

Auf Grundlage der ausgewählten Baustruktur wird in der letzten Phase, dem *Detaillieren*, das Werkzeug endgültig konstruktiv ausgearbeitet. Zu diesem Zeitpunkt werden auf Basis technischer und wirtschaftlicher Kriterien die Module, Baugruppen und Komponenten des Werkzeugs festgelegt und konstruiert.[199] Mit dieser Phase endet der Werkzeugentwicklungsprozess.

2.3 Grundlagen zur Integration von Systemen

Eine wesentliche Zielsetzung der vorliegenden Arbeit ist die Integration der beiden Einheiten Produktentwicklung und Werkzeugbau. Nachdem in den Abschnitten 2.1 und 2.2 die Grundlagen zur Produktentwicklung sowie zum Werkzeugbau erläutert wurden, wird nachfolgend auf die Grundlagen zur Integration von Systemen eingegangen. Hierzu soll in Abschnitt 2.3.1 der Begriff Schnittstelle definiert und in den Kontext der vorliegenden Arbeit eingeordnet werden, bevor in Abschnitt 2.3.2 die Grundlagen zum Simultaneous Engineering erläutert werden.

---

196 In Anlehnung an Boos (2008), Methodik zur Gestaltung und Bewertung von modularen Werkzeugen, S. 79

197 Unter einem Konstruktionstemplate wird ein wiederverwendbares Modell zur Konstruktion neuer Produkte bzw. Bauteile verstanden. Es kann parametrisch angepasst werden und beschleunigt mithilfe seiner standardmäßigen Struktur den Entwicklungsprozess.

198 Vgl. Boos (2008), Methodik zur Gestaltung und Bewertung von modularen Werkzeugen, S. 81

199 Vgl. Kuhlmann (2013), Methodik zur Gestaltung von Geschäftsprozessen im industriellen Werkzeugbau, S. 104

2.3.1 Definition des Begriffs Schnittstelle

Der ursprünglich aus der Datenverarbeitung stammende Begriff *Schnittstelle* kennzeichnet nach WERMEYER die Verbindungseinheit an der Grenze zweier Systeme. Im Kontext der Datenverarbeitung bezieht sich der Begriff auf den Datenaustausch von miteinander verbundenen informationstechnischen Einheiten.[200] In der Betriebswirtschaftslehre wird der Begriff im Rahmen der Organisationstheorie verwendet. Schnittstellen werden hierbei als organisatorische Grenzen zwischen verschiedenen Teil- bzw. Funktionsbereichen eines Unternehmens definiert. Als Funktionsbereiche sind beispielsweise die Abteilungen Marketing, Vertrieb, Produktion oder Entwicklung zu nennen.[201] Innerhalb dieser organisatorischen Grenzen bestehen bereichsübergreifende Kommunikations-, Abstimmungs-, Entscheidungs- und Güteraustauschprozesse.[202]

Ein besonderer Fokus auf den Funktionsbereich Produktentwicklung findet sich in der Definition nach WHEELWRIGHT. Dieser definiert vier Grundtypen funktionsübergreifender Abstimmung und Kommunikation zwischen der Produktentwicklung und einem weiteren, meist nachgelagerten Funktionsbereich, wie beispielsweise dem Werkzeugbau (siehe Abbildung 2-12). Die vier Grundtypen werden anhand der zeitlichen Anordnung der Funktionsbereiche sowie der Form des Informationsaustauschs unterschieden. Die Produktentwicklung wird dabei als ‚Upstream' bezeichnet, da diese zeitlich vor dem Werkzeugbau gelegen ist. Folglich kann der Werkzeugbau als ‚Downstream' aufgefasst werden, da er nachgelagert angeordnet ist.[203]

Der erste Grundtyp funktionsübergreifender Abstimmung mit der Bezeichnung ‚seriell' wird durch klassische, nacheinander durchgeführte Aktivitäten charakterisiert. Die Aktivitäten des nachgelagerten Downstream beginnen erst nach kompletter Fertigstellung der Arbeiten des Upstream. Die Gesamtheit der Informationen und Ergebnisse werden durch einen einzelnen Übertragungsvorgang vom Upstream an den Downstream übergeben.[204]

Im zweiten Grundtyp mit der Bezeichnung ‚früher Anfang' wird der Upstream mit dem Downstreams zeitlich verknüpft. Der Downstream beginnt bereits, bevor der Upream seine Aktivitäten abgeschlossen hat. Die Informations- und Ergebnisübertra-

200 Vgl. Wermeyer (1994), Marketing und Produktion, S. 4

201 Vgl. Brockhoff (1989), Schnittstellen-Management, S. 1; Wermeyer (1994), Marketing und Produktion, S. 7ff.

202 Vgl. Wermeyer (1994), Marketing und Produktion, S. 5

203 Vgl. Wheelwright et al. (1992), Revolutionizing product development, S. 33f.

204 Vgl. Wheelwright et al. (1992), Revolutionizing product development, S. 34

gung erfolgt jedoch wie bei der seriellen Übertragung einmalig und ist auf einen Zeitpunkt festgelegt. Eine Problematik bei diesem Grundtyp ist, dass der Downstream seine Tätigkeiten ohne Wissensaustausch mit dem Upstream beginnt.

Der dritte Grundtyp, die ‚frühe Einbeziehung', ist um eine frühzeitige sowie intensive Kommunikation zwischen dem Up- und Downstream erweitert. Hier beginnt der Downstream seine Tätigkeiten erst nach einem intensiven Wissensaustausch mit dem Upstream. Zudem setzt die Kommunikation zwischen Up- und Downstream erst dann ein, wenn der Upstream einen gewissen Fertigstellungsgrad erreicht hat. Der Informationsfluss kann ebenfalls von dem Downstream ausgehen, in dem er beispielsweise den Upstream beratend unterstützt.

Der vierte Grundtyp wird als ‚integrierte Problemlösung' bezeichnet. Hierbei ist eine noch stärkere Beziehung zwischen dem Downstream und dem Upstream gegeben. Die Kommunikation zwischen den beiden Einheiten besteht bereits bei dem Beginn des Upstream. Durch die intensive Kommunikation kann die Tätigkeit des Downstream reibungslos an den Ergebnissen des Upstream anknüpfen. Ferner wird der Downstream zu jedem Zeitpunkt mit aktuellen Informationen versorgt und kann diese direkt verarbeiten.[205]

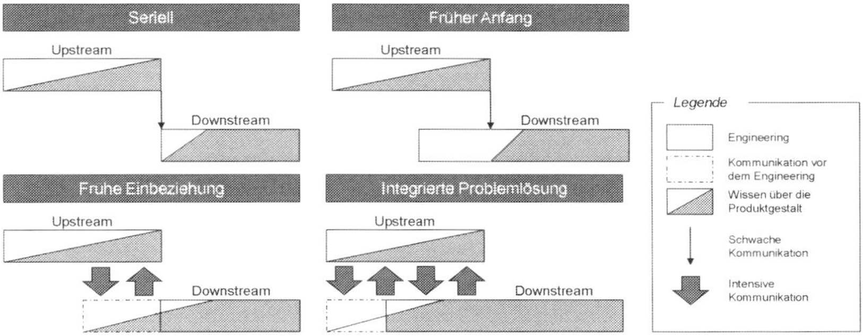

Abbildung 2-12: Vier Grundtypen der Interaktion an einer Schnittstelle[206]

Auch in der vorliegenden Arbeit wird der Begriff Schnittstelle im organisatorischen Kontext verwendet und wie folgt definiert:

---

[205] Vgl. Wheelwright et al. (1992), Revolutionizing product development, S. 35

[206] In Anlehnung an Wheelwright et al. (1992), Revolutionizing product development, S. 244

*Eine **Schnittstelle** bezeichnet die Grenze zwischen zwei Funktionsbereichen. Innerhalb der Schnittstelle können bereichsübergreifende Kommunikations-, Abstimmungs- und Entscheidungsprozesse stattfinden. Die beiden Einheiten können dabei seriell oder integriert interagieren.*

2.3.2 Simultaneous Engineering

Ursache für die Bildung von Funktionsbereichen und somit auch hauptverantwortlich für das Entstehen von Schnittstellen ist die Aufbauorganisation eines Unternehmens.[207] In der wissenschaftlichen Literatur findet sich eine Vielzahl von Ansätzen zum Umgang mit Schnittstellen.[208] Das sogenannte *Simultaneous Engineering* nimmt unter den organisatorischen Lösungsansätzen eine besondere Stellung ein und wird daher im Folgenden genauer ausgeführt.[209]

Der Begriff Simultaneous Engineering (SE)[210] wird wörtlich mit ‚gleichzeitige Ingenieurstätigkeit' übersetzt.[211] PAHL ET AL. beschränken das SE nicht nur auf die Ingenieurstätigkeit, sondern definieren SE als „zielgerichtete, interdisziplinäre (abteilungsübergreifende) Zusammen- und Parallelarbeit in der gesamten Produkt-, Produktions- und Vertriebsentwicklung für den vollständigen Produktlebenslauf mit einem straffen Projektmanagement"[212]. EVERSHEIM ET AL. fassen das SE als integrierte und zeitlich parallele Produkt- und Prozessgestaltung auf. Dabei beinhaltet das SE die Bereiche der Produkt-, Prozess- und Produktionsmittelplanung.[213] Entgegen der teils unterschiedlichen Auffassungen von SE stimmen in der wissenschaftlichen Literatur die wesentlichen Ziele, die mittels SE angestrebt und realisiert werden, überein. Diese Ziele sind:[214]

- Verkürzung der Produktentstehungszeit bzw. der Time-to-Market
- Reduzierung der Entwicklungs- und Herstellkosten

---

[207] Vgl.Wermeyer (1994), Marketing und Produktion, S. 7

[208] Verwiesen wird an dieser Stelle auf Horváth (1991), Synergien durch Schnittstellen-Controlling, S. 125.

[209] Vgl. Horváth (1991), Synergien durch Schnittstellen-Controlling, S. 126

[210] Die Begriffe Simultaneous Engineering und Concurrent Engineering werden in der wissenschaftlichen Literatur synonym verwendet. Siehe dazu: Eversheim et al., Simultaneous engineering approach to an integrated design and process planning, S. 327ff.

[211] Vgl. Laufenberg (1996), Methodik zur integrierten Projektgestaltung für die situative Umsetzung des simultaneous engineering, S. 9

[212] Pahl et al. (2006), Konstruktionslehre, S. 205

[213] Vgl. Eversheim et al. (2005), Integrierte Produkt- und Prozessgestaltung, S. 8

[214] Vgl. Laufenberg (1996), Methodik zur integrierten Projektgestaltung für die situative Umsetzung des simultaneous engineering, S. 12; Eversheim et al. (2005), Integrierte Produkt- und Prozessgestaltung, S. 8; Pahl et al. (2006), Konstruktionslehre, S. 206; Eversheim et al., Simultaneous engineering approach to an integrated design and process planning, S. 328

- Verbesserung der Produktqualität

Ein wesentliches Merkmal des SE ist die Durchführung von parallelen statt sequenziellen Aktivitäten während der Produktentstehung. Traditionell werden die Phasen im Produktentstehungsprozess in sequenzieller Reihenfolge bearbeitet, was im Vergleich zu einem parallelen Ablauf zeitliche Nachteile mit sich zieht.[215] Die Zeitersparnis durch eine Parallelisierung der Prozesse ist schematisch in Abbildung 2-13 dargestellt.

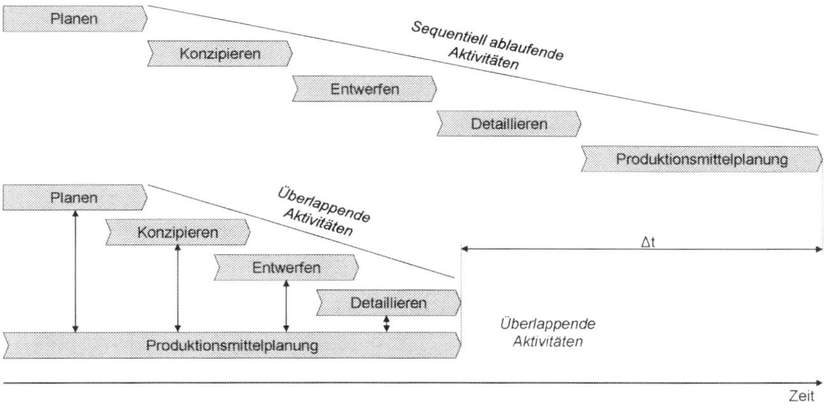

Abbildung 2-13: Zeiteinsparung Δt durch Überlappung der Entwicklungsaktivitäten[216]

Im Rahmen des SE werden in der Regel interdisziplinäre Teams gebildet, die von einem Projektleiter geführt werden. Neben der bestehenden Linienorganisation, wird eine gleichberechtigte Projektorganisation aufgebaut, um eine arbeitsteilige Zergliederung der Zuständigkeiten zu überwinden.[217] Die beschriebene Zusammenarbeit in interdisziplinären Teams erfordert eine intensive Kommunikation zwischen den Funktionsbereichen im Produktentstehungsprozess. Somit ist der Austausch von

[215] Vgl. Eversheim (1989), Simultaneous Engineering - eine organsatorische Chance, S. 7f.
[216] In Anlehnung an Eversheim (1989), Simultaneous Engineering - eine organsatorische Chance, S. 7
[217] Vgl. Lincke (1995), Simultaneous engineering, S. 33

Informationen, neben der Parallelisierung der Aktivitäten, als weiterer essenzieller Bestandteil des SE zu betrachten.[218]

LAUFENBERG erweitert das Verständnis von SE durch die Forderung nach einer verstärkten Integration des Kunden, zusätzlich zu der Parallelisierung von Aktivitäten und der Arbeit in interdisziplinären Teams. Unter dem Begriff „Kunde" werden dabei neben dem Endkunden, d.h. dem Abnehmer des Produkts, auch Mitarbeiter, Abteilungen oder Bereiche zusammengefasst, die in der Produktentstehung mitwirken.[219]

In der vorliegenden Arbeit soll der Begriff Simultaneous Engineering wie folgt verstanden werden:

*Als **Simultaneous Engineering (SE)** wird die Zusammen- und Parallelarbeit zwischen unterschiedlichen funktionalen Einheiten verstanden. Die Zusammenarbeit erfolgt in interdisziplinären Teams. Ziel des SE ist die Verkürzung der Produktentstehungszeit bzw. der Time-to-Market, die Reduzierung der Herstellkosten sowie die Verbesserung der Produktqualität.*

[218] Vgl. Ehrlenspiel et al. (2013), Integrierte Produktentwicklung, S. 547ff.; Bochtler (1996), Modellbasierte Methodik für eine integrierte Konstruktion und Arbeitsplanung, S. 12

[219] Vgl. Laufenberg (1996), Methodik zur integrierten Projektgestaltung für die situative Umsetzung des simultaneous engineering, S. 14

3 Bestehende Ansätze zur integrierten Produkt- und Werkzeugentwicklung

Im vorliegenden Kapitel werden bestehende Ansätze zur integrierten Produkt- und Werkzeugentwicklung dargestellt und bewertet. Für die Darstellung des Praxisbezugs der vorliegenden Arbeit wird in Abschnitt 3.1 auf die Herausforderungen in der Praxis mittels zwei aktueller Studien eingegangen. Nach der Darstellung des Praxisdefizits wird der Forschungsbedarf aus Sicht der Theorie aufgearbeitet. Hierzu werden zunächst in Abschnitt 3.2.1 Kriterien hinsichtlich des Objektbereichs und der Zielsetzung festgelegt, anhand derer die bestehenden Ansätze aus der wissenschaftlichen Literatur bewertet werden können. Anschließend erfolgt in Abschnitt 3.2.2 die Darstellung und qualitative Bewertung der ermittelten Ansätze. Anhand dieser Bewertung wird in Abschnitt 0 der Forschungsbedarf aus Sicht der Theorie abgeleitet und die vorliegende Arbeit zwischen den bestehenden Ansätzen eingeordnet. Nachdem sowohl das Praxis- als auch das Theoriedefizit dargestellt worden, schließt das Kapitel im Abschnitt 3.3 mit einem Zwischenfazit hinsichtlich des Forschungsbedarfs zur integrierten Produkt- und Werkzeugentwicklung ab.

3.1 Herausforderungen in der Praxis hinsichtlich einer integrierten Produkt- und Werkzeugentwicklung

Im Folgenden werden mittels zweier Studien die Bedeutung einer Integration des Werkzeugbaus in die vorgelagerten Kundenprozesse sowie die Herausforderungen bei der Durchführung dieser vorgestellt. Auf Grundlage der Herausforderungen wird anschließend der praxisorientierte Handlungsbedarf für eine integrierte Produkt- und Werkzeugentwicklung aufgezeigt.

Im Jahr 2010 wurde die Studie „Operative Exzellenz im Werkzeug- und Formenbau“ durch das Werkzeugmaschinenlabor WZL der RWTH Aachen durchgeführt. Ziel der Studie war eine nachhaltige Steigerung der Leistungsfähigkeit des Werkzeugbaus in Deutschland. Hierzu wurden aktuelle organisatorische Entwicklungen der Werkzeugbaubranche identifiziert und Handlungsfelder für Werkzeugbaubetriebe im internationalen Wettbewerb aufgezeigt. Für die Studie wurde ein repräsentativer Branchenquerschnitt von 64 Unternehmen herangezogen, von denen ca. 60% teilweise bzw. ausschließlich dem Bereich der Spritzgussformen zuzuordnen sind. 75% der befragten Unternehmen waren interne Werkzeugbauer.[220]

Im Rahmen der Studie wurden unter anderem die Befähiger für eine Integration des Werkzeugbaus in den vorgelagerten Kundenprozess untersucht. Demnach besteht ein hohes Potenzial für Werkzeugbaubetriebe, über die gewöhnliche Werkzeugherstellung hinaus, weitere Dienstleistungen anzubieten. Es ist zu erkennen, dass Werkzeugbauer ihre Produkte überwiegend in Kombination mit Dienstleistungen anbieten und der Trend in Zukunft zunehmen wird (siehe Abbildung 3-1). Demnach planen rund 76% der befragten Unternehmen in Zukunft das zeitgleiche Angebot von Werkzeugen und Dienstleistungsbündeln. Zugleich ist ein zukünftiger Abfall des ausschließlichen Angebots von Werkzeugen zu erwarten. Um diesem Trend zu begegnen, schlägt die Studie verschiedene Handlungsempfehlungen vor, die unter anderem ausdrücklich die Entwicklung von Standardverfahren zur Integration des Werkzeugbaus in Kundenprozesse enthalten.[221]

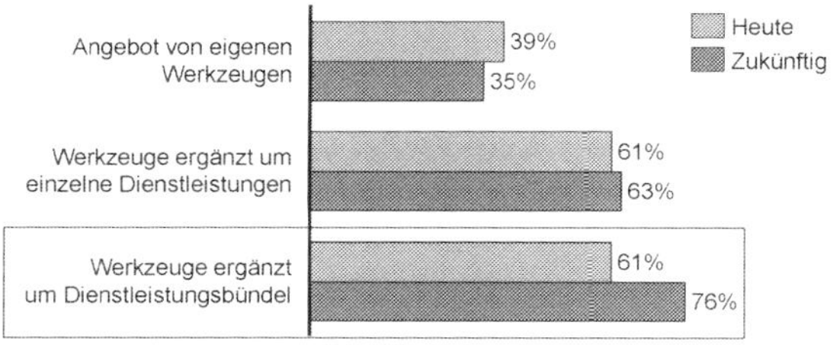

Abbildung 3-1: Werkzeug- und Dienstleistungsspektrum der Studienteilnehmer[222]

Weiteren Handlungsbedarf sieht die Studie in der Synchronisation betrieblicher Abläufe. Neben der Synchronisation der Prozesse innerhalb des Werkzeugbaus, bilden die Schnittstellen des Werkzeugbaus zur Produktentwicklung sowie zur Serienfertigung wesentliche Synchronisationspunkte. Bezüglich der Integration des Werkzeugbaus innerhalb dieser Schnittstellen wird grundsätzlich zwischen der Vorwärtsintegration in den Serienfertigungsprozess und der Rückwärtsintegration in den Produktentwicklungsprozess unterschieden. Die Wichtigkeit der hiermit verbundenen

[220] Vgl. Schuh (2010), Operative Exzellenz im Werkzeug- und Formenbau, S. 8f.
[221] Vgl. Schuh (2010), Operative Exzellenz im Werkzeug- und Formenbau, S. 27
[222] In Anlehnung an Schuh (2010), Operative Exzellenz im Werkzeug- und Formenbau, S. 26

Dienstleistungen (z.B. F&E-Beratung, Prozessmonitoring) des Werkzeugbaus ist in Abbildung 3-2 dargestellt. Es ist zu entnehmen, dass die Rückwärtsintegration in Form von F&E-Beratung und Bauteiloptimierung durch 86% der Unternehmen besonders viel Bedeutung zugesprochen wird. Auch in Zukunft sehen mit 90% die meisten Unternehmen einen sehr hohen Stellenwert in dieser Dienstleistung.[223]

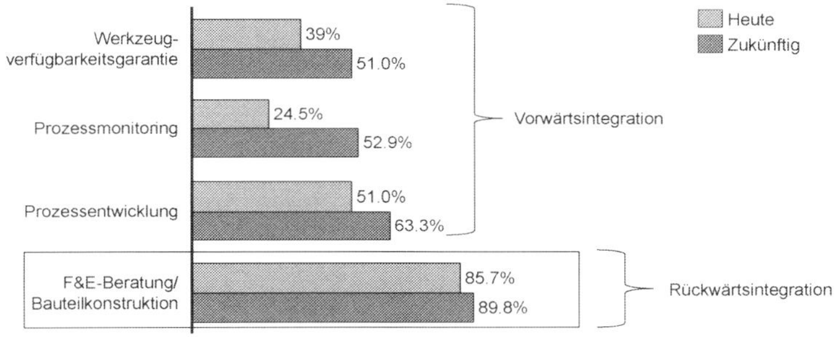

Abbildung 3-2: Dienstleistungen mit überragendem Kundennutzen[224]

Als weitere Studie ist die vom Werkzeugmaschinenlabor WZL der RWTH Aachen und Capgemini Consulting in 2013 durchgeführte Untersuchung mit dem Titel „Fokus Automobilindustrie: Digitale Wertschöpfungsnetzwerke im Werkzeugbau" zu nennen. Die Studie hatte das Ziel, einen Überblick über erfolgreiche Kooperationen von Werkzeugbauunternehmen mit Kunden der Automobilindustrie zu geben sowie Instrumente zur besseren Integration in die Kundenprozesse aufzuzeigen. Grundlage für die Studie bildeten Recherchen zu aktuellen Trends in der Automobilindustrie sowie eine Befragung von Werkzeugbaubetrieben. Der Fragebogen umfasste unter anderem die Charakteristika der teilnehmenden Betriebe, den Status quo dieser sowie die Potenziale von Kooperationen innerhalb von Wertschöpfungsnetzwerken.[225] Befragt wurden insgesamt 110 Werkzeugbaubetriebe unterschiedlicher Größe aus dem deutschsprachigen Raum. Etwas mehr als 50% von ihnen stellen auch oder aus-

[223] Vgl. Schuh (2010), Operative Exzellenz im Werkzeug- und Formenbau, S. 45

[224] In Anlehnung an Schuh (2010), Operative Exzellenz im Werkzeug- und Formenbau, S. 44

[225] Vgl. Schuh et al. (2013), Fokus Automobilindustrie: Digitale Wertschöpfungsnetzwerke im Werkzeugbau, S. 6f.

schließlich Spritzgussformen her, 60% sind interne Werkzeugbauer. Somit stellen die befragten Unternehmen einen breiten Branchenquerschnitt dar.[226]

Insbesondere fokussierte die Studie die strategische Ausrichtung von Werkzeugbaubetrieben vor dem Hintergrund der Trends in der Automobilindustrie. Die Automobilbranche sieht sich einer zunehmenden Produktderivatisierung, einer Verkürzung der Produktlebenszyklen sowie einem erhöhten Kostendruck ausgesetzt.[227] Um diesen Anforderungen gerecht zu werden, setzten Werkzeugbauer auf eine starke Serviceorientierung, welche eine enge Kooperation zwischen den Werkzeugbauunternehmen und den Kunden vorsieht.[228] Daher schätzen mehr als die Hälfte der Studienteilnehmer die Kooperationsintensität in den Bereichen Konstruktion und Try Out als „sehr hoch“ bzw. „hoch“ ein (siehe Abbildung 3-3). Zudem gehen die Studienteilnehmer davon aus, dass sich die Kooperation in Zukunft noch weiter intensivieren wird. Gleichzeitig lässt sich feststellen, dass der Rückwärtsintegration in den Produktentwicklungsprozess aktuell weniger Bedeutung zukommt als der Vorwärtsintegration in den Serienfertigungsprozess. In Zukunft wird ihr jedoch eine höhere Bedeutung zugesprochen.

[226] Vgl. Schuh et al. (2013), Fokus Automobilindustrie: Digitale Wertschöpfungsnetzwerke im Werkzeugbau, S. 7

[227] Vgl. Schuh et al. (2013), Fokus Automobilindustrie: Digitale Wertschöpfungsnetzwerke im Werkzeugbau, S. 15f.

[228] Vgl. Schuh et al. (2013), Fokus Automobilindustrie: Digitale Wertschöpfungsnetzwerke im Werkzeugbau, S. 21

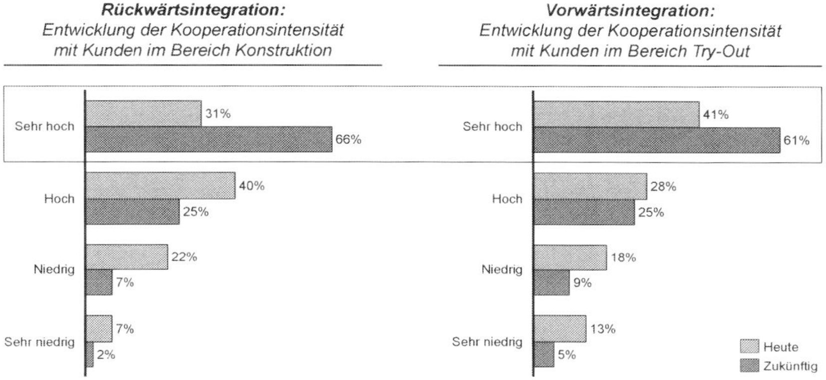

Abbildung 3-3: Entwicklung der Kooperationsintensität zwischen Werkzeugunternehmen und Kunden im Bereich Konstruktion und Try-Out[229]

Im Rahmen der Studie wurden außerdem die Herausforderungen in der Kooperation zwischen Werkzeugbaubetrieben und ihren Kunden identifiziert sowie die Ursachen hierfür untersucht. Abbildung 3-4 stellt die Ergebnisse dar und zeigt, dass Designänderungen sowie der hohe Zeitaufwand zur Klärung von Anforderungen als größte Herausforderungen wahrgenommen werden. Als wesentliche Ursache wurde von mehr als 60% der Studienteilnehmer die hohe Anzahl an Schnittstellen genannt.[230]

[229] In Anlehnung an Schuh et al. (2013), Fokus Automobilindustrie: Digitale Wertschöpfungsnetzwerke im Werkzeugbau, S. 24

[230] Vgl. Schuh et al. (2013), Fokus Automobilindustrie: Digitale Wertschöpfungsnetzwerke im Werkzeugbau, S. 39

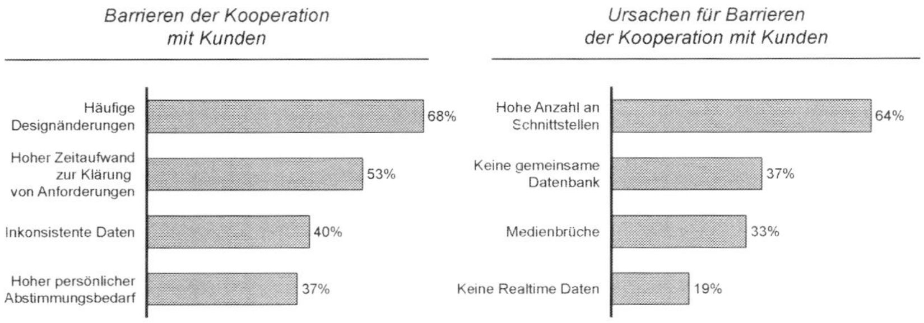

Abbildung 3-4: Barrieren der Kooperation mit Kunden und deren Ursachen[231]

Insgesamt lässt sich aus den durchgeführten Studien eine Vielzahl an Herausforderungen identifizieren, denen die Werkzeugbaubranche und ihre Kunden in Zukunft gegenüberstehen. Eine vielversprechende Möglichkeit, diesen Herausforderungen zu begegnen, stellt die Integration des Werkzeugbaus in die vorgelagerten Kundenprozesse dar (z.B. durch F&E-Beratung, Bauteiloptimierung). Dieser Trend wurde bereits von vielen Werkzeugbauunternehmen als auch von deren Kunden erkannt und zunehmend in den Fokus gerückt. Bisher konnten allerdings die darin verborgenen Potenziale nicht vollständig ausgeschöpft werden, da wesentliche Barrieren hinsichtlich einer Kooperation von Werkzeugbau und Kunden bestehen. Um diese Barrieren zu überwinden, ist die Entwicklung von gezielten und auf den Bedarf der Unternehmen ausgerichteten Methoden und Prozessen erforderlich, die eine Integration des Werkzeugbaus in die vorgelagerten Kundenprozess unterstützen.

3.2 Darstellung und Bewertung bestehender Ansätze zur integrierten Produkt- und Werkzeugentwicklung

Nachdem die Bedeutung der integrierten Produkt- und Werkzeugentwicklung in der Praxis dargelegt und das Praxisdefizit aufgezeigt wurde, findet nachfolgend die Analyse und Bewertung der theoretischen Ansätze aus der wissenschaftlichen Literatur statt. Hierzu werden in Abschnitt 3.2.1 Kriterien für die Methodik zur integrierten Produkt- und Werkzeugentwicklung aufgezeigt und die bestehenden Ansätze in Abschnitt 3.2.2 vorgestellt. Auf Basis der definierten Kriterien werden die Ansätze in Abschnitt 3.2.3 bewertet.

[231] In Anlehnung an Schuh et al. (2013), Fokus Automobilindustrie: Digitale Wertschöpfungsnetzwerke im Werkzeugbau, S. 38

3.2.1 Kriterien zur Bewertung bestehender Ansätze

Zur Bewertung der bestehenden Ansätze und Methoden aus der wissenschaftlichen Literatur werden Kriterien definiert, welche den übergeordneten Kategorien Objektbereich und Zielsetzung zugeordnet werden. Mittels der Kriterien des Objektbereichs wird untersucht, inwieweit die nachfolgend beschriebenen Ansätze den Betrachtungsfokus der vorliegenden Arbeit treffen (z.B. hinsichtlich Branche, Phase des Produktentstehungsprozesse). Hingegen wird mittels der Kriterien hinsichtlich Zielsetzung überprüft, inwieweit die Ansätze die Ziele der im Kapitel 4 und 5 dargestellten Methodik erfüllen.

Die Methodik zur integrierten Produkt- und Werkzeugentwicklung richtet sich an Unternehmen, die ein physisches Produkt entwickeln und fertigen, als auch an den Werkzeugbau, welcher die Hohlformwerkzeuge zur Herstellung des Produkts bereitstellt. Da die Methodik beide Bereiche adressiert, ist das Vorliegen einer Schnittstelle zwischen Produkt- und Werkzeugentwicklung eine Voraussetzung für die Anwendung. Die Berücksichtigung dieser Schnittstelle stellt somit das erste Kriterium des Objektbereichs dar.

Mit der zunehmenden Derivatisierung werden anstelle von einzelnen Produkten oftmals ganze Produktfamilien entwickelt. Diesen Aspekt gilt es bei der integrierten Produkt- und Werkzeugentwicklung zu berücksichtigen. Somit stellt die Berücksichtigung von mehreren Produktvarianten in einer Produktfamilien das zweite Kriterium des Objektbereichs dar.

Da Hohlformwerkzeuge vollständig die Produktgeometrie abbilden, werden für die Herstellung von verschiedenen Produktvarianten eine entsprechende Anzahl an Werkzeugvarianten benötigt. Ähnlich wie Produkte, werden auch Werkzeuge in Werkzeugfamilien mit zueinander komplementären Varianten entwickelt. Die Berücksichtigung von mehreren Werkzeugvarianten einer Werkzeugfamilie stellt hiermit das dritte Kriterium des Objektbereichs dar.

Das letzte Kriterium bildet die Möglichkeit zur Formalisierung der physischen Wechselwirkungen zwischen der Produkt- und Werkzeugfamilie. Basierend auf dieser formalisierten Darstellung soll es möglich sein, Optimierungspotenziale hinsichtlich einer integrierten Produkt- und Werkzeugentwicklung zu identifizieren.

Für die Bewertung der relevanten Ansätze aus der wissenschaftlichen Literatur sind somit folgende Kriterien des Objektbereichs zu berücksichtigen:

- *Berücksichtigung der Schnittstelle zwischen Produkt- und Werkzeugentwicklung*: Da die Methodik sich sowohl an die Produkt- als auch an die Werkzeugentwicklung richtet, sollte die Schnittstelle zwischen diesen beiden Einheiten berücksichtigt werden
- *Berücksichtigung von Produktfamilien*: Die Methodik sollte die Einbeziehung von mehreren Produktvarianten einer Produktfamilie ermöglichen
- *Berücksichtigung von Werkzeugfamilien:* Die Methodik sollte die Einbeziehung von mehreren Werkzeugvarianten einer Werkzeugfamilie ermöglichen
- *Darstellung der Wechselwirkungen zwischen Produkt und Werkzeug:* Für die systematische Identifikation von Optimierungspotenzialen sollten die Wechselwirkungen zwischen Produkt und Werkzeug formalisiert dargestellt werden können

Zielsetzung der Methodik zur integrierten Produkt- und Werkzeugentwicklung ist es, eine Senkung der Werkzeugkosten sowie der durch den Werkzeugbau beeinflussten Time-to-Market zu erreichen. Abgeleitet aus dieser Zielsetzung ergeben sich folgende Kriterien:

- *Senkung der Werkzeugkosten*: Die Methodik soll eine Reduzierung der Werkzeugkosten fokussieren, ohne dass hierdurch die Produktqualität beeinflusst wird
- *Reduzierung der Time-to-Market*: Die Methodik soll eine frühzeitige Einbeziehung des Werkzeugbaus in den Produktentwicklungsprozess fokussieren

Nachfolgend werden relevante Ansätze aus der Theorie vorgestellt und hinsichtlich der Kriterien aus dem Objektbereich sowie der Zielsetzung bewertet.

3.2.2 Darstellung und Bewertung bestehender Ansätze

Im folgenden Abschnitt werden relevante Ansätze aus der wissenschaftlichen Literatur in Bezug auf den zuvor definierten Objekt- und Zielbereich untersucht und qualitativ bewertet. Zunächst werden Ansätze aus dem Bereich der Integrierten Produktentwicklung/Simultaneous Engineering vorgestellt (Abschnitt 3.2.2.1). Darauffolgend werden in Abschnitt 3.2.2.2 Ansätze basierend auf der Graphentheorie und Sensitivitätsanalyse beschrieben, bevor im letzten Abschnitt 3.2.2.3 auf werkzeugbauspezifische Ansätze eingegangen wird.

3.2.2.1 Ansätze zur Integrierten Produktentwicklung/Simultaneous Engineering

Ein wesentlicher Aspekt der Methodik zur integrierten Produkt- und Werkzeugentwicklung ist das integrierte bzw. zeitparallele Vorgehen. In der wissenschaftlichen Literatur existieren bereits zahlreiche Ansätze, die diesen Gedanken umsetzen. Nachfolgend werden hierzu ausgewählte Ansätze der Integrierten Produktentwicklung sowie Ansätze des Simultaneous Engineerings beschrieben und kritisch beleuchtet.

Integrierte Produkterstellung nach EHRLENSPIEL und MEERKAMM

Ein bekannter Ansatz im Bereich der Integrierten Produktentwicklung stellt die „Integrierte Produkterstellung (IPE)" nach EHRLENSPIEL und MEERKAMM dar. Der Ansatz beschreibt eine ganzheitliche methodische Vorgehensweise zur Lösung von Problemen im Spannungsfeld zwischen Kosten, Zeit und Qualität. Die Basis für die Methodik bildet die Zusammenarbeit aller beteiligten Personen in Teams und wird von organisatorischen, methodischen sowie technischen Maßnahmen und Hilfsmitteln unterstützt (siehe Abbildung 3-5).[232]

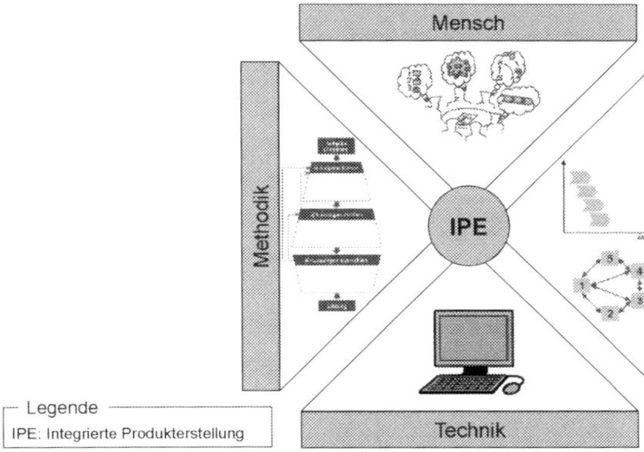

Abbildung 3-5: Integrierte Produkterstellung nach EHRLENSPIEL und MEERKAMM[233]

Dazu werden die jeweiligen Teams mit Experten unterschiedlicher Fachbereiche besetzt, sodass Lösungen für Entwicklungsaufgaben interdisziplinär erarbeitet werden können. Weiterhin wird die Zusammenarbeit mit Kunden und Zulieferern sowie eine Parallelisierung von Arbeitsschritten unter intensivem Informationsaustausch an-

[232] Vgl. Ehrlenspiel et al. (2013), Integrierte Produktentwicklung, S. 194f.
[233] In Anlehnung an Ehrlenspiel et al. (2013), Integrierte Produktentwicklung, S. 195

gestrebt. Gefördert wird dieser durch informationstechnische Methoden und Werkzeuge wie Computer Aided Design (CAD), computergestützte Simulation und Virtual Reality.[234]

Mit der Kombination dieser und weiterer Methoden aus einem sogenannten Methodenbaukasten soll die Optimierung zwischenmenschlicher Prozesse und eine umfassende Produktverbesserung erreicht werden. Damit legt die IPE-Methodik zwar eine bereichsübergreifende Grundstruktur fest, bedarf jedoch einer fachspezifischen Anpassung. Insbesondere fehlt die Ausrichtung der Methodik auf die Schnittstelle zwischen Produkt- und Werkzeugentwicklung.

Integrierte Produkt- und Prozessgestaltung nach Eversheim und Schuh

Eversheim und Schuh entwickeln einen Ansatz zur integrierten Produkt- und Prozessgestaltung, mithilfe dessen eine Steigerung der Prozesseffektivität und -effizienz angestrebt wird. Ähnlich wie die Autoren Ehrlenspiel und Meerkamm nennen Eversheim und Schuh die zeitliche Integration der beteiligten Organisationsbereiche als wesentlichen Erfolgsfaktor.[235] Eine Besonderheit des Ansatzes bildet das Vorgehen zur Identifikation der hinsichtlich der Fertigung kostensensitiven Produktmerkmale sowie die Ermittlung der daraus abgeleiteten Produktkosten. Die sogenannte Toleranzkosten-Sensitivitätsanalyse (TKSA) ermöglicht es, in Abhängigkeit von der gewünschten Montagetoleranz, mithilfe eines nichtlinearen Optimierungsproblems das lokale Produktkostenoptimum mathematisch zu bestimmen. Aus dieser Analyse lassen sich ferner frühzeitig Anforderungen an das Produkt hinsichtlich Prozess- und Prüfmittelfähigkeit ermitteln.[236] Zwar wird in dem Ansatz von Eversheim und Schuh die Schnittstelle zwischen Produkt- und Werkzeugentwicklung nicht ausdrücklich erwähnt, jedoch besteht im Rahmen der Toleranzkosten-Sensitivitätsanalyse die Möglichkeit zur Bestimmung der aus Fertigungssicht kostensensitiven Produktmerkmale. Auf die von Hohlformwerkzeugen verursachten Kosten wird allerdings nicht eingegangen, sodass dieser Ansatz für eine Integration des Werkzeugbaus in den Produktentwicklungsprozess nicht geeignet ist.

Modellbasierte Methodik zur integrierten Produktentwicklung und Prozessplanung nach Eversheim und Bochtler

[234] Vgl. Ehrlenspiel et al. (2013), Integrierte Produktentwicklung, S. 194f.

[235] Vgl. Ehrlenspiel et al. (2013), Integrierte Produktentwicklung, S. 194f.; Eversheim et al. (2005), Integrierte Produkt- und Prozessgestaltung, S. 1

[236] Vgl. Eversheim et al. (2005), Integrierte Produkt- und Prozessgestaltung, S. 195ff.

Die „Modellbasierte Methodik zur integrierten Produktentwicklung und Prozessplanung" nach EVERSHEIM und BOCHTLER zielt auf eine Parallelisierung von Produktentwicklung und Prozessplanung ab. Dazu entwickeln die Autoren zunächst aus den Grundprinzipien des Simultaneous Engineering Anforderungen an eine integrierende Methodik. Als wesentliche Bestandteile eines Produktentwicklungsprozesses sehen die Autoren den Ablauf, die Phase, die Aktivität, die Information, das technische System sowie die integrierend wirkende Methode. Auf dieser Grundlage erstellen sie ein Referenzmodell, das sich in vier Partialmodelle unterteilt. Das Informationsmodell ist hierbei das zentrale Partialmodell und mit dem Aktivitätenmodell, Methodenmodell sowie dem Modell der technischen Systeme verknüpft. Wechselseitige Abhängigkeiten zwischen den Modellen werden in Matrizen zusammengefasst und für die Identifikation unterschiedlicher Parallelisierungspotenziale verwendet.[237] Unterschieden wird dabei zwischen ablauforientierter, objektorientierter und informationsorientierter Parallelisierung von Produktentwicklung und Prozessplanung. Die gewonnenen Ergebnisse dieses Vorgehens werden schließlich in Planungs- und Umsetzungsmethoden eingearbeitet, welche vor und während der Produktentwicklungs- und Prozessplanungsaktivitäten eingesetzt werden sollen. Da sich die Erzeugung der Modelle sowie Abhängigkeitsmatrizen als aufwendig und komplex gestaltet, haben die Autoren zur besseren Anwendung ein EDV-Tool erstellt.[238]

Der Ansatz von EVERSHEIM und BOCHTLER fokussiert vornehmlich die Schnittstelle zwischen Produktentwicklung und Prozessplanung. Eine frühzeitige Identifikation der Auswirkungen von Produktmerkmalen auf die Werkzeugkosten sowie die Werkzeugentstehungszeit kann durch diesen Ansatz nicht abgebildet werden.

Gleichzeitige Produktgestaltung und Fertigung nach YOSHIMURA

Einen weiteren Ansatz liefert YOSHIMURA mit der „Gleichzeitigen Produktgestaltung und Fertigung". Die Grundidee dieses Ansatzes ist die Optimierung der Produktgestalt hinsichtlich der Qualität sowie der Fertigungskosten. Im ersten Schritt wird das zu entwickelnde Produkt durch vereinfachte, idealisierte geometrische Formen und Merkmale abgebildet (z.B. Querschnitte mit konstanter Wanddicke; keine Bohrungen, Einfräsungen, Gewindegänge), während die Schnittstellen lediglich als Verbindungspunkte dargestellt werden. Dieses erste Produktmodell dient zur Abschätzung

---

[237] Vgl. Bochtler (1996), Modellbasierte Methodik für eine integrierte Konstruktion und Arbeitsplanung, S. 131f.; Eversheim et al. (1995), Simultaneous engineering, S. 333f.

[238] Vgl. Bochtler (1996), Modellbasierte Methodik für eine integrierte Konstruktion und Arbeitsplanung, S. 87ff.

des zur Fertigung benötigten Materials und der damit anfallenden Materialkosten.[239] Anschließend wird das Produktmodell in der darauffolgenden Optimierungsphase in ein detaillierteres Zwischenmodell überführt. Im Zwischenmodell werden unter Berücksichtigung der funktionalen Anforderungen und fertigungsbedingten Einschränkungen die grundlegende Produktgestalt sowie erste Ausprägungen der Beschaffenheitsmerkmale festgelegt. Schließlich wird in der Realisierungsphase das Produkt unter Berücksichtigung der in der Fertigung anfallenden Kosten weiter ausgestaltet und die Schnittstellen ausdetailliert. YOSHIMURA empfiehlt die Standardisierung von häufig verwendeten Bauteilen nach bestimmten Produktmerkmalen, wie z.B. Form oder Fertigungsverfahren. Hierdurch können die Anzahl möglicher Bauteilvarianten und somit der Gestaltungsaufwand sowie die Fertigungskosten reduziert werden.[240]

Im Wesentlichen zielt der Ansatz nach YOSHIMURA auf die Reduzierung der Materialkosten im Produkt ab. Durch eine Vereinfachung der Produktgestalt sowie durch die Standardisierung von Produktmerkmalen sollen die Kosten in der Fertigung reduziert werden. Eine explizite Betrachtung der Werkzeugkosten findet jedoch nicht statt.

Engpassbasierter Synchronisationsansatz von Produktentwicklung und Produktion nach HINCKELDEYN

HINCKELDEYN fokussiert sich in seiner Methode „Engpassbasierter Synchronisationsansatz von Produktentwicklung und Produktion" auf zeitlich kritische Stellen, sogenannte Engpass- bzw. Flaschenhalsstellen, und schlägt hierzu zwei konkrete Methoden vor. Die Drum-Buffer-Rope Methode (DBR) sieht die Einbringung eines zeitlichen Puffers vor und hinter der Engpassstelle der Produktion vor. Der vorgeschaltete Puffer soll dabei sicherstellen, dass die Produktion auf maximalem Niveau läuft, wohingegen der nachgeschaltete Puffer die Liefersicherheit zum Kunden gewährleistet. Hierbei wird die Freigabe von neuen Aufträgen durch die Engpassstelle festgelegt und durch ein rechnergestütztes Informationssystem, dem „Rope", unterstützt.[241] Die Slot-Planung hingegen ist eine Methode zur sequenzierten Ablaufplanung. Sie stellt Engpassstellen in der Produktion durch „Slots" dar und sequenziert sie ausgehend vom Liefertermin zum Kunden, um die Engpassstelle genau auf die zeitliche Terminierung durch den Kunden einzustellen.[242] Abschließend werden die definierten „Slots" mit Aufträgen gefüllt. Dem Autor zufolge ist die Anwendbarkeit der DBR und

239 Vgl. Yoshimura (1993), Concurrent Product Design and Manufacturing, S. 112
240 Vgl. Yoshimura (1993), Concurrent Product Design and Manufacturing, S. 108
241 Vgl. Hinckeldeyn et al. (2010), Bottelneck-based synchronisation of engineering and manufacturing, S. 10f.
242 Vgl. Hinckeldeyn et al. (2010), Bottelneck-based synchronisation of engineering and manufacturing, S. 12

der Slot-Planung nur unter gewissen Bedingungen möglich. Beispielsweise ist der Einsatz von Puffern im Produktentwicklungsprozess aufgrund der schwankenden Dauern und Arbeitslasten bei Produktentwicklungsprojekten nicht sinnvoll, sodass die DBR um Parameter wie die Verfügbarkeit von Informationen und Produktanforderungen ergänzt werden müsste.[243]

HINCKELDEYN schlägt konkrete Optimierungsmethoden zur Synchronisation von Prozessen auf Basis von Engpässen vor. Wechselwirkungen zwischen Produkten und Betriebsmitteln werden jedoch nicht betrachtet. Somit wird aus diesem Ansatz nicht ersichtlich, welche Auswirkungen die konkrete Produktgestalt auf die Kosten sowie auf die Entstehungszeit des Werkzeugs hat.

Parallele Gestaltung von Produkten und Fertigungsprozessen nach PENSCHKE ET AL.

Der Ansatz „Parallele Gestaltung von Produkten und Fertigungsprozessen" ist eine rechnergestützte, wissensbasierte Methodik zur fertigungsgerechten Gestaltung von Blechbauteilen und wurde von PENSCHKE, GROSSE und HEINEN entwickelt. Die Methodik ermöglicht es, Fertigungsprozesse parallel zum Produktentwicklungsprozess festzulegen.[244] Zu Beginn werden die Anforderungen an das zu entwickelnde Blechteil ermittelt und erste geometrische, werkstoffliche und technologische Merkmale festgelegt. Das notwendige Wissen über die Herstellungsprozesse von Blechbauteilen ist dabei in einem rechnergestützten System hinterlegt. Mit dem hinterlegten Wissen können die definierten Anforderungen und Merkmale u.a. auf Aspekte wie Lohn- und Werkzeugkostenniveau untersucht werden. Schließlich können die Blechbauteile durch die Verwendung weiterer rechnerbasierter Entwicklungssysteme wie beispielsweise Computer Aided Design (CAD) bezüglich Geometrie, Werkstoff und Fertigungsprozess interaktiv optimiert werden.[245]

Zwar betrachten PENSCHKE, GROSSE und HEINEN u.a. die Wechselwirkungen zwischen Produkt und Werkzeug hinsichtlich der Kosten, allerdings beschränkt sich der Ansatz nur auf das Anwendungsfeld der Blechteile sowie Standardwerkzeuge. Ein Transfer dieses Ansatzes auf die Entwicklung der mit Hohlformwerkzeugen hergestellten Bauteile ist jedoch grundsätzlich möglich. Vernachlässigt wird im Rahmen dieses Ansatzes allerdings der zeitliche Aspekt.

---

[243] Vgl. Hinckeldeyn et al. (2010), Bottelneck-based synchronisation of engineering and manufacturing, S. 13f.
[244] Vgl. St. Penschke et al. (1996), Ansätze zur parallelen Gestaltung von Produkten und Fertigungsprozessen, S. 45f.
[245] Vgl. St. Penschke et al. (1996), Ansätze zur parallelen Gestaltung von Produkten und Fertigungsprozessen, S. 47f.

Marktgerechte Produktentstehung nach BULLINGER

Um einen marktgerechten Produktentstehungsprozess zu realisieren, empfiehlt BULLINGER Simultaneous Engineering als übergeordneten Integrationsansatz zu verstehen und nicht lediglich auf Entwicklung und Produktion zu beziehen. Die größten Effizienzpotenziale sieht er an den Schnittstellen zwischen Entwicklung, Marketing, Qualitätssicherung und Arbeitsvorbereitung, wodurch sich eine große Bedeutung für einen frühzeitigen Informationsaustausch zwischen den Bereichen sowie einer abteilungsübergreifenden Zusammenarbeit in Teams ergibt. Gemäß dem Autor erfordert dies eine Ausrichtung der Organisationsform an dem Projektmanagement und ferner die Verwendung ausgewählter Instrumentarien wie Total Quality Management (TQM), Failure Mode and Effects Analysis (FMEA), Quality Function Deployment (QFD) sowie der technischen Produktplanung.[246]

Der Ansatz von BULLINGER betrachtet sehr übergeordnet mehrere Schnittstellen im Produktentstehungsprozess und schlägt hierfür ein ganzes Set von Methoden vor. Auf die spezifischen Randbedingungen an der Schnittstelle zwischen Produktentwicklung und Werkzeugbau wird im Rahmen dieses Ansatzes nicht eingegangen.

Integrierte Produktentwicklung im Kontext der Lean Production nach WOMACK ET AL.

Durch Untersuchungen im Rahmen des International Motor Vehicle Programmes (IMVP)[247] haben WOMAK, JONES und ROOS japanische, europäische und amerikanische Automobilhersteller hinsichtlich ihrer Entwicklungs- und Produktionsaktivitäten verglichen. Dabei kamen sie zu dem Ergebnis, dass sich amerikanische und europäische Automobilhersteller durch eine strikte organisatorische Trennung von Produktentwicklung, Prozessplanung und Produktion von japanischen Herstellern unterscheiden. Hingegen zeichnen sich diese durch das Überlappen der Produktionsplanung mit dem Produktentwicklungsprozess aus und erreichen demzufolge bei geringerem Aufwand höhere Produktivitäts- und Qualitätswerte.[248] Hauptsächliche Unterschiede liegen laut den Autoren in den Bereichen Führung, Teamarbeit sowie Kommunikation. Auf japanischer Seite haben Projektleiter weitreichende Befugnisse,

---

[246] Vgl. Bullinger (1992), Marktgerechte Produktentwicklung, S. 25f.

[247] Das International Motor Vehicle Progammes ist das älteste und größte internationale Forschungskonsortium, welches das Verstehen der Herausforderungen der globalen Automobilindustrie zum Ziel hat. Das IMVP wurde 1979 am Massachusetts Institute of Technology gegründet und hat seitdem eine Vielzahl an Lean-Methoden, Benchmarking-Standards sowie Wertstromanalysen erarbeitet. Siehe dazu MacDuffie (2014), International Motor Vehicle Program (IMVP)

[248] Vgl. Womack et al. (1997), Die zweite Revolution in der Autoindustrie, S. 84f.

stellen interdisziplinäre Teams aus Mitarbeitern verschiedenster Fachabteilungen zusammen und fokussieren sich auf die frühen Phasen des Produktentwicklungsprozesses. Die frühzeitige Zusammenarbeit und abteilungsübergreifende Kommunikation führt zu einer Identifizierung und anschließender Lösung potenzieller Probleme bereits während dem Produktentwicklungsprozess. Als weitere Erfolgsfaktoren japanischer Hersteller bezeichnen die Autoren zusätzlich die Parallelisierung von Aktivitäten und die Einbindung der Lieferanten in die Entwicklungsphasen.[249]

WOMACK, JONES UND ROOS geben auf Basis ihrer Untersuchung von japanischen Automobilunternehmen Handlungsempfehlungen an europäische und amerikanische Unternehmen ab. Die Empfehlungen stellen allgemeine und an der Philosophie des Lean Production orientiere Prinzipien dar, welche Interdisziplinarität sowie die Parallelisierung von Abläufen fördern. Auf Methoden zur Optimierung der Produktgestalt hinsichtlich Werkzeugerechtheit sowie der Abläufe innerhalb der Schnittstelle zwischen Produktentwicklung und Werkzeugbau wird nicht eingegangen.

Product Design for Manufacture and Assembly nach BOOTHROYD und DEWHURST

Die Methode des Design for Manufacture and Assembly (DFMA) nach BOOTHROYD und DEWHURST setzt sich aus den beiden Ansätzen Design for Manfacture (DFM) und Design for Assembly (DFA) zusammen. Mittels der DFM werden Produkte so gestaltet, dass die Fertigung einzelner Teile möglichst einfach und somit kostengünstig erfolgen kann. Die DFA hingegen hat das Ziel, die Produkte im Hinblick auf die Montage einzelner Komponenten zu vereinfachen und somit die Montagezeit bzw. Montagekosten zu reduzieren. In Kombination wird bei der DFMA die Produktentwicklung so ausgerichtet, dass durch eine Vereinfachung der Produktstruktur Kosten und Zeit in der Fertigung sowie Montage eingespart werden.[250]

Die Vereinfachung der Produktstruktur stellt somit das Kernelement der DFMA dar. Diese kann insbesondere durch eine Minimierung der Komponentenanzahl des Produkts realisiert werden, wobei die Produktleistung nicht vermindert werden soll. Hierzu wird für jede Komponente ein dreischrittiges Vorgehen durchgeführt. Im ersten Schritt wird ermittelt, ob sich die betrachtete Komponente im Gebrauchszustand relativ zu anderen Komponenten bewegt. Im darauf folgenden zweiten Schritt wird untersucht, ob die Komponente zwingend aus dem aktuell gewählten Material bestehen muss. Im letzten Schritt wird untersucht, ob die betrachtete Komponente zwingend unabhängig von weiteren Komponenten montiert bzw. demontiert werden

[249] Vgl. Womack et al. (1997), Die zweite Revolution in der Autoindustrie, S. 117-118, 66-67ff.
[250] Vgl. Boothroyd et al. (1983), Design for assembly, S. 9ff.

muss. Basierend auf dieser Analyse wird die minimal notwendige Anzahl an Komponenten für das betrachtete Produkt bestimmt.[251]

Nach Durchführung der beschriebenen Schritte wird die sogenannte Montageeffizienz berechnet. Diese ist definiert als Quotient aus der Zeit, die für die Montage eines theoretisch idealen Produkts benötigt wird und der Zeit, welche für die Montage des gegebenen Produkts im Ausgangszustand aufgewendet werden muss. Die Montageeffizienz erfasst, wie stark sich ein neu strukturiertes Produkt im Hinblick auf die Montagezeit zum Ausgangsprodukt verbessert hat.[252] Nach Bestimmung der Montageeffizienz erfolgt eine Abschätzung der Fertigungskosten für die Komponenten des Produkts, um den Grad der Verbesserung nach Reduktion der Komponentenzahl aus Sicht der Produktion zu beurteilen.[253]

Da zur Anwendung der DFMA bereits ein Produkt existieren muss, ist eine Anwendung in der frühen Phase der Produktentwicklung nur bedingt möglich. Ferner wird nicht auf die Schnittstelle zwischen Produkt- und Werkzeugentwicklung eingegangen. Durch die Reduktion der Anzahl benötigter Komponenten kann jedoch bei einem bestehenden Produkt erheblich Einfluss auf die Fertigungskosten genommen werden.

Design for Production nach HERRMANN

Die Design for Production (DFP) nach HERMANN ist darauf ausgerichtet, den Produktenwicklungsprozess an vorhandene Fertigungssysteme anzupassen. HERRMANN geht von der These aus, dass Produktlebenszyklen immer kürzer werden und viele Fertigungssysteme die durch sie hergestellten Produkte überdauern. Daher wird mithilfe der DFP der Produktentwicklungsprozess an bereits vorhandene Fertigungssysteme ausgerichtet, wodurch die Wirtschaftlichkeit der Produkte weiterhin gewährleistet werden soll.[254]

Zur erfolgreichen Durchführung der DFP ist eine frühzeitige sowie regelmäßige Absprache zwischen Produktentwicklung und Fertigungsplanung erforderlich. Schon vor dem Beginn der eigentlichen Produktentwicklung müssen kritische Aspekte des Produkts, welche einen wesentlichen Einfluss auf die Fertigungssysteme haben (z.B. hinsichtlich Technologien, Kapazitäten, Durchlaufzeit), identifiziert werden. Hierbei darf der Einfluss weiterer Produkte, welche mit demselben Fertigungssystem gefer-

[251] Vgl. Boothroyd et al. (1983), Design for assembly, S. 9
[252] Vgl. Boothroyd et al. (1983), Design for assembly, S. 11f.
[253] Vgl. Boothroyd et al. (1983), Design for assembly, S. 14
[254] Vgl. Herrmann (2003), Design for production: concepts and applications, S. 1

tigt werden, nicht außer Acht gelassen werden. Aufbauend auf dieser Analyse erfolgt eine Bewertung der Leistungsfähigkeit der Fertigungssysteme. Hierzu werden Faktoren wie Kosten, Liefertreue und Kapazitäten berücksichtigt. Bei unzureichender Leistungsfähigkeit können produktseitig oder auf Seiten des Fertigungssystems Anpassungen erfolgen (siehe Abbildung 3-6).[255]

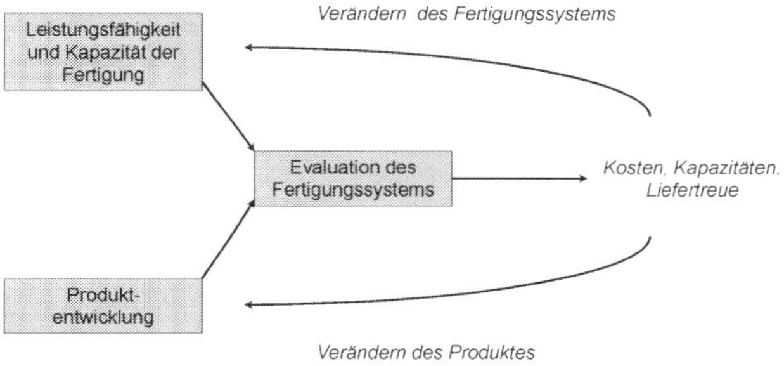

Abbildung 3-6: Methode des Design for Production (DFP) nach HERRMANN[256]

Zwar können durch die Methode Wechselwirkungen zwischen Produkten und Fertigungssystemen bestimmt werden, es ist jedoch zu beachten, dass HERRMANN von bereits vorhandenen Fertigungssystemen ausgeht und eine Verknüpfung zwischen Produktentwicklung und Produktion schafft. Der Werkzeugbau und im Spezifischen die Werkzeugentwicklung wird von HERRMANN nicht explizit berücksichtigt. Zudem werden keine Produktfamilien als Grundlage für eine umfassende Bestimmung von Wechselwirkungen betrachtet.

3.2.2.2 Ansätze basierend auf der Graphentheorie und Sensitivitätsanalyse

Ein weiteres Feld relevanter wissenschaftlicher Literatur stellen Ansätze basierend auf der Graphentheorie und der Sensitivitätsanalyse dar. Mithilfe der Graphentheorie können Wechselwirkungen komplexer Systeme abgebildet werden (siehe dazu Abschnitt 4.1), wohingegen sich die Sensitivitätsanalyse zur Bestimmung der Stabilität eines Ergebnisses (Empfindlichkeit) bei Variation der Eingangsgrößen eignet. Beide Theorien dienen als Grundlage zur Entwicklung der in dieser Arbeit vorliegenden Methodik, da sie dabei helfen, die komplexen Zusammenhänge zwischen den Syste-

[255] Vgl. Herrmann (2003), Design for production: concepts and applications, S. 2f.
[256] In Anlehnung an Herrmann (2003), Design for production: concepts and applications, S. 3

men Produkt und Werkzeug zu modellieren. Nachfolgend werden relevante Ansätze aus diesen Bereichen vorgestellt und kritisch beleuchtet:

Design Structure Matrix für Produktarchitekturen nach PIMMLER UND EPPINGER

Die Methode der Design Structure Matrix (DSM) nach PIMMLER und EPPINGER dient der Systemanalyse komplexer Produktarchitekturen. Hierbei wird der Annahme gefolgt, dass die Zerlegung eines hochintegrierten Systems in Teilsysteme, die Lösung dieser Teilsysteme und anschließender Aggregation dieser Teilsysteme zu einem Gesamtsystem ein effizienteres Verfahren darstellt, als die direkte Lösung des Gesamtsystems. Begründet wird diese Annahme dadurch, dass Teilsysteme parallel und demnach insgesamt schneller gelöst werden können.[257]

Die Erstellung der DSM ist in drei Vorgehensschritte aufgeteilt. Zunächst wird das betrachtete Produkt in physische und funktionale Teilkomponenten zerlegt.[258] Anschließend werden die Wechselwirkungen zwischen diesen Teilkomponenten bestimmt. Diese erfolgen in den Kategorien räumliche Anordnung („spatial“), Energieübertragung („energy“), Signalübertragung („information“) und Stoffaustausch („material“). Dabei soll jede Wechselwirkung zusätzlich mit einem diskreten Wert bewertet werden, wobei eine Skala von -2 (schädlich) bis +2 (erforderlich) gegeben ist.[259] Der dritte Schritt dient der Auswertung der ermittelten Wechselwirkungen. Diese werden unter Zuhilfenahme eines computergestützten Algorithmus erfasst und in Clustern angeordnet. Anhand dieser Cluster kann abschließend sowohl die Produktarchitektur, als auch das zur Realisierung des Produkts benötigte Entwicklungsteam abgeleitet werden.[260]

Durch Einsatz der Methode der DSM kann folglich die Entwicklungszeit eines Produkts verkürzt werden, da die Produktarchitektur schneller bestimmt werden kann und besser an die Aufgabenstellung angepasste Entwicklungsteams eingesetzt werden können. Zwar ermöglicht diese Methode die Reduzierung der Entwicklungszeit und somit auch der Time-to-Market, jedoch wird diese Reduzierung nicht durch eine Optimierung der Schnittstelle zwischen Produkt- und Werkzeugentwicklung erreicht. Des Weiteren werden in diesem Ansatz keine Kostenaspekte betrachtet.

Design Structure Matrix Methode im Concurrent Engineering nach YASSINE und BRAHA

257 Vgl. Pimmler et al. (1994), Integration Analysis of Product Decomposition, S. 1
258 Vgl. Pimmler et al. (1994), Integration Analysis of Product Decomposition, S. 3
259 Vgl. Pimmler et al. (1994), Integration Analysis of Product Decomposition, S. 4
260 Vgl. Pimmler et al. (1994), Integration Analysis of Product Decomposition, S. 5ff.

YASSINE und BRAHA richten in ihrem Ansatz die bestehende Design Structure Matrix Methode (DSM) auf das Concurrent Engineering (CE) aus. Dabei leiten sie vier Prinzipien her, die auf komplexe Systeme angewandt werden können: das Iterations-, Parallelisierungs-, Zerlegungs- sowie das Stabilitätsprinzip.[261] Das Iterationsprinzip befasst sich mit dem Management und der Kontrolle von während der Produktentwicklung auftretenden Iterationsschleifen; das Parallelisierungsprinzip mit der parallelen bzw. überlappenden Durchführung von Aktivitäten; das Zerlegungs- und Integrationsprinzip mit der Zerlegung von großen, komplexen Systemen in weniger komplexe Subsysteme und das Stabilitätsprinzip mit den während des Produktentwicklungsprozesses auftretenden Problemen zwischen verschiedenen Fachbereichen.

Die beschriebenen Prinzipien setzen die Autoren mittels der DSM-Methode um. Mithilfe vier verschiedener Typen von DSM (vorgangsbasiert, parameterbasiert, teambasiert, komponentenbasiert) können komplexe Systeme durch Clustering sowie durch die Abbildung von parallelen und gekoppelten bzw. überlappenden Aktivitäten vereinfacht und die definierten Prinzipien umgesetzt werden.[262] Somit gelingt es, Iterationsschleifen zu verringern und den Produktentwicklungsprozess zu stabilisieren. Gleichzeitig können mithilfe von DSM Entwicklungsaktivitäten den Teams gezielt zugeteilt werden, sodass die Kommunikation zwischen den Teams erleichtert wird.[263]

Der Ansatz von YASSINE und BRAHA fokussiert vorrangig die Parallelisierung von Prozessen sowie die sinnvolle Zerlegung in Subprozesse. Allerdings berücksichtigt auch dieser Ansatz nicht die Schnittstelle zwischen der Produktentwicklung und den Werkzeugbau und insbesondere nicht die kostenmäßigen Abhängigkeiten.

Gestaltung von Produktbaukästen mit der Graphentheorie nach DU ET AL.

Die Gestaltung von Produktbaukästen nach DU ET AL. bildet eine weitere Anwendung der Graphentheorie. Hierbei erfolgt die Gestaltung unter Berücksichtigung zweier Perspektiven. Die technische Perspektive fokussiert sich auf ein ausreichendes Angebot an Produktvarianten, während die Kundenperspektive den Fokus auf die Funktionalität der Produktfamilie setzt. Nach DU ET AL. setzt sich jede Produktvariante aus sogenannten Modulen zusammen. Hierbei können fixe, primitive und zusammenge-

[261] Vgl. Yassine et al. (2003), Complex Concurrent Engineering and the Design Structure Matrix Method, S. 165f.

[262] Vgl. Yassine et al. (2003), Complex Concurrent Engineering and the Design Structure Matrix Method, S. 167f.

[263] Vgl. Yassine et al. (2003), Complex Concurrent Engineering and the Design Structure Matrix Method, S. 169f.

setzte Module unterschieden werden. Fixe Module sind in allen Produktvarianten enthalten. Die Erzeugung verschiedener Produktvarianten ist mit fixen Modulen allein somit nicht möglich. Erst durch primitive Module, welche in unterschiedlichen Varianten auftreten, kann eine individuelle Produktvariante erzeugt werden. Ein zusammengesetztes Modul besteht aus einem Zusammenschluss fixer, primitiver oder weiterer zusammengesetzter Module. Zusammengesetzte Module sind die einzigen Module, die in weitere Module zerlegt werden können.[264] Die Verknüpfung von Modulen zu einer Produktvariante erfolgt durch vier unterschiedliche Maßnahmen: Ergänzen („attaching"), Entfernen („removing"), Tauschen („swapping") und Skalieren („scaling"). Durch Ergänzen entsteht eine neue Produktvariante, indem ein Modul einer vorhandenen Produktvariante hinzugefügt wird. Analog wird durch Entfernen einer vorhandenen Produktvariante ein Modul entzogen. Das Tauschen ist eine Kombination der Maßnahmen Ergänzen und Entfernen. Ferner ist das Skalieren durch Verändern gewisser Spezifikationen in einem Modul charakterisiert, wie beispielsweise der Änderung bestimmter geometrischer Merkmale eines Moduls.[265] Aufschluss über die Anordnung verschiedener Module in einer Produktfamilie gibt die allgemeine Produktstruktur („Generic Product Structure"). Diese bildet zugleich den Ausgangspunkt für die Gestaltung das Produktbaukastens. Unter Zuhilfenahme der Graphentheorie können aus der allgemeinen Produktstruktur die aus technischer Perspektive und Kundenperspektive sinnvollsten Produktvarianten abgeleitet werden. Im Detail werden die unterschiedlichen Abstraktionsstufen für die Produktgestaltung durch die Knoten und Kanten eines Graphs dargestellt.[266]

Der Vorteil des Ansatzes nach DU ET AL. liegt in der Betrachtung verschiedener Perspektiven und der Berücksichtigung verschiedener Entitäten des Produkts. Der Anwendungsfokus liegt hierbei erneut auf der Phase der Produktentwicklung, berücksichtigt jedoch nicht die Schnittstelle zwischen Produkt und Werkzeug.

Anwendung der Design Structure Matrix nach PONN und LINDEMANN

Auch PONN und LINDEMANN beschreiben eine Anwendung der Graphentheorie bei der Gestaltung technischer Produkte. Hierzu wird zunächst von der grundsätzlichen Lösung einer technischen Problemstellung, dem sogenannten Wirkkonzept, ausge-

---

[264] Vgl. Du et al. (2003), Modelling platform-based product configuration using programmed attributed graph grammars, S. 147

[265] Vgl. Du et al. (2003), Modelling platform-based product configuration using programmed attributed graph grammars, S. 148

[266] Vgl. Du et al. (2003), Modelling platform-based product configuration using programmed attributed graph grammars, S. 153

gangen. Dieses besteht aus allen Teillösungen zur Umsetzung der geforderten Teilfunktionen sowie der Verbindungsstruktur und räumlichen Anordnung des Produkts.[267] Dieses Wirkkonzept soll nach PONN und LINDEMANN in seine Teilsysteme gespalten werden. Ähnlich des Ansatzes nach PIMMLER und EPPINGER wird davon ausgegangen, dass Teilsysteme parallel gelöst werden können und somit Entwicklungszeit eingespart werden kann.

Nach Bestimmung aller Teilsysteme kann die Baustruktur des Produkts ermittelt werden. Hierzu muss insbesondere die Vernetzung der Teilsysteme analysiert werden. Um diese Vernetzung strukturiert darzustellen, schlagen PONN und LINDEMANN die Anwendung einer DSM vor. In dieser werden die Teilsysteme in Module geteilt, wonach die Schnittstellen zwischen diesen Modulen bestimmt und ebenfalls in der DSM dargestellt werden. Während der Entwicklungsprozess durch die Beschaffenheit der Module bestimmt wird, erleichtern die Schnittstellen die Abstimmung der eingesetzten Entwicklungsteams.

PONN und LINDEMANN fokussieren in ihrem Ansatz die Parallelisierung von Aktivitäten bzw. Teilsystemen zur Reduzierung der Entwicklungszeit und somit auch der Time-to-Market. Auf die Schnittstelle Produkt/Werkzeug wird nicht direkt eingegangen. Trotzdem lässt die entwickelte Systematik einen Transfer auf die Schnittstelle zwischen Produkt- und Werkzeugentwicklung zu. Vernachlässigt wird in diesem Ansatz allerdings die durch die Produktbeschaffenheit beeinflussten Werkzeugkosten.

Neben der *Graphentheorie* stellt die *Sensitivitätsanalyse* einen wichtigen Ansatz zur Produktgestaltung dar. In der Literatur wird hierbei zwischen qualitativen und quantitativen Ansätzen unterschieden.[268] Im Gegensatz zu qualitativen Ansätzen erfordern quantitative Ansätze oftmals computergestützte Hilfsmittel. Im Folgenden wird als Beispiel für qualitative Ansätze das Design for Variety nach MARTIN und ISHII vorgestellt, während die Ansätze von DAI UND SCOTT sowie SIMPSON ET AL. stellvertretend für quantitative Ansätze vorgestellt werden.

Design for Variety nach MARTIN und ISHII

Die Methode des Design for Variety (DFV) nach MARTIN und ISHII hat das Ziel, eine Senkung der Entwicklungszeiten und -kosten einer Produktfamilie zu erreichen. Hierzu wird die Produktarchitektur bestehender Produktplattformen so weit wie möglich standardisiert und modularisiert, um den Entwicklungsaufwand späterer

[267] Vgl. Ponn et al. (2011), Konzeptentwicklung und Gestaltung technischer Produkte, S. 139f.

[268] Vgl. Dai et al. (2007), Product platform design through sensitivity analysis and cluster analysis, S. 98

Produktgenerationen zu senken.[269] Die Anwendung der DFV kann sowohl bei generationsübergreifenden Produktvarianten einer Produktfamilie erfolgen („generational"), als auch innerhalb einer Generation von Produktvarianten in einer Produktfamilie („spatial").[270]

Im Detail müssen bei der Anwendung der Methode zwei Kennzahlen berechnet werden: der coupling index (CI) und der generational variety index (GVI). Der CI beschreibt die Sensitivität der betrachteten Produktarchitektur gegenüber einer Änderung einer Komponente. Der CI steigt, falls die Änderung einer Produktkomponente zwangsläufig die Änderung einer oder mehrerer weiterer Komponenten erfordert. Bestehen starke Wechselbeziehungen zwischen den Produktkomponenten, so ist der CI entsprechend hoch.[271] Der GVI hingegen beschreibt, welcher Aufwand für die Anpassung der betrachteten Komponente anfallen würde.[272] Nach Bestimmung der beiden Kennzahlen werden diese auf einem Portfolio aufgetragen, sodass Komponenten mit einem relevanten Standardisierungs- und Modularisierungspotenzial abgeleitet werden können.[273] Diese Komponenten werden abschließend standardisiert bzw. so weit wie möglich modularisiert, sofern eine Standardisierung nicht möglich ist.[274]

MARTIN und ISHII entwickeln in ihrem Ansatz ein Kennzahlensystem, welches die Bildung von Produktfamilien ermöglicht. Eine Betrachtung der für diese Produktfamilien notwendigen Werkzeuge findet explizit nicht statt.

Product platform design through sensitivity analysis and cluster design nach DAI und SCOTT

Der Ansatz nach DAI und SCOTT hat das Ziel, Produktfamilien optimal zu gestalten. Hierzu werden die beiden Kenngrößen Effektivität und Effizienz herangezogen. Während sich die Effektivität in der Erfüllung gegebener Kundenanforderungen äußert, werden zur Ermittlung der Effizienz Kosteneinsparungen durch Kommunalitä-

[269] Vgl. Martin et al. (2002), Design for variety: developing standardized and modularized product platform architectures, S. 213

[270] Vgl. Martin et al. (2002), Design for variety: developing standardized and modularized product platform architectures, S. 214

[271] Vgl. Martin et al. (2002), Design for variety: developing standardized and modularized product platform architectures, S. 218ff.

[272] Vgl. Martin et al. (2002), Design for variety: developing standardized and modularized product platform architectures, S. 215ff.

[273] Vgl. Martin et al. (2002), Design for variety: developing standardized and modularized product platform architectures, S. 222

[274] Vgl. Martin et al. (2002), Design for variety: developing standardized and modularized product platform architectures, S. 223

ten gemessen.[275] Ausgangspunkt der Methode ist eine skalierbare („scale-based") Produktfamilie. Mitglieder solcher Produktfamilien besitzen stets dieselben Merkmale. Unterschiede in den einzelnen Produktvarianten äußern sich durch verschiedene Ausprägungen innerhalb der Merkmale.[276]

Das Vorgehen der Methode ist in sechs Schritte eingeteilt. Im ersten Schritt werden die einzelnen Produkte der Produktfamilie ohne Berücksichtigung produktübergreifender Einschränkungen optimiert.[277] Im zweiten Schritt wird für alle Merkmale in der Produktfamilie eine Sensitivitätsanalyse durchgeführt. Hierdurch soll untersucht werden, welche Merkmale ein hohes Standardisierungspotenzial aufweisen. Besitzt ein Merkmal eine geringe Sensitivität, so wirkt sich eine Standardisierung nur unwesentlich auf die Leistungsfähigkeit des Produkts aus.[278] Im dritten Schritt wird für jedes der im vorherigen Schritt bestimmten Merkmale diejenige Ausprägung gesucht, deren Einsatz in allen Produktvarianten den geringsten Verlust an Leistungsfähigkeit nach sich zieht. Hierzu wird eine Clusteranalyse eingesetzt.[279] Die im vorherigen Schritt analysierten Merkmale werden anschließend im vierten Schritt standardisiert. Hierzu wird jedem Merkmal die vorher bestimmte Ausprägung zugewiesen. Im fünften Schritt werden die Ausprägungen auf alle Produktvarianten übertragen. Im letzten Schritt wird der Verlust der Leistungsfähigkeit der gesamten Produktfamilie bei Verwendung der standardisierten Merkmale bestimmt und bewertet.[280]

Der Ansatz von DAI und SCOTT ermöglicht die Umsetzung von Standards in Produktfamilien basierend auf Sensitivitätsanalysen. Gleichzeitig lässt sich diese Methode auch zur Umsetzung von Standards in Werkzeugfamilien übertragen, sodass auch die Senkung der Werkzeugkosten ein mögliches Ergebnis dieser Anwendung sein kann. Eine Optimierung beider, miteinander in Wechselwirkung stehenden Systeme (Produkt und Werkzeug) findet allerdings nicht statt.

Product Platform Concept Exploration Method nach SIMPSON

SIMPSON geht in seinem Ansatz der Kernfrage nach, wie eine skalierbare Produktplattform und ihre resultierende Produktfamilie effizient und effektiv modelliert, analysiert und entwickelt werden können. Das Ziel ist es hierbei, Kommunalitäten innerhalb einer Produktfamilie zu erhöhen und zugleich die Leistungsfähigkeitsver-

---

[275] Vgl. Dai et al. (2007), Product platform design through sensitivity analysis and cluster analysis, S. 97
[276] Vgl. Dai et al. (2007), Product platform design through sensitivity analysis and cluster analysis, S. 98
[277] Vgl. Dai et al. (2007), Product platform design through sensitivity analysis and cluster analysis, S. 100
[278] Vgl. Dai et al. (2007), Product platform design through sensitivity analysis and cluster analysis, S. 101
[279] Vgl. Dai et al. (2007), Product platform design through sensitivity analysis and cluster analysis, S. 102f.
[280] Vgl. Dai et al. (2007), Product platform design through sensitivity analysis and cluster analysis, S. 105

luste möglichst gering zu halten.[281] Die PPCEM besteht aus fünf Teilschritten. Im ersten Schritt werden die vorhandenen Entwicklungsanforderungen mittels eines Portfolios in geeignete Marktsegmente platziert.[282] Anschließend werden im zweiten Schritt aus dem Portfolio und den Entwicklungsanforderungen sogenannte Faktoren abgeleitet. Diese lassen sich in vier Klassen unterteilen: Kontrollfaktoren („control factors"), Rauschfaktoren („noise factors"), Resonanzfaktoren („responses") und Skalierungsfaktoren („scaling variables"). Kontrollfaktoren können beliebig durch die Produktentwicklung variiert werden, während auf Rauschfaktoren keinerlei Einfluss genommen werden kann. Als Resonanzfaktoren werden Leistungsparameter des Systems bezeichnet. Mittels Skalierungsfaktoren können Produktvarianten aus einer Produktplattform abgeleitet werden. Hierbei wird zwischen einer horizontalen und vertikalen Skalierung unterschieden, wobei auch Kombinationen dieser Skalierungen möglich sind. Bei der vertikalen (auch parametrischen) Skalierung wird bspw. die Länge des Produktes verändert, sodass unterschiedliche Produktvarianten entstehen, während bei der horizontalen oder konfigurierbaren Skalierung Komponenten aus unterschiedlichen Leistungsklassen ausgewählt werden können.[283] Da die vertikale Skalierung den Umfang einer Produktfamilie bestimmt, wird diese im Rahmen des Ansatzes von SIMPSON besonders betrachtet.

Für die vertikale Skalierung wird im dritten Schritt mithilfe von Metamodellen[284] ein Programmcode entwickelt, welcher die Wahl geeigneter Ausprägungen für die Skalierung erleichtert. Im vierten Schritt werden die notwendigen Anforderungen und Einschränkungen der Produktplattform definiert. Hierzu wird ein mathematisches Modell, das Decision Support Problem (DSP), herangezogen. Unter Berücksichtigung der Einschränkungen berechnet dieses endgültig die gesuchten Werte bzw. Ausprägungen.[285] Der fünfte und letzte Schritt dient der Validierung der erhaltenen Ergebnisse. Erscheinen diese plausibel, werden anhand dieser die Skalierungsfaktoren für die Produktplattform und -familie festgelegt.[286]

Auch im Ansatz von SIMPSON werden auf Grundlage einer Sensitivitätsanalyse sowie mittels Skalierungsfaktoren Produktfamilien definiert. Eine Übertragung dieser Vorgehensweise auf Werkzeugfamilien ist wie bei der Methode von DAI und SCOTT

---

[281] Vgl. Simpson (2004), Product platform design and customization: Status and promise, S. 2
[282] Vgl. Simpson (2004), Product platform design and customization: Status and promise, S. 4
[283] Vgl. Simpson (2004), Product platform design and customization: Status and promise, S. 5
[284] Für weitere Inhalte siehe Simpson et al. (1997), On the Use of Statistics in Design and the Implications for Deterministic Computer Experiments
[285] Vgl. Simpson (2004), Product platform design and customization: Status and promise, S. 5
[286] Vgl. Simpson (2004), Product platform design and customization: Status and promise, S. 6

grundsätzlich möglich. Allerdings fehlt auch hier eine Vorgehensweise für eine zeitgleiche Optimierung von Produkt und Werkzeug.

3.2.2.3 Werkzeugbauspezifische Ansätze

Nachdem in den vorherigen Abschnitten die Ansätze zur Integrierten Produktentwicklung/Simultaneous Engineering und zur Graphentheorie/Sensitivitätsanalyse beschrieben wurden, wird der Betrachtungsrahmen im Folgenden durch die werkzeugspezifischen Ansätze erweitert. Die nachfolgend aufgeführten Ansätze thematisieren u.a. die Integration des Werkzeugbaus in die vorgelagerten Kundenprozesse.

Prozesssynchronisierung in der Auftragsabwicklung des industriellen Werkzeugbaus nach RITTSTIEG

RITTSTIEG entwickelt eine auf unternehmensspezifische Rahmenbedingungen ausgerichtete Methodik zur Gestaltung und Umsetzung der Prozesssynchronisierung für den industriellen Werkzeugbau. Die Methodik teilt sich in zwei Phasen mit jeweils mehreren Teilschritten auf. Die erste Phase, die Basisphase, dient zunächst dazu, die Gegebenheiten für eine Synchronisierung innerhalb des betrachteten Unternehmens zu identifizieren. Sie bildet die Grundlage für die darauffolgende Gestaltungsphase, in der die eigentliche Prozesssynchronisierung ausgearbeitet und umgesetzt wird (siehe Abbildung 3-7).[287] Von besonderer Bedeutung ist hierbei der Hauptschritt „Soll-Konzeption des synchronen Prozessmodells“ der Gestaltungsphase, da er explizit auf die Synchronisierungsoptionen zwischen dem Produktentstehungsprozess (PEP) und dem Werkzeugentstehungsprozess (WEP) eingeht. Durch diese Synchronisierung im Sinne des Simultaneous Engineering sieht RITTSTIEG eine positive Auswirkung auf die Durchlaufzeit der Werkzeugherstellung und damit einhergehend eine Reduktion der „Time-to-Market“.[288]

[287] Vgl. Rittstieg (2012), Methodik zur Prozesssynchronisierung in der Auftragsabwicklung des industriellen Werkzeugbaus, S. 97f.
[288] Vgl. Rittstieg (2012), Methodik zur Prozesssynchronisierung in der Auftragsabwicklung des industriellen Werkzeugbaus, S. 134f.

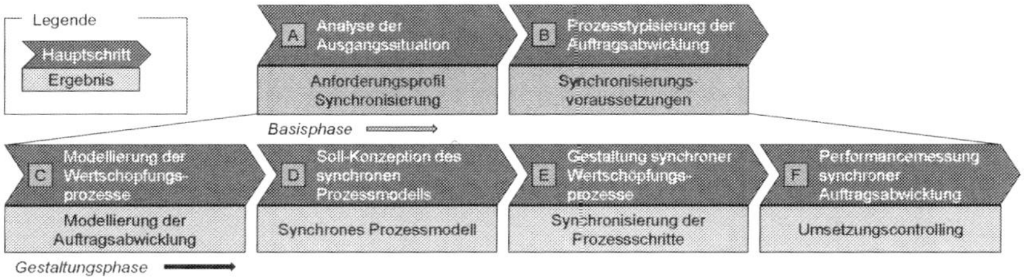

Abbildung 3-7: Methodik zur Prozesssynchronisierung in der Auftragsabwicklung nach RITTSTIEG[289]

RITTSTIEG thematisiert zwar unter anderem die Schnittstelle zwischen Produkt- und Werkzeugentwicklung, gibt jedoch sehr allgemeine Prinzipien, z.B. den Einsatz von Simultaneous Engineering-Methoden, als Handlungsempfehlung ab. Hierdurch soll vor allem eine Reduzierung der Time-to-Market erreicht werden. Auf die Darstellung und Optimierung der Wechselwirkungen zwischen Produkt und Werkzeug wird in der Arbeit von RITTSTIEG nicht Bezug genommen.

Gestaltung und Bewertung von modularen Werkzeugen nach BOOS

Zur Gestaltung und Bewertung von modularen Werkzeugen in einem integrierten Werkzeugentwicklungsprozess hat BOOS eine Methodik entwickelt, welche auf unternehmensspezifischen Randbedingungen basiert.[290] Sie gliedert sich in eine Initiierungsphase und eine Anwendungsphase mit je drei bzw. sechs Hauptschritten (siehe Abbildung 3-8).

[289] In Anlehnung an Rittstieg (2012), Methodik zur Prozesssynchronisierung in der Auftragsabwicklung des industriellen Werkzeugbaus, S. 97f.

[290] Vgl. Boos (2008), Methodik zur Gestaltung und Bewertung von modularen Werkzeugen, S. 82f.

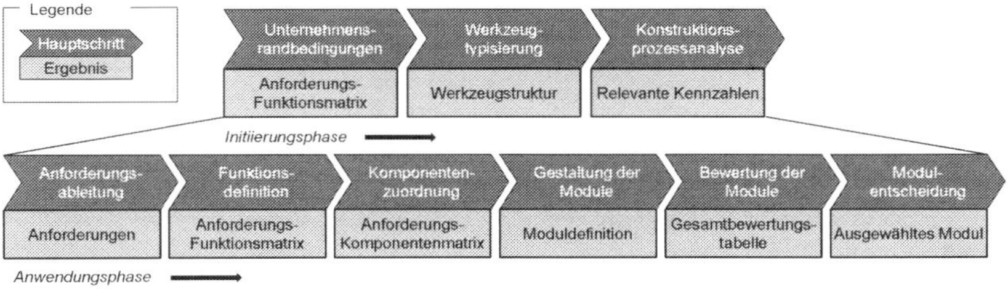

Abbildung 3-8: Methodik zur Gestaltung und Bewertung von modularen Werkzeugen nach BOOS[291]

In der ersten Phase werden die Randbedingungen im betrachteten Unternehmen identifiziert und die notwendigen Voraussetzungen für eine Werkzeugmodularisierung geschaffen. Auf dieser Grundlage findet in der zweiten Phase die Modularisierung des Werkzeugs statt. Die Schritte „Werkzeugtypisierung" in der ersten Phase sowie „Gestaltung der Module" und „Bewertung der Module" in der zweiten Phase sind hier von besonderer Bedeutung, denn sie befassen sich mit der Klassifizierung und Strukturierung der Werkzeuge nach funktions- bzw. montageorientierten Kriterien.[292] Auch dieser Ansatz weist zwar auf eine Parallelisierung in der Produkt- und Werkzeugentwicklung hin, lässt allerdings eine explizite Betrachtung der Wechselbeziehungen zwischen Produkt und Werkzeug und ebenso die Bewertung werkzeugkritischer Produktmerkmale außer Acht.

Spritzgussgerechte Konstruktion nach BRINKAMM ET AL.

Für die werkstoff-, verfahrens-, und werkzeuggerechte Gestaltung von Formteilkonstruktionen haben BRINKAMM ET AL. grundlegende Gestaltungsregeln entwickelt.[293] Sie wurden auf Grundlage des Materialverhaltens von Kunststoffen und der zur Produktion verwendeten Werkzeuge erarbeitet und stellen einen technischen Optimierungsansatz zur Konstruktion und Auslegung von Kunststoffprodukten dar. Mithilfe möglichst dünner und gleicher Wanddicken sollen sowohl der Materialeinsatz als auch die Kühlzeit reduziert sowie Schwindungen und die damit zusammenhängenden Eigenspannungen vermieden werden. Massenanhäufungen, scharfe Ecken und Kanten führen zu weiteren Spannungen und sollten aus diesem Grund ebenfalls ver-

[291] In Anlehnung an Boos (2008), Methodik zur Gestaltung und Bewertung von modularen Werkzeugen, S. 89
[292] Vgl. Boos (2008), Methodik zur Gestaltung und Bewertung von modularen Werkzeugen, S. 94-96, 125ff.
[293] Vgl. Brinkmann (2011), Handbuch Produktentwicklung mit Kunststoffen, S. 222

mieden werden.[294] Außerdem sollte auf Hinterschnitte und sofern möglich auf polierte Oberflächen sowie enge Toleranzen verzichtet werden, um zusätzliche Werkzeugkosten zu vermeiden.[295] Weiterhin werden drei Leitsätze definiert, die im Falle einer freien Formgebung berücksichtigt werden sollten. Einzelteile einer Baugruppe sollten identisch gestaltet werden, runde und unkomplizierte Formen sollten bevorzugt werden und mehrere Funktionen sollten gleichzeitig in ein Einzelteil integriert werden. Diese und noch einige weitere Gestaltungsregeln sind laut den Autoren für eine erfolgreiche Werkzeugkonstruktion von großer Bedeutung, da selbst gut konstruierte Werkzeuge schlecht gestaltete Formteile nicht anforderungsgerecht herstellen können.

BRINKAMM ET AL. geben in ihrem Ansatz allgemeine Prinzipien zur spritzgussgerechten Konstruktion an. Zwar führt die Einhaltung dieser Prinzipien zu einer Reduzierung der Werkzeugkosten, allerdings kann durch diesen Ansatz nicht das konkrete Ausmaß der durch ein Produktmerkmal verursachten Werkzeugkosten ermittelt werden. Das Ausmaß der Kostenauswirkung bildet jedoch eine Voraussetzung für eine bewusste Entscheidung des Produktentwicklers bei der Produktgestaltung. Zudem beschränkt sich der Ansatz auf den Bereich Spritzguss und kann aufgrund der spezifischen Randbedingungen nicht verallgemeinert werden.

Wissensbasierte Formteilkonstruktion für das Spritzgießen nach LESSENICH-HENKYS

LESSENICH-HENKYS beschreibt ein modular aufgebautes, rechnergestütztes System zur Formteil- und Werkzeugkonstruktion für Spritzgussteile. Die entwickelte Konstruktionssoftware beinhaltet personenunabhängiges Fachwissen zu Materialverhalten und Konstruktionselementen sowie Konstruktionsrichtlinien und -vorgehensweisen zur Formteil- und Werkzeugkonstruktion.[296] Die Software besteht aus den drei zentralen Modulen Koordination, Assistenz sowie Wissensbasen. Die Koordination verwaltet und stellt Informationen sowie erarbeitete Ergebnisse dar, die Assistenzkomponenten unterstützen den Konstrukteur bei der rechnergestützten Konstruktion und der Zugriff auf verteilte Wissensbasen ermöglicht das Zusammenwirken von unterschiedlichem und dezentral vorliegendem Wissen.[297] Die Konstruktionssoftware berücksichtigt ferner die Integrierbarkeit konventioneller Programme (z.B. CAD), die

[294] Vgl. Brinkmann (2011), Handbuch Produktentwicklung mit Kunststoffen, S. 229f.
[295] Vgl. Brinkmann (2011), Handbuch Produktentwicklung mit Kunststoffen, S. 255
[296] Vgl. Lessenich-Henkys (1991), Aufbau einer firmenspezifischen, wissensbasierten Konstruktionssoftware für Spritzgussteile, S. 3
[297] Vgl. Lessenich-Henkys (1991), Aufbau einer firmenspezifischen, wissensbasierten Konstruktionssoftware für Spritzgussteile, S. 69f.

Modularität, firmenspezifische Konfigurierbarkeit sowie die Verwaltung von unterschiedlichen Wissensformen (z.B. Oberflächen- und Tiefenwissen, Erfahrungen).[298]

Der Ansatz von LESSENICH-HENKYS stellt eine rechnergestützte Unterstützung für die Formteil- und Werkzeugkonstruktion dar. Eine explizite Betrachtung der durch das Produkt verursachten Werkzeugkosten erfolgt allerdings nicht. Somit kann die Kosteneinsparung durch eine werkzeuggerechte Produktgestaltung nicht ermittelt werden. Auch eine zeitliche Optimierung im Sinne der Reduzierung der Time-to-Market wird nicht berücksichtigt.

Integrated Framework for Die and Mold Cost Estimation nach NAGAHANUMAIAH ET AL.

NAGAHANUMAIAH ET AL. entwickeln eine integrierte Methodik zur Kostenabschätzung von Spritzguss- und Druckgusswerkzeugen, welche auf sogenannten Kostentreibern und Kostenveränderern basiert. Kostentreiber können geometrische Merkmale des Produkts sein, wie zum Beispiel Bohrungen oder Versteifungsrippen. Sie bilden die Grundlage für die Kosten des herzustellenden Werkzeugs, die sogenannten Basiskosten.[299] Kostenveränderer hingegen werden durch sogenannte Komplexitätsfaktoren bestimmt und beziehen sich sowohl auf das Werkzeug als auch auf das Produkt. Die Autoren nennen Formtrennflächen, Ausstoßmechanismen oder die Anzahl der Hinterschnitte als Beispiele für Komplexitätsfaktoren. Die Komplexitätsfaktoren sowie weitere Kosten, z.B. Aufwand im Try-Out des Werkzeugs, werden mittels Prozentsatz auf die Basiskosten verrechnet und bilden gemeinsam mit diesen die gesamten Werkzeugkosten.[300] Mittels der Kostenabschätzung können die Werkzeugkosten bereits zu einem großen Teil während des Produktentwicklungsprozesses festgelegt werden.[301]

Zwar ermöglicht der Ansatz von NAGAHANUMAIAH ET AL. die Abschätzung von Werkzeugkosten auf Basis von Produktmerkmalen, gibt jedoch keine Handlungsempfehlung hinsichtlich einer werkzeuggerechten Produktgestaltung. Ferner wird der As-

[298] Vgl. Lessenich-Henkys (1991), Aufbau einer firmenspezifischen, wissensbasierten Konstruktionssoftware für Spritzgussteile, S. 83

[299] Vgl. Nagahanumaiah et al. (2005), An integrated framework for die and mold cost estimation using design features and tooling parameters, S. 1141f.

[300] Vgl. Nagahanumaiah et al. (2005), An integrated framework for die and mold cost estimation using design features and tooling parameters, S. 1143f.

[301] Vgl. Nagahanumaiah et al. (2005), An integrated framework for die and mold cost estimation using design features and tooling parameters, S. 1148

pekt der Werkzeugentstehungszeit und somit der Time-to-Market außer Acht gelassen.

3.2.3 Zusammenfassung und Positionierung der Arbeit

Nach der Definition der Kriterien zur Bewertung relevanter Ansätze im Kontext der integrierten Produkt- und Werkzeugentwicklung sowie der Vorstellung der bestehenden Ansätze, wird im Folgenden bewertet, inwieweit diese den Kriterien entsprechen. Dazu sind nachfolgend in Abbildung 3-9 die vorgestellten wissenschaftlichen Ansätze aus der Literatur den definierten Kriterien gegenübergestellt.

		Objektbereich				Zielbereich	
		Schnittstelle Produkt-entwicklung/ Werkzeugbau	Berück-sichtigung von Produktfamilien	Berück-sichtigung von Werkzeug-familien	Wechsel-wirkungen Produkt und Werkzeug	Senkung der Werkzeug-kosten	Reduzierung der Time-to-Market
I	EHRLENSPIEL/ MEERKAMM	◔	○	○	○	◑	◑
	EVERSHEIM/SCHUH	◔	○	○	◑	◕	◕
	EVERSHEIM/ BOCHTLER	◑	○	○	◑	◑	◕
	YOSHIMURA	◑	◑	◔	◑	◑	◔
	HINCKELDEYN	◔	○	○	○	◔	●
	PENSCHKE ET AL.	◕	◔	◔	◑	◑	◕
	BULLINGER	◔	◔	◔	◔	◔	◔
	WOMACK ET AL.	◔	◔	◔	○	◔	◑
	BOOTHROYD UND DEWHURST	◔	◑	◔	◔	◑	○
	HERRMANN	◔	○	◔	◑	◑	◑
II	PIMMLER UND EPPINGER	○	◑	◑	●	◑	◕
	YASSINE UND BRAHA	○	◑	◑	●	◑	◕
	DU ET AL.	○	◔	◔	●	◑	◑
	PONN/LINDEMANN	○	◔	◔	●	◑	●
	MARTIN/ISHII	○	●	◕	◕	◑	◔
	DAI/SCOTT	◔	●	◕	◕	◑	◔
	SIMPSON ET AL.	◔	●	◕	◕	◑	◔
III	RITTSTIEG	◕	◔	◔	○	◔	◕
	BOOS	◕	◔	◕	◑	◕	◕
	BRINKAMM ET AL.	◔	○	◔	○	●	○
	LESSENICH-HENKYS	◔	○	○	○	●	○
	NAGAHANUMAIAH ET AL.	◔	○	○	◑	●	○

Legende
○ = nicht erfüllt ◔ = kaum erfüllt ◑ = teilweise erfüllt ◕ = nahezu erfüllt ● = vollumfänglich erfüllt

I. Ansätze zur Integrierten Produktentwicklung/Simultaneous Engineering
II. Ansätze basierend auf Graphentheorie und Sensitivitätsanalyse
III. Werkzeugbauspezifische Ansätze

Abbildung 3-9: Bewertung relevanter Ansätze

Zusammenfassend kann aus Abbildung 3-9 konstatiert werden, dass kein existierender Ansatz die in Abschnitt 3.2.1 definierten Kriterien vollumfänglich erfüllt. Bestehende Ansätze des Simultaneous Engineering und der Integrierten Produktentwicklung thematisieren den Werkzeugbau nur unzureichend. Ferner vernachlässigen die Ansätze des Werkzeugbaus die Schnittstelle zur Produktentwicklung. Auch die aufgeführten Arbeiten zur werkzeuggerechten Produktgestaltung geben zwar ausführliche Konstruktionsrichtlinien zur Optimierung der Bauteilgestalt aus Werkzeugsicht vor, schneiden den Integrationsgedanken in der Schnittstelle zwischen Produkt- und Werkzeugentwicklung jedoch lediglich an. Konkret fehlt es damit an einer Methodik, welche eine integrierte Produkt- und Werkzeugentwicklung vollumfänglich unterstützt.

3.3 Zwischenfazit: Forschungsbedarf zur integrierten Produkt- und Werkzeugentwicklung

Zu Beginn dieser Arbeit wurde in Abschnitt 1.1 aufgezeigt, dass für die Erreichung von Kosten- und Zeitzielen eine effektive und effiziente Prozessabwicklung innerhalb der Wertschöpfungskette unerlässlich ist. Der Werkzeugbau als zentrales Element der Wertschöpfungskette nimmt hierbei eine besondere Stellung ein, da er als Bindeglied zwischen Produktentwicklung und Serienfertigung fungiert und somit oftmals den kritischen Pfad im Produktentstehungsprozess bildet. Gerade die Schnittstelle zwischen Produktentwicklung und Werkzeugbau ist hierbei entscheidend, da in dieser frühen Phase die genannten Kosten- und Zeitziele entscheidend beeinflusst werden. Es gilt somit beide Bereiche integriert zu betrachten und unter Berücksichtigung der gegenseitigen Wechselwirkungen zu optimieren.

Der Trend zur Integration von Produktentwicklung und Werkzeugbau wird, wie in Abschnitt 3.1 beschrieben, zunehmend von Werkzeugbauunternehmen sowie deren Kunden erkannt. Aufgrund zahlreicher Barrieren, wie z.B. der hohe Zeitaufwand, konnten jedoch die Potenziale einer integrierten Produkt- und Werkzeugentwicklung bisher nicht ausgeschöpft werden. Um diese Barrieren zu überwinden, sind gezielte Methoden und Prozesse erforderlich, die eine integrierte Produkt- und Werkzeugentwicklung unterstützen. Jedoch hat die Betrachtung der wissenschaftlichen Literatur in Abschnitt 3.2 gezeigt, dass bisher kein Ansatz die Anforderungen an eine Methodik zur integrierten Produkt- und Werkzeugentwicklung vollumfänglich erfüllt. Somit ist es das Ziel des folgenden Kapitels, ein Konzept zu entwickeln, welches eine integrierte Produkt- und Werkzeugentwicklung unterstützt und somit zu einer Reduzierung von Werkzeugkosten und Time-to-Market beiträgt.

4 Konzeption der Methodik

Ziel dieses Kapitels ist es, das Grobkonzept der Methodik zur integrierten Produkt- und Werkzeugentwicklung in den jeweiligen Teilmodellen zu beschreiben (siehe Abbildung 4-1). Einleitend wird in Abschnitt 4.1 die System- und Graphentheorie erläutert, da diese ein wesentliches Fundament für die in den nachfolgenden Abschnitten beschriebene Methodik bildet. Zur effektiven und zeitlich optimalen Anwendung der Methodik wird diese in Abschnitt 4.2 in den Produktentwicklungsprozesses nach VDI 2221[302] eingeordnet. Daraufhin werden in Abschnitt 4.3 die Ziele sowie das Vorgehen in den einzelnen Teilmodellen der Methodik beschrieben. Da aufgrund der steigenden Derivatisierung Produkte selten alleine, sondern häufig in Produktfamilien mit zueinander komplementären Produktvarianten entwickelt werden, gilt es zunächst zu analysieren, welche Produktvarianten im Hinblick auf die Werkzeugkosten sowie auf die durch den Werkzeugbau beeinflusste Time-to-Market als kritisch einzustufen sind (siehe Abschnitt 4.3.1).

Basierend auf dieser Analyse werden im nächsten Schritt die Produktvarianten in priorisierter Reihenfolge hinsichtlich der Freiheitsgrade zur werkzeuggerechten Optimierung analysiert (siehe Abschnitt 4.3.2). Freiheitsgrade bezeichnen hierbei die Möglichkeit, ein Produktmerkmal (z.B. Länge) in seinen Ausprägungen (z.B. 10mm, 20mm) zu variieren, ohne wichtige Anforderungen an das Produkt zu verletzen. Folglich ist das Ausmaß einer Variation von Produktmerkmalen abhängig von den an ein Produkt gerichteten Anforderungen (z.B. durch den Kunden, Gesetzesvorschriften oder Qualitätsanforderungen). Daneben spielen die Wechselwirkungen innerhalb des Produkts eine wichtige Rolle, da die Variation eines Produktmerkmals oftmals zur Änderung von weiteren Produktmerkmalen führt. Unter Berücksichtigung der Anforderungen an das Produkt sowie der inneren Wechselwirkungen werden die Produktmerkmale in sogenannte Merkmal-Cluster gruppiert und Freiheitsgrade zur werkzeuggerechten Optimierung innerhalb dieser Cluster identifiziert. Je nachdem, ob die Merkmal-Cluster Freiheitsgrade beinhalten, werden sie als fix oder variabel klassifiziert.

---

[302] Zur Beschreibung der Teilschritte der VDI 2221 siehe Abschnitt 2.1.2.2.

Im Anschluss an die Identifikation von Freiheitsgraden zur werkzeuggerechten Produktoptimierung erfolgt eine optimale Einschränkung dieser hinsichtlich der Werkzeugkosten und Time-to-Market (siehe Abschnitt 4.3.2). Die optimale Einschränkung der Freiheitsgrade hinsichtlich Werkzeugkosten erfolgt für jedes variable Merkmal-Cluster separat. Hierbei müssen, unter Berücksichtigung der Kostenrelationen zwischen den Merkmalen eines Clusters die Freiheitsgrade so eingeschränkt werden, dass die Werkzeugkosten insgesamt möglichst gering ausfallen. Eine optimale Einschränkung der Freiheitsgrade im Produkt hinsichtlich der Time-to-Market setzt voraus, dass sich die Einschränkung zeitlich an den Informationsbedarf des Werkzeugbaus richtet. So sollten Merkmal-Cluster, deren Informationen frühzeitig von der Werkzeugentwicklung benötigt werden, entsprechend frühzeitig in ihren Freiheitsgraden eingeschränkt werden. Hiermit werden ein früher Start sowie ein optimierter Durchlauf der Werkzeugentwicklung ermöglicht. Nach der Optimierung der Werkzeugkosten sowie der Time-to-Market ist die Anwendung der Methodik zur integrierten Produkt- und Werkzeugentwicklung abgeschlossen.

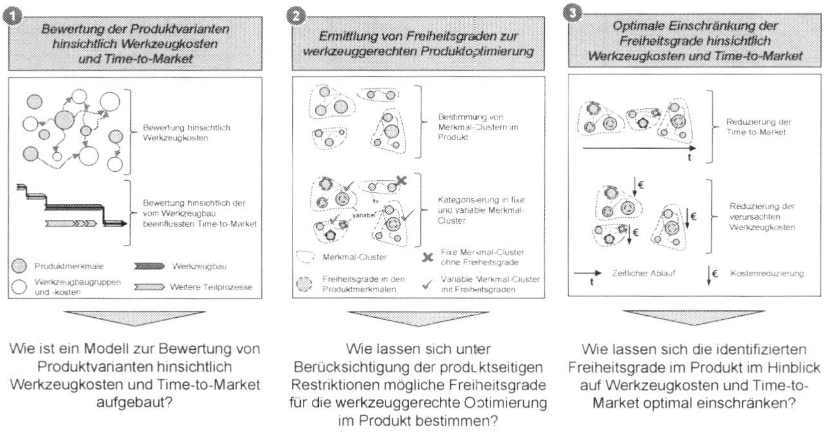

Abbildung 4-1: Grobkonzept der Methodik zur integrierten Produkt- und Werkzeugentwicklung

Da die Methodik zur integrierten Produkt- und Werkzeugentwicklung im Wesentlichen auf der System- und Graphentheorie beruht, werden diese nachfolgend in einem kurzen Exkurs vorgesellt. Die grundlegenden Prinzipien dieser Theorien werden in der im Anschluss beschriebenen Methodik angewendet.

4.1 Exkurs: Einblick in die System- und Graphentheorie

Die **Systemtheorie** ist ein interdisziplinäres Erkenntismodell, in dem unterschiedlich komplexe Problemstellungen durch Systeme erklärt werden.[303] LUHMANN zufolge dient die Systemtheorie der Reduzierung von Komplexität bei der Beschreibung der Realität.[304] Unter einem **System** wird die Gesamtheit von Elementen verstanden, die durch wechselseitige funktionale und zeitliche Beziehungen miteinander verknüpft werden können.[305] Hierbei wird zwischen geschlossenen und offenen Systemen unterschieden. Bestehen Beziehungen zwischen den Elementen ausschließlich innerhalb des Systems, so wird von einem geschlossenen System gesprochen. Im Gegensatz dazu weisen offene Systeme auch Beziehungen zu Elementen in der direkten Umwelt auf.[306] Als Systemelemente werden die kleinsten und nicht weiter aufteilbaren Einheiten eines Systems bezeichnet. Systeme wiederum können sowohl Bestandteil eines übergeordneten Systems (Supersystem) sein, als auch eigene Subsysteme aufweisen (siehe Abbildung 4-2).[307]

[303] Neben dem Begriff der Systemtheorie werden in der Literatur auch weitere Begriffe, wie Systemtechnik oder Systemwissenschaft, teilweise synonym verwendet. Aufgrund der inhaltlichen Ähnlichkeiten und weitreichenden Überschneidungen soll eine vollständige Abgrenzung der Begriffe im Folgenden nicht erfolgen. Es wird hierzu auf weiterführende Literatur verwiesen; siehe u.a Bachthaler (2000), Entwicklung und Anwendung der Systemtechnik bei komplexen innovativen Vorhaben sowie bei Mensch-Maschine-Systemen, S. 11ff.; Haberfellner (2012), Systems Engineering, S. 4ff.

[304] Vgl. Luhmann (1987), Soziale Systeme, S. 46

[305] Vgl. Bruns (1991), Systemtechnik, S. 31; Ulrich (2001), Gesammelte Schriften, S. 105

[306] Vgl. Nedess (1997), Organisation des Produktionsprozesses, S. 85

[307] Vgl. Ulrich (2001), Gesammelte Schriften, S. 107f.

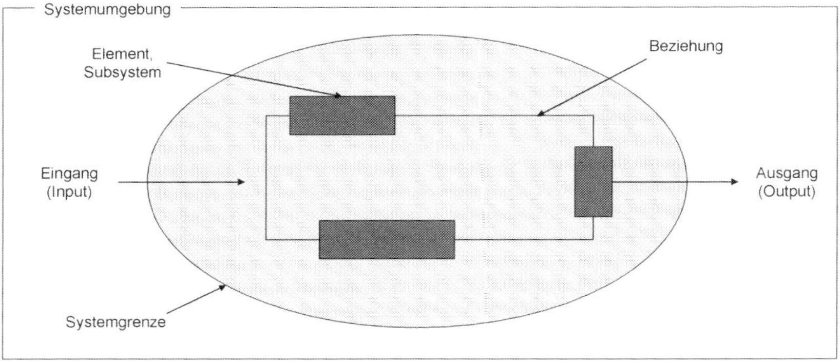

Abbildung 4-2: Struktur und Elemente eines Systems[308]

Nach ROHPOHL werden in der Systemtheorie hierarchische, funktionale sowie strukturelle Systemkonzepte unterschieden. Hierarchische Konzepte bedienen sich der zuvor beschriebenen Klassifikation in Supersysteme, Systeme und Subsysteme. Mit sinkender Hierarchieebene steigt zugleich der Detaillierungsgrad. Bei funktionalen Konzepten wird auf eine Beschreibung der Systemelemente und ihrer Wechselwirkungen untereinander verzichtet. Es wird sich stattdessen ausschließlich auf die Betrachtung der Ein- und Ausgangsgrößen des Systems beschränkt. Das gängigste Systemkonzept ist das strukturale Konzept. Dieses beschreibt ein System unter Berücksichtigung mathematischer Gesichtspunkte als Gesamtheit seiner Elemente und deren Beziehungen untereinander.[309]

Mithilfe der **Graphentheorie** können die komplexen Beziehungen innerhalb eines Systems transparent abgebildet werden.[310] Hierbei werden die Beziehungen als mathematische Relationen aufgefasst und anhand von Graphen dargestellt. Die Systemelemente werden als Knoten dargestellt, während die Beziehungen zwischen den Systemelementen durch Kanten abgebildet werden. Grundsätzlich wird zwischen gerichteten und ungerichteten Graphen unterschieden.[311]

---

[308] In Anlehnung an Paulukuhn (2005), Typologisierung von Entwicklungsprojekten im Maschinenbau, S. 84

[309] Vgl. Ropohl (1999), Allgemeine Technologie, S. 75ff.

[310] In der Literatur werden zur Abbildung der Beziehung zwischen den Elementen eines Systems neben der Graphentheorie insbesondere Methoden der Kybernetik angewandt. Siehe dazu u.a. Laufenberg (1996), Methodik zur integrierten Projektgestaltung für die situative Umsetzung des simultaneous engineering, S. 37ff.

[311] Ein gerichteter Graph ist ein Quadrupel $G = (V, E, \alpha, \omega)$ mit den Eigenschaften $V \neq \emptyset$, $V \cap E = \emptyset$ und den beiden Abbildungen $\alpha: E \rightarrow V$ ($\alpha(e)$: Anfangsknoten) und $\omega: E \rightarrow V$ ($\omega(e)$: Endknoten der Kante e); Ein un-

Nach Aufstellung eines Graphen werden die dargestellten Beziehungen häufig in eine sogenannte Adjazenz- oder Nachbarschaftsmatrix überführt.[312] In dieser werden alle Systemelemente in Vorspalte und Kopfzeile gleichermaßen eingetragen und anschließend miteinander verglichen. Besteht keine Beziehung zwischen den betrachteten Elementen, wird der entsprechende Eintrag in der Matrix mit "null" bewertet, während das Vorhandensein einer Beziehung mit dem Wert "eins" gekennzeichnet wird.[313] Ist zusätzlich die Höhe des Einflusses zwischen den Systemelementen von Relevanz, bietet sich die Anwendung einer Einfluss- oder Korrelationsmatrix an. Hinsichtlich der Struktur gleicht diese der Adjazenzmatrix, allerdings können die Einträge der Matrix eine beliebig festlegbare Anzahl an Abstufungen haben. Üblicherweise wird der Einfluss anhand der Werte "eins" (geringer Einfluss), "drei" (mittlerer Einfluss) sowie "neun" (starker Einfluss) bewertet.[314]

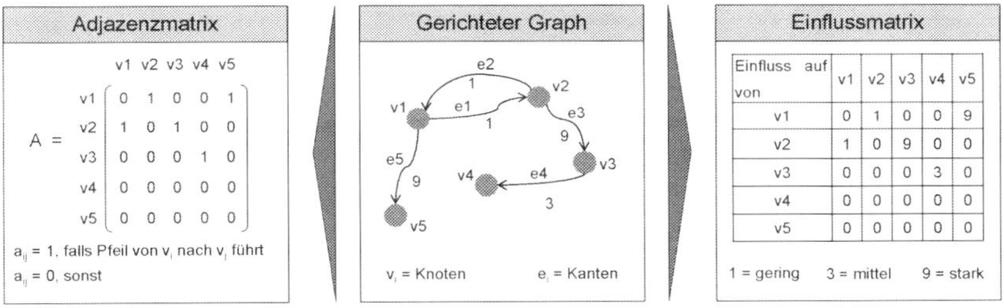

Abbildung 4-3: Darstellungsformen eines Graphen[315]

Die Prinzipien der System- und Graphentheorie, insbesondere zur Abbildung von Einflüssen und Korrelationen, werden im Rahmen der in den nachfolgenden Kapiteln beschriebenen Methodik zur integrierten Produkt- und Werkzeugentwicklung mehrfach angewendet. Bevor auf die einzelnen Teilmodelle der Methodik eingegangen wird, wird die gesamte Methodik im nächsten Abschnitt 4.2 zunächst in den Produktentwicklungsprozess nach VDI 2221 eingeordnet.

---

gerichteter Graph ist ein Tripel $G = (V, E, \gamma)$ mit der Eigenschaft $V \neq \emptyset$, einer Menge E und einer Abbildung γ: $E \rightarrow \{X: X \subseteqq V \text{ mit } 1 \leq |X| \leq 2\}$; Siehe dazu u.a. Krumke et al. (2012), Graphentheoretische Konzepte und Algorithmen, S. 7ff.

312 Vgl. Tinhofer (op. 1976), Methoden der angewandten Graphentheorie, S. 74

313 Vgl. Zimmermann (2008), Operations research, S. 341

314 Vgl. Brand (2013), Komplexe Systeme: Neue Ansätze und zahlreiche Beispiele, S. 69

315 In Anlehnung Brand (2013), Komplexe Systeme: Neue Ansätze und zahlreiche Beispiele, S. 69

4.2 Einordnung der Methodik in die VDI 2221

Wie bereits einleitend im Kapitel 4 erläutert, ermöglicht die Methodik zur integrierten Produkt- und Werkzeugentwicklung eine Einbeziehung des Werkzeugbaus in den Produktentwicklungsprozess und fokussiert die Senkung der Werkzeugkosten sowie die Reduzierung der Time-to-Market des Produkts. Um die Potenziale an der Schnittstelle zwischen der Produkt- und Werkzeugentwicklung möglichst optimal zu heben, muss die Methodik an der richtigen Stelle im Produktentwicklungsprozess angewendet werden. Hierzu wird sie nachfolgend in den bereits im Abschnitt 2.1.2.2 vorgestellten Produktentwicklungsprozess nach VDI 2221 eingeordnet.

Der Produktentwicklungsprozess nach VDI 2221 ist in sieben Arbeitsschritte gegliedert, welche den vier Entwicklungsphasen Planen, Konzipieren, Entwerfen und Ausarbeiten zugeordnet werden können. Während nach den Phasen Planen und Konzipieren lediglich prinzipielle Lösungen des Produkts vorliegen, sind in der Entwurfsphase erste Vorentwürfe in Form von groben maßstäblichen Zeichnungen vorhanden. Ab diesem Zeitpunkt setzt die Methodik zur integrierten Produkt- und Werkzeugentwicklung an. Ein Betrachtungsobjekt der Methodik sind somit erste, sich aus den Produktanforderungen ergebende Vorentwürfe der Produktfamilie, welche geometrisch, stofflich oder programmtechnisch hinsichtlich der Werkzeuggerechtheit optimiert werden können. Daneben besteht in der Entwurfsphase die Möglichkeit, frühzeitig Produktinformationen an die Werkzeugentwicklung zu übergeben, sodass der Auslegungsprozess des Werkzeugs ebenfalls möglichst frühzeitig beginnen und reibungslos ablaufen kann. Abbildung 4-4 zeigt die zeitliche Einordnung der Methodik zur integrierten Produkt- und Werkzeugentwicklung in den Produktentwicklungsprozess nach VDI 2221 auf.

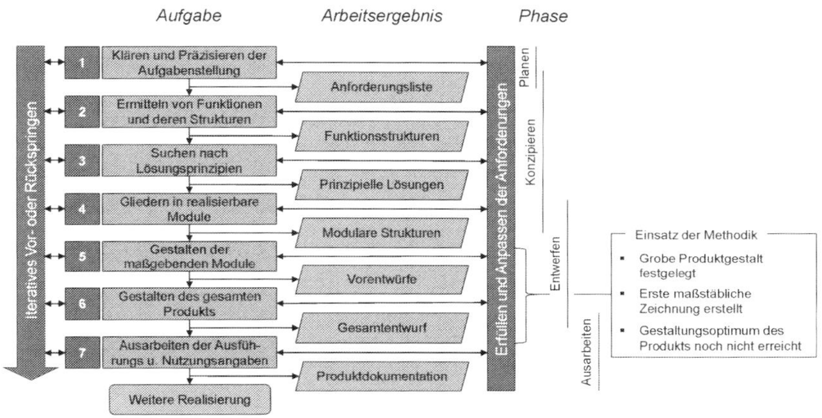

Abbildung 4-4: Einordnung der Methodik in den Produktentwicklungsprozess nach VDI 2221[316]

Die Methodik zur integrierten Produkt- und Werkzeugentwicklung kann für alle Produkte angewendet werden, welche mittels Hohlformwerkzeugen hergestellt werden. Bei den Produkten kann es sich um Endprodukte, aber auch um Einzelteile, welche in Endprodukte verbaut werden, handeln. Da Produkte oftmals in mehreren komplementären Varianten entwickelt werden, werden im Rahmen der Methodik Produktfamilien fokussiert. Folglich werden ebenso nicht einzelne Werkzeuge, sondern Werkzeugfamilien betrachtet, da jede Produktvariante ein auf sie zugeschnittenes Hohlformwerkzeug erfordert. Die Methodik fokussiert somit Produkt- und Werkzeugfamilien in einer integrierten Entwicklung.

4.3 Grobkonzept der Methodik zur integrierten Produkt- und Werkzeugentwicklung

Nachdem die Methodik zeitlich in den Produktentwicklungsprozess eingeordnet sowie der Betrachtungsbereich auf Produkt- und Werkzeugseite festgelegt wurde, werden nachfolgend in den Abschnitten 4.3.1 bis 4.3.3 die einzelnen Teilmodelle der Methodik erläutert.

[316] In Anlehnung an VDI 2221 (1993), S. 9

4.3.1 Bewertung der Produktvarianten hinsichtlich Werkzeugkosten und Time-to-Market

Ziel des ersten Teilmodells der Methodik zur integrierten Produkt- und Werkzeugentwicklung ist die Bewertung aller betrachteten Produktvarianten im Hinblick auf die verursachten Werkzeugkosten sowie auf die durch die Werkzeugentstehungszeit beeinflusste Time-to-Market (siehe Abbildung 4-5). Für die Bewertung der Produktvarianten hinsichtlich der Werkzeugkosten werden die Produkte einer Produktfamilie zunächst mithilfe eines Beschreibungsmodells anhand ihrer Merkmale und Ausprägungen dargestellt. Ferner werden die Werkzeugstruktur sowie die Werkzeugkosten anhand eines weiteren Beschreibungsmodells abgebildet, um im Nachgang die Wechselwirkungen zwischen den beiden Systemen Produkt und Werkzeug bewerten zu können. Hierbei ermöglicht ein auf der Graphentheorie basierendes Bewertungsmodell die Bestimmung der Kosteneinflüsse von Produktvarianten auf das Werkzeug. Innerhalb des Modells werden die Einflüsse der Merkmale und Ausprägungen der betrachteten Produktvarianten auf die jeweiligen Kostenarten der Werkzeugbaugruppen (z.B. Fertigungseinzelkosten, Materialeinzelkosten) durch einen Gewichtungsfaktor, dessen Wert mit dem Einfluss steigt, bewertet. Der sogenannte Kosteneinfluss kann sowohl auf Produkt- als auch auf Merkmals- und Ausprägungsebene bestimmt werden.

Für die Bewertung der Produktvarianten hinsichtlich der vom Werkzeugbau beeinflussten Time-to-Market spielt die Durchlaufzeit der Werkzeugentstehung eine wichtige Rolle. Je länger diese im Vergleich zu der verfügbaren Zeit zwischen der Finalisierung der Produktentwicklung und dem Produktionsstart ist, desto kritischer ist die Produktvariante auf die durch den Werkzeugbau beeinflusste Time-to-Market einzuschätzen. Während der Zeitpunkt der Finalisierung der Produktentwicklung sowie der Beginn der Produktion oftmals im übergeordneten Produktentstehungsprozess definiert sind, gilt es zusätzlich die tatsächliche Durchlaufzeit der Werkzeugentstehung zu ermitteln. Hierfür werden mithilfe eines Beschreibungsmodells die einzelnen Teilprozesse des Werkzeugbaus sowie ihre Abhängigkeiten untereinander dargestellt und somit die tatsächliche Durchlaufzeit der Werkzeugentstehung bestimmt. Aus dem Verhältnis dieser beiden Zeitspannen ergibt sich der zeitliche Einfluss der Werkzeugentstehung auf die Time-to-Market, welcher eine Bestimmung der aus Zeitsicht kritischen Produktvarianten ermöglicht.

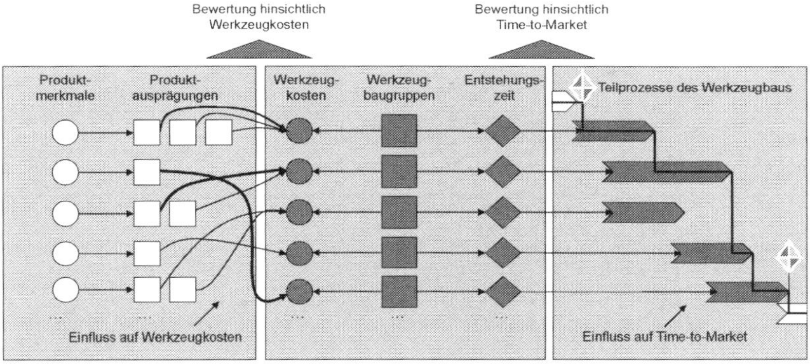

Abbildung 4-5: Bewertung der Produktvarianten hinsichtlich Werkzeugkosten und Time-to-Market

Im Anschluss an die Bewertung hinsichtlich Werkzeugkosten und Time-to-Market werden im Rahmen des zweiten Teilmodells der Methodik die Produktvarianten nach Freiheitsgraden zur werkzeuggerechten Optimierung untersucht. Im Sinne der Praxistauglichkeit und zur Reduzierung der Komplexität der weiteren Bewertungsaktivitäten erfolgt die Analyse im zweiten Teilmodell für jede Produktvariante separat. Nachfolgend werden die einzelnen Schritte des zweiten Teilmodells vorgestellt.

4.3.2 Ermittlung von Freiheitsgraden zur werkzeuggerechten Produktoptimierung

Ziel des zweiten Teilmodells der Methodik zur integrierten Produkt- und Werkzeugentwicklung ist die Identifikation von Freiheitsgraden, welche eine Optimierung des Produkts hinsichtlich Werkzeuggerechtheit erlauben. Ein Freiheitsgrad bezeichnet das Ausmaß einer, unter Berücksichtigung der Produktanforderungen, erlaubten Änderung eines Produktmerkmals in seinen Ausprägungen. So kann beispielsweise eine durch den Kunden gestellte Produktanforderung nach einer Hochglanzoberfläche einen maximalen Rauheitswert für die Oberflächengüte vorsehen. Das Merkmal „Oberflächengüte" kann somit nur bis zu diesem Maximalwert in seinen Ausprägungen variiert werden, wodurch der Freiheitsgrad dieses Produktmerkmals eingeschränkt wäre. Welche Produktmerkmale Freiheitsgrade besitzen, hängt somit maßgeblich von den Anforderungen an das Produkt (z.B. seitens des Kunden, der Produktion oder gesetzlicher Vorschriften) ab, die oftmals in einer sogenannten Anforderungsliste zusammengetragen sind. Die Anforderungsliste ist das Ergebnis des ersten

Teilschritts „Klären und Präzisieren der Aufgabenstellung" im Produktentwicklungsprozess nach VDI 2221 (siehe Abschnitt 2.1.2.2). Sie stellt eine schriftlich formulierte Sammlung von unternehmensexternen und -internen Anforderungen an das zu entwickelte Produkt dar und begleitet den Produktentwicklungsprozess durch alle Arbeitsabschnitte.

Basierend auf der Anforderungsliste werden im ersten Teilschritt mithilfe eines Bewertungsmodells die Auswirkungen der Produktanforderungen auf die Produktmerkmale und ihre Ausprägungen bestimmt. Hierzu erfolgt im zunächst eine Kategorisierung in „harte" und „weiche" Anforderungen. Harte Anforderungen weisen einem Produktmerkmal eine definierte Ausprägung zu (z.B. Länge = 60 mm) und legen dieses entsprechend fest. Somit weisen die von harten Anforderungen betroffenen Produktmerkmale keine Freiheitsgrade zur werkzeuggerechten Optimierung auf. Hingegen können die von weichen Anforderungen betroffenen Produktmerkmale auch weiterhin in ihren Ausprägungen variiert werden.

Neben den Anforderungen an das Produkt, spielen die inneren Wechselwirkungen zwischen den Produktmerkmalen eine wichtige Rolle bei der Identifikation von Freiheitsgraden. Produktmerkmale, die aufgrund von an sie gerichteten harten Anforderungen keine oder nur geringe Freiheitsgrade aufweisen, können wiederum die Freiheitsgrade von weiteren Produktmerkmalen einschränken. So kann beispielsweise die Anforderung an die Oberflächengüte eines Produkts nur mit bestimmten Werkstoffen realisiert werden. In diesem Fall würde das Produktmerkmal „Oberflächengüte" ebenfalls das Merkmal „Werkstoff" in seinen Freiheitsgraden einschränken. Dieser Aspekt wird im Rahmen der Methodik durch ein weiteres Bewertungsmodell adressiert. Bei dem Bewertungsmodell handelt es sich um eine übergeordnete Korrelationsmatrix auf Merkmalsebene. Hierbei werden Produktmerkmale, welche in Wechselwirkungen zueinander stehen, mittels eines Cluster-Algorithmus[317] zu Gruppen, sogenannten Merkmal-Clustern, zusammengefasst. Dadurch wird direkt ersichtlich, auf welche weiteren Merkmale sich eine an ein spezifisches Produktmerkmal (z.B. Oberflächengüte) adressierte Anforderung auswirkt. Mögliche Szenarien hierbei sind, dass entweder die weiteren Produktmerkmale ebenfalls in ihren Freiheitsgraden eingeschränkt werden oder weiterhin variabel blieben. Als Ergebnis dieses Bewertungsmodells entstehen sogenannte variable oder fixe Merkmal-Cluster. Variable Merkmal-Cluster weisen mindestens ein in seinen Ausprägungen variables

[317] Bei dem verwendeten Cluster-Algorithmus handelt es sich um ein zu Forschungszwecken öffentlichen Code von Thebeau (2001), Knowledge management of system interfaces and interactions from product development processes, S. 93

Produktmerkmal auf (siehe Abbildung 4-6). Fixe Merkmal-Cluster hingegen zeichnen sich dadurch aus, dass alle Produktmerkmale innerhalb des Clusters festgelegte Ausprägungen aufweisen, die nicht verändert werden können. Folglich sind in fixen Merkmal-Clustern keine produktseitigen Freiheitsgrade vorhanden, die eine Beeinflussung der Produktgestalt hinsichtlich werkzeuggerechter Produktoptimierung erlauben.

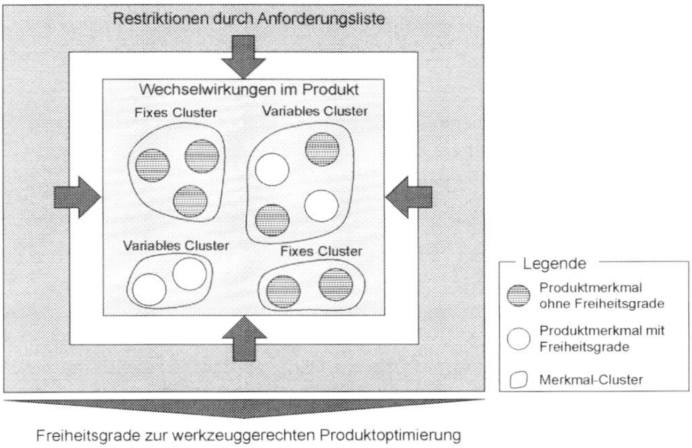

Abbildung 4-6: Ermittlung von Freiheitsgraden zur werkzeuggerechten Produktoptimierung

Nachdem die Freiheitsgrade hinsichtlich der werkzeuggerechten Produktoptimierung identifiziert wurden, gilt es im nächsten Teilmodell das Produkt im Hinblick auf Werkzeugkosten und der durch die Werkzeugentstehungszeit beeinflussten Time-to-Market zu optimieren.

4.3.3 Optimale Einschränkung der Freiheitsgrade hinsichtlich Werkzeugkosten und Time-to-Market

Ziel des dritten Teilmodells der Methodik zur integrierten Produkt- und Werkzeugentwicklung ist es, die mit Freiheitsgraden versehenen Produktmerkmale in ihren Ausprägungen so festzulegen, dass die Werkzeugkosten möglichst gering ausfallen und die Time-to-Market des Produkts durch einen frühzeitigen Start der Werkzeugentwicklung reduziert wird. Ein frühzeitiger Start der Werkzeugentwicklung ist möglich, wenn die erforderlichen Produktinformationen frühzeitig und phasenadäquat vorliegen. Hierzu müssen jeweils diejenigen Produktmerkmale in ihren Ausprăgungen festgelegt werden, deren Informationen in der entsprechenden Phase der Werkzeugentwicklung für die Auslegung des Werkzeugs erforderlich sind. Somit beinhaltet die Optimierung der Time-to-Market eine an dem Informationsbedarf des Werkzeugbaus orientierte Reihenfolge zur Einschränkung der Freiheitsgrade in den Produktmerkmalen. Mithilfe eines Entscheidungsmodells werden hierbei die zuvor identifizierten variablen Merkmal-Cluster in eine aus Werkzeugbausicht optimale Reihenfolge gebracht. Merkmal-Cluster, deren Informationen frühzeitig durch die Werkzeugentwicklung benötigt werden, werden somit entsprechend frühzeitig innerhalb ihrer Freiheitsgrade festgelegt. Basis für die zeitliche Priorisierung der Merkmal-Cluster ist der im ersten Teilmodell der Methodik entwickelte Projektstrukturplan des Werkzeugbaus. Aus diesem wird ersichtlich, welche Werkzeugbaugruppen zu welchem Zeitpunkt entwickelt werden und welche Produktmerkmale und folglich Merkmal-Cluster entsprechend in ihren Ausprägungen festgelegt werden müssen, damit die erforderlichen Produktinformationen für die Werkzeugentwicklung vorliegen und mit der Auslegung des Werkzeugs begonnen werden kann (siehe Abbildung 4-7).

Ist die zeitlich optimale Reihenfolge zur Festlegung der Merkmal-Cluster definiert, werden diese jeweils im Hinblick auf Werkzeugkosten optimiert. Ziel ist es, je Merkmal-Cluster die Produktmerkmale in ihren Ausprägungen so festzulegen, dass unter Berücksichtigung der Kostenabhängigkeiten zwischen den Produktmerkmalen ein Kostenoptimum erreicht wird. Hierfür dient ein Entscheidungsmodell, welches auf die zuvor gebildeten Merkmal-Cluster aufbaut. Im ersten Schritt erfolgt die Berechnung des sogenannten Kostenreduzierungsfaktors für sämtliche Produktausprägungen innerhalb eines Merkmal-Clusters. Der Kostenreduzierungsfaktor beschreibt, wie sehr die Werkzeugkosten durch die Veränderung der Ausprägung eines Produktmerkmals gesenkt werden können. Im zweiten Schritt werden die Kostenabhängigkeiten zwischen den Produktmerkmalen innerhalb eines Merkmal-Clusters ermittelt. Mithilfe der Kostenabhängigkeit lässt sich beschreiben, welchen Einfluss die Veränderung eines Produktmerkmals auf die verursachten Werkzeugkosten der weiteren Produktmerkmale hat. Die Kostenabhängigkeit kann dabei gleich- oder gegenläufig sein. Sind Kostenreduzierungsfaktor und Kosteneinfluss ermittelt, können die Ausprägungen der Produktmerkmale je Cluster so festgelegt werden, dass das bestmögliche Kostenoptimum für das jeweilige Merkmal-Cluster erreicht wird.

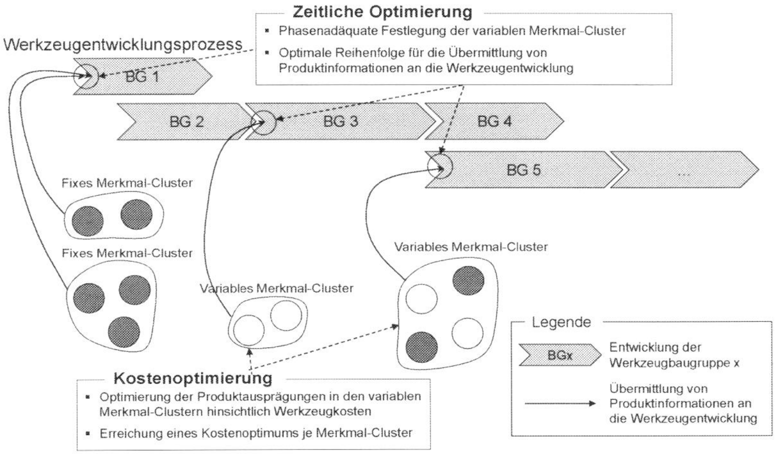

Abbildung 4-7: Optimale Einschränkung der Freiheitsgrade hinsichtlich Werkzeugkosten und Time-to-Market

Entsprechend der ursprünglichen Zielsetzung, sind nach Anwendung der Teilmodelle der Methodik zur integrierten Produkt- und Werkzeugentwicklung die Produktmerkmale in ihren Ausprägungen so festgelegt, dass die Werkzeugkosten sowie die Time-to-Market des Produkts bei gleichbleibender Qualität möglichst gering ausfallen.

4.4 Zwischenfazit: Grobkonzept zur integrierten Produkt- und Werkzeugentwicklung

Basierend auf den in Abschnitt 3.2.1 aufgeführten Kriterien hinsichtlich Objektbereich und Zielsetzung sowie dem abgeleiteten Theorie- und Praxisdefizit, wurde eine Methodik zur integrierten Produkt- und Werkzeugentwicklung, bestehend aus drei Teilmodellen, entwickelt. Entsprechend der Zielsetzung fokussieren die drei Teilmodelle eine Reduzierung der Werkzeugkosten sowie der Time-to-Market. Einleitend wurden in Abschnitt 4.1 die Grundlagen zur System- und Graphentheorie erläutert. Zur zeitlich optimalen Anwendung der Methodik wurde diese in Abschnitt 4.1 in den Produktentwicklungsprozess nach VDI 2221 eingeordnet. Anschließend wurde in Abschnitt 4.3.1 das erste Teilmodell zur Bewertung der Produktvarianten hinsichtlich Werkzeugkosten und Time-to-Market vorgestellt. Die Bewertung hinsichtlich der Werkzeugkosten basiert auf der Ermittlung der Kosteneinflüsse von Produktmerkmalen und -ausprägungen auf das Werkzeug. Die Bewertung der vom Werkzeugbau beeinflussten Time-to-Market wird durch die Betrachtung der verfügbaren Zeit zwischen der Finalisierung der Produktentwicklung und dem Produktionsstart sowie der erforderlichen Werkzeugentstehungszeit vorgenommen.

In Abschnitt 4.3.2 wurde das zweite Teilmodell zur Ermittlung von Freiheitsgraden hinsichtlich der werkzeuggerechten Produktoptimierung vorgestellt. Unter Berücksichtigung von Restriktionen aus der Anforderungsliste sowie von Wechselwirkungen innerhalb eines Produkts wird je Produktmerkmal das mögliche Ausmaß einer werkzeuggerechten Optimierung identifiziert. Die identifizierten Freiheitsgrade gilt es im dritten Teilmodell (siehe Abschnitt 4.3.3) so zu optimieren, dass die Werkzeugkosten möglichst gering ausfallen und der Werkzeugbau frühzeitig mit der Werkzeugauslegung beginnen kann. Im nächsten Kapitel werden die Teilmodelle der Methodik schrittweise aufgebaut und ausdetailliert.

5 Detaillierung der Methodik

Das fünfte Kapitel dient der Ausdetaillierung der Methodik zur integrierten Produkt- und Werkzeugentwicklung. Die Methodik ist in drei Teilmodelle gegliedert (siehe Abbildung 5-1). Das erste Teilmodell fokussiert die Bewertung der Produktvarianten hinsichtlich Werkzeugkosten und Time-to-Market (siehe (1) in Abbildung 5-1). Aufbauend auf dieser Untersuchung werden die Produktvarianten in priorisierter Reihenfolge auf Freiheitsgrade zur werkzeuggerechten Produktoptimierung untersucht (siehe (2) in Abbildung 5-1).

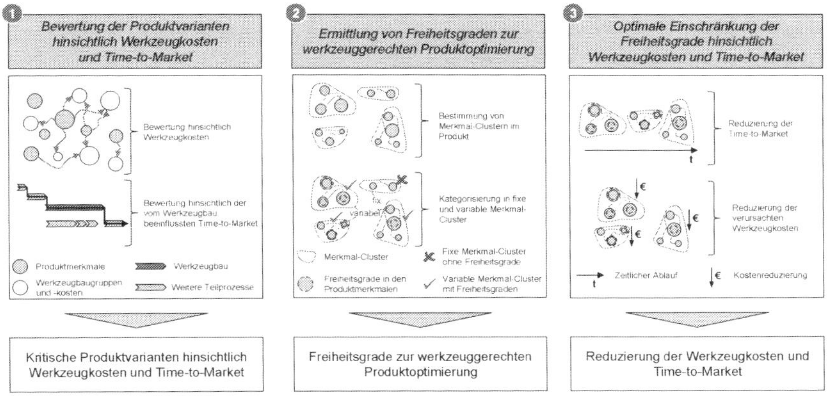

Abbildung 5-1: Methodik zur integrierten Produkt- und Werkzeugentwicklung

Im dritten Teilmodell werden die mit Freiheitsgraden versehenen Produktmerkmale in ihren Ausprägungen so festgelegt, dass die verursachten Werkzeugkosten sowie die Time-to-Market möglichst gering ausfallen (siehe (3) in Abbildung 5-1). Nachfolgend werden die einzelnen Teilmodelle der Methodik zur integrierten Produkt- und Werkzeugentwicklung detailliert vorgestellt.

5.1 Bewertung der Produktvarianten hinsichtlich Werkzeugkosten und Time-to-Market

Ein wesentlicher Anspruch an die Methodik zur integrierten Produkt- und Werkzeugentwicklung ist die Praxistauglichkeit. Daher gilt es vorgelagert diejenigen Produktvarianten innerhalb einer Produktfamilie zu identifizieren, welche aus Sicht der Werkzeugkosten sowie der durch den Werkzeugbau beeinflussten Time-to-Market als kritisch zu erachten sind (siehe Abbildung 5-2).

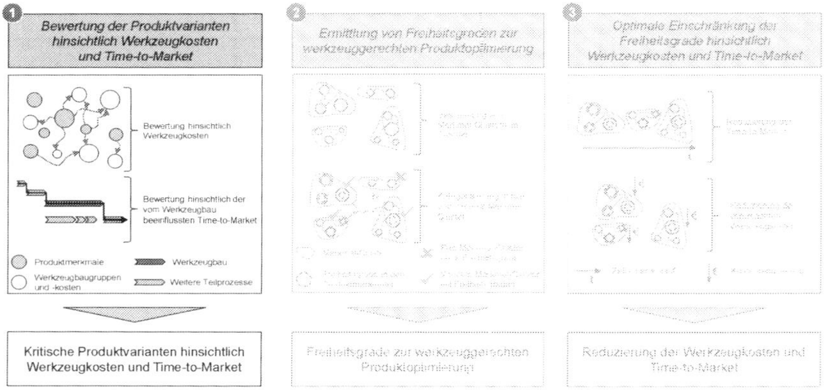

Abbildung 5-2: Bewertung der Produktvarianten hinsichtlich Werkzeugkosten und Time-to-Market

Hierfür müssen zunächst die Produkt- und Werkzeugfamilien ausreichend beschrieben sein (siehe (1) in Abbildung 5-3). Die Beschreibung der zu untersuchenden Produktvarianten innerhalb der Produktfamilie erfolgt durch die Aufstellung der relevanten Merkmale und Ausprägungen. Die Werkzeugfamilie wird anhand einer Referenzwerkzeugstruktur, welche alle für die Herstellung der Produktfamilie notwendigen Funktionen beinhaltet, beschrieben. Die Struktur des Referenzwerkzeugs wird daraufhin bezüglich der einmaligen und laufenden Werkzeugkosten untersucht. Ziel ist es, jeder Werkzeugbaugruppe die entsprechenden einmaligen und laufenden Kosten zuzuordnen. Sind Produkt- und Werkzeugfamilie beschrieben, erfolgt unter Zuhilfenahme von Bewertungsmatrizen die Ermittlung der Kosteneinflüsse der Produktvarianten auf das Werkzeug (siehe (2) in Abbildung 5-3). Anschließend werden die Produktvarianten im Hinblick auf die Time-to-Market bewertet und zeitlich kritische Produktvarianten identifiziert (siehe (3) in Abbildung 5-3).

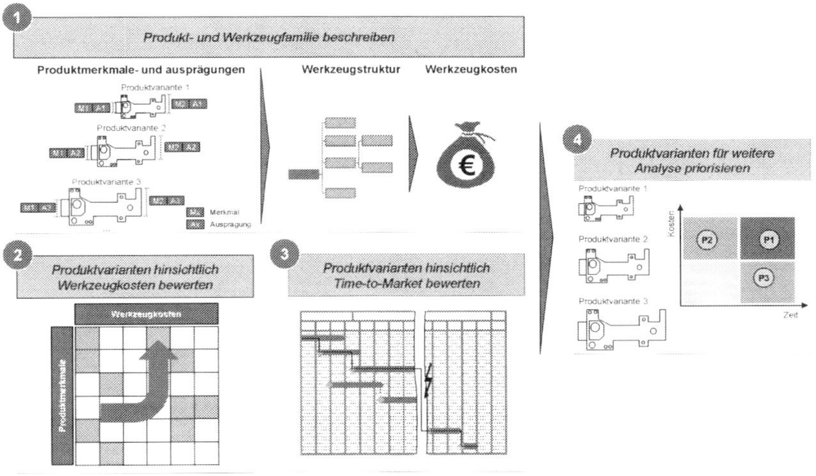

Abbildung 5-3: Schritte des ersten Teilmodells

Das erste Teilmodell verfolgt das Ziel, werkzeugkritische Produktvarianten zu identifizieren und diese in eine priorisierte Reihenfolge für die weitere vertiefende Analyse zu bringen. Daher werden die Produktvarianten abschließend in ein Portfolio eingeordnet und für die weitere Analyse priorisiert (siehe (4) in Abbildung 5-3). Nachfolgend werden die einzelnen Schritte des ersten Teilmodells detailliert vorgestellt.

5.1.1 Beschreibung von Produkt- und Werkzeugfamilien

Wie in Abschnitt 4.2 beschrieben, setzt die Methodik zur integrierten Produkt- und Werkzeugentwicklung während der Entwurfsphase der Produktentwicklung an. In dieser Phase werden prinzipielle Lösungen des Produkts aus der Konzeptphase konkret ausgestaltet (z.B. durch die Wahl von Werkstoffen oder die Bestimmung von Abmessungen) und erste Vorentwürfe der Produktfamilie erzeugt. Die Optimierung dieser Vorentwürfe hinsichtlich Werkzeuggerechtheit ist ein wesentliches Ziel der vorliegenden Methodik. Hierzu ist erforderlich, dass die Vorentwürfe einen ausreichenden Konkretisierungsgrad in Form einer groben maßstäblichen Zeichnung haben und in CAD-Modellen erfasst sind, sodass der Werkzeugbau fundierte Vorschläge hinsichtlich einer werkzeuggerechten Optimierung unterbreiten kann. Dies setzt allerdings ebenfalls voraus, dass die zu entwickelnde Werkzeugstruktur sowie die voraussichtlichen Kosten des Werkzeugs bekannt sind (siehe Abbildung 5-4). Daher gilt es im ersten Teilschritt die Produkt- und Werkzeugfamilie ausreichend zu beschreiben. Nachfolgend wird die Vorgehensweise hierzu aufgezeigt.

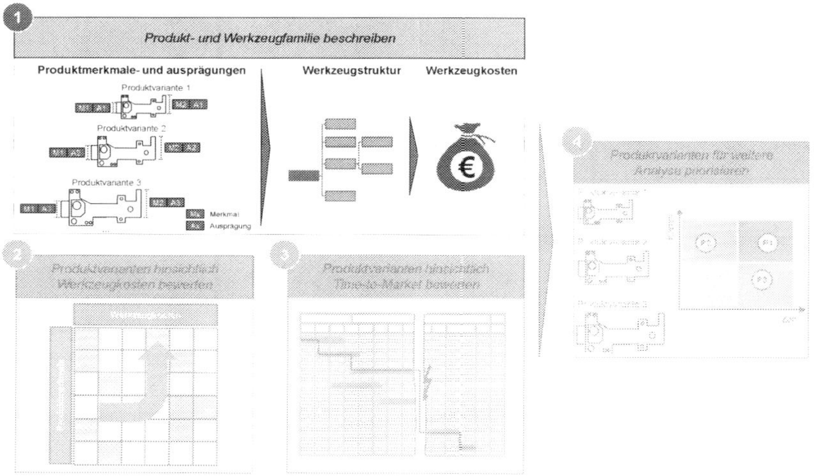

Abbildung 5-4: Beschreibung der Produkt- und Werkzeugfamilie

Beschreibung der Produktfamilie

Da die Werkzeugfunktionen sowie die Werkzeugstruktur unmittelbar von der Beschaffenheit des Produkts abhängen, wird die Beschreibung der Produktfamilie anhand von sogenannten Beschaffenheitsmerkmalen[318] durchgeführt. Diese werden nachfolgend in allgemeine Beschaffenheitsmerkmale sowie werkzeugspezifische Beschaffenheitsmerkmale gegliedert. Während allgemeine Beschaffenheitsmerkmale grundsätzlich zur Beschreibung von Produkten herangezogen werden (z.B. „Werkstoff", „Länge", „Breite"), sind werkzeugspezifische Beschaffenheitsmerkmale nur für die jeweiligen Verfahren (z.B. Spritzguss, Druckguss, Stanz-/ Biegeverfahren)[319] relevant. So handelt es sich beispielsweise bei den Merkmalen „Anzahl Hinterschnitte"

[318] Zur Definition von Beschaffenheitsmerkmalen siehe Abschnitt 2.1.1.6.

[319] Zur Erläuterung der unterschiedlichen Verfahren im Werkzeugbau siehe 2.2.2.2.

oder „Oberflächen-/ Volumenverhältnis“ um werkzeugspezifische Merkmale, da diese vorwiegend für urformende Verfahren wie Spritzguss oder Druckguss relevant sind. Die Einbeziehung der werkzeugspezifischen Beschaffenheitsmerkmale ist von besonderer Relevanz, da diese einen hohen Anteil der Werkzeugkosten verursachen.

Als Ordnungsschema zur Strukturierung der Beschaffenheitsmerkmale wird der sogenannte Morphologische Kasten verwendet, welcher häufig in der Produktentwicklung eingesetzt wird und ursprünglich zur systematischen Lösungsfindung für technische Probleme dient.[320] In einem Morphologischen Kasten werden üblicherweise Teilfunktionen eines Produkts in die Vorspalte eingetragen, während die zur Erfüllung der Teilfunktionen möglichen Lösungsalternativen in die Kopfzeile eingetragen werden. Für die Anwendung des Morphologischen Kastens im Rahmen der vorliegenden Methodik werden die Bezeichnungen der Teilfunktionen durch die der Produktmerkmale[321] ersetzt und die Bezeichnungen der Lösungsalternativen durch die der Ausprägungen[322]. Jedem Produktmerkmal kann, je nach Anzahl und Beschaffenheit der Produktvarianten einer Produktfamilie, eine unterschiedliche Anzahl an Ausprägungen zugeordnet werden. Eine Übersicht des Vorgehens zur Beschreibung einer Produktfamilie ist in Abbildung 5-5 dargestellt.

[320] Vgl. Zwicky (1966), Entdecken, Erfinden, Forschen im morphologischen Weltbild, S. 1ff.

[321] Die Begriffe Beschaffenheitsmerkmale, Merkmale sowie Produktmerkmale werden fortan synonym vewendet.

[322] Die Begriffe Ausprägungen und Produktausprägungen werden fortan synonym verwendet.

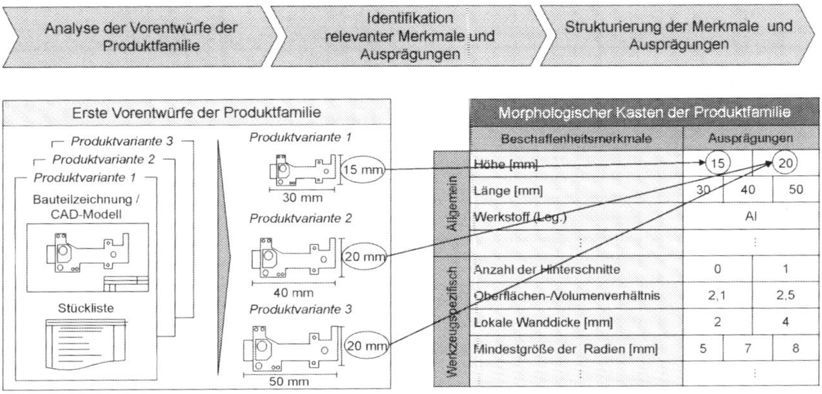

Abbildung 5-5: Morphologischer Kasten zur Beschreibung der Produktfamilie durch Merkmale und Ausprägungen

Beschreibung der Werkzeugfamilie

Neben der Beschreibung der Produktfamilie durch Merkmale und Ausprägungen, sieht die Methodik ebenfalls die Konzeption der Struktur sowie die Ermittlung der Kosten der für die Herstellung der Produktfamilie erforderlichen Werkzeuge vor.

Die Konzeption einer Werkzeugstruktur ist Teil des Werkzeugentwicklungsprozesses, dessen Schritte in Abschnitt 2.2.3.3 beschrieben wurden. Der Aufwand hierfür ist stark abhängig von dem Neuheitsgrad der zu entwickelnden Werkzeuge. Bei einem hohen Neuheitsgrad ist es oftmals erforderlich, zunächst die Funktionsstruktur[323] des Werkzeugs gänzlich neu zu bestimmen, während diese bei einem geringen Neuheitsgrad weitgehend bekannt ist und lediglich modifiziert werden muss. Auf das detaillierte Vorgehen zur Entwicklung einer Funktionsstruktur wird an dieser Stelle verzichtet und auf PAHL ET. AL.[324] sowie PONN UND LINDEMANN[325] verwiesen. Ist die Funktionsstruktur festgelegt, werden dieser im nächsten Schritt die zur Erfüllung der Teilfunktionen notwendigen Baugruppen sowie Komponenten des Werkzeugs zugeordnet und somit die Werkzeugstruktur bestimmt.

[323] Zur Definition des Begriffs „Funktionsstruktur" siehe Abschnitt 2.1.1.4
[324] Vgl. Pahl et al. (2006), Konstruktionslehre, S. 242ff.
[325] Vgl. Ponn et al. (2011), Konzeptentwicklung und Gestaltung technischer Produkte, S. 65ff.

Da im Rahmen der vorliegenden Methodik Produktfamilien betrachtet werden, deren zueinander komplementäre Produktvarianten ähnliche Funktionalitäten aufweisen, kann die Annahme getroffen werden, dass die Grundfunktionalitäten der für die Herstellung der Produkte erforderlichen Werkzeuge ebenfalls ähnlich sind. Somit können Werkzeuge, statt durch mehrere, vereinfachend durch eine sogenannte Referenzwerkzeugstruktur beschrieben werden. Die Referenzwerkzeugstruktur beschreibt somit nicht die Struktur einer spezifischen Werkzeugvariante, sondern stellt eine Maximalstruktur dar, welche für die einzelnen Werkzeuge durch das (Nicht-) Vorhandensein bestimmter Funktionen oder Baugruppen adaptiert werden kann. Die Betrachtung einer Referenzwerkzeugstruktur bietet den Vorteil, dass die nachfolgende Analyse der Wechselwirkungen zwischen Produkt und Werkzeug mit erheblich geringerem Aufwand erfolgen kann, was der Praxistauglichkeit der Methodik zugutekommt. So müssen beispielsweise bei einer Produktfamilie mit fünf Produktvarianten die Wechselwirkungen nicht mehr zwischen fünf Produkten und fünf Werkzeugen, sondern zwischen fünf Produkten und einer Referenzwerkzeugstruktur dargestellt werden.

Abbildung 5-6 verdeutlicht die Herleitung einer Referenzwerkzeugstruktur anhand eines Beispiels. Ausgehend von dem im Morphologischen Kasten der Produktfamilie aufgeführten Merkmal „Anzahl der Hinterschnitte" ist die entsprechende Funktion „Hinterschneidung anfertigen" im Werkzeug erforderlich. Zur Erfüllung der Funktion muss in der Referenzwerkzeugstruktur die Baugruppe „Schiebersystem" vorgesehen werden. Da die Anzahl der Hinterschnitte je nach Produktvariante zwischen den Ausprägungen „0" und „1" variiert, sind die Funktion „Hinterschneidung anfertigen" sowie die Baugruppe „Schiebersystem" nicht für jede Werkzeugvariante erforderlich. Da die Referenzwerkzeugstruktur jedoch eine Maximalstruktur bildet, wird die Baugruppe „Schiebersystem" dennoch in dieser aufgenommen. Die Baugruppe „Schiebersystem" bildet in der Referenzwerkzeugstruktur eine sogenannte Kann-Baugruppe. Darüber hinaus bestehen Muss-Baugruppen, die in jeder Werkzeugvariante in gleicher Weise vorhanden sind und Varianten-Baugruppen, deren Ausprägung sich je nach Werkzeugvariante ändern kann.

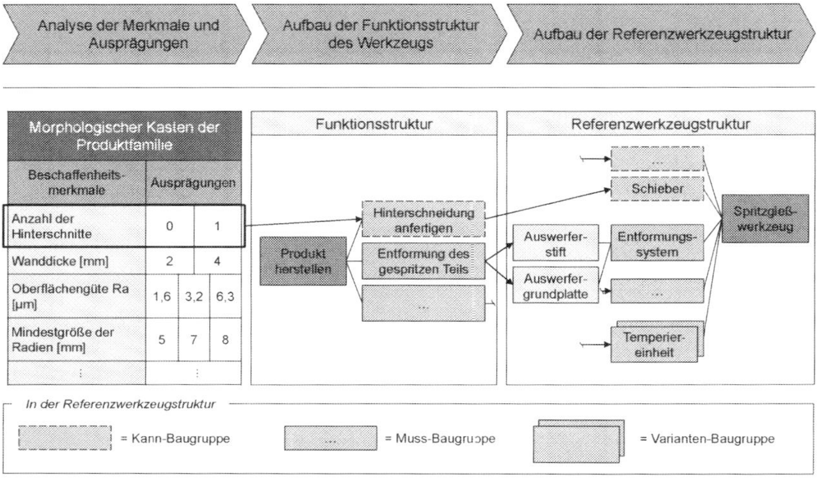

Abbildung 5-6: Herleitung einer Referenzwerkzeugstruktur

Nach dem Aufbau der Referenzwerkzeugstruktur werden die durch die Werkzeugbaugruppen verursachten Kosten ermittelt. Aufgrund der frühen Entwurfsphase des Werkzeugs gestaltet sich die Ermittlung der Kosten allerdings schwierig. Während die Kosten für Standardbaugruppen häufig bereits vorliegen, müssen sie für neu zu entwickelnde Baugruppen meist geschätzt werden. Hierfür werden im Werkzeugbau die für diese Entwicklungsphasen geeigneten Schätz- und Kalkulationsmethoden (Expertenschätzung, Ähnlichkeitskalkulation, Materialkostenmethode etc.) eingesetzt. Auf eine detaillierte Erläuterung zu den Schätz- und Kalkulationsverfahren wird an dieser Stelle verzichtet und auf weiterführende Literatur verwiesen.[326]

Zur Bestimmung der Kosten eines Referenzwerkzeugs werden zunächst die Kosten der einzelnen Werkzeugvarianten auf Baugruppenebene kalkuliert bzw. geschätzt. Sollte eine Werkzeugvariante häufiger als einmal hergestellt werden, so gilt es dies bei der Kalkulation bzw. Schätzung der Baugruppenkosten zu berücksichtigen. Die Baugruppenkosten des Referenzwerkzeugs werden mittels Durchschnittsbildung über die Baugruppenkosten der Werkzeugvarianten ermittelt. Ein Beispiel für die Be-

[326] Vgl. Pahl et al. (2006), Konstruktionslehre, S. 147ff.; Ehrlenspiel et al. (2007), Kostengünstig entwickeln und konstruieren, S. 454ff.

rechnung der Kosten des Referenzwerkzeugs ist in der nachfolgenden Tabelle 5-1 gegeben.

Werkzeugvarianten/ Referenzwerkzeug		Kosten der Werkzeugbaugruppen		
		Formnest	Temperiersystem	Schiebersystem
	Werkzeug für Produktvariante 1	30.000€	10.000€	0€
	Werkzeug für Produktvariante 2	35.000€	15.000€	0€
	Werkzeug für Produktvariante 3	40.000€	20.000€	15.000€
		Durchschnittswertbildung		
	Referenzwerkzeug	35.000€	15.000€	5.000€

Tabelle 5-1: Ermittlung der Kosten des Referenzwerkzeugs

Die Kosten einer Baugruppe i des Referenzwerkzeugs werden fortan mit WK_i angegeben. Die Gesamtkosten des Referenzwerkzeugs WK_{ges} ergeben sich somit durch die Summe der Baugruppenkosten WK_i. Es gilt folgender Zusammenhang:

$$WK_{ges} = \sum_{i=1}^{n} WK_i \qquad (1)$$

WK_{ges}: Gesamtkosten des Referenzwerkzeugs

WK_i: Kosten der der Werkzeugbaugruppe i

n: Anzahl der zu bewertenden Werkzeugbaugruppen

Durch Kenntnis der Kosten aller Baugruppen des Referenzwerkzeugs sowie der Gesamtkosten lässt sich mittels Verhältnisbildung bewerten, wie hoch der Einfluss einer Werkzeugbaugruppe auf die Gesamtkosten des Referenzwerkzeugs ist. Der Kostenanteil einer Baugruppe an den Gesamtkosten des Referenzwerkzeugs bildet eine wichtige Eingangsinformation für die nachfolgend durchzuführende Analyse, da Produktmerkmale unterschiedliche Werkzeugbaugruppen beeinflussen, die wiederum eine unterschiedliche Auswirkung auf die Gesamtkosten haben. Der Faktor zur Ermittlung des Kostenanteils einer Werkzeugbaugruppe an den Gesamtkosten des Referenzwerkzeugs soll nachfolgend als primärer Gewichtungsfaktor $G_i^{(1)}$ bezeichnet und durch folgende Formel berechnet werden:

$$G_i^{(1)} = \frac{WK_i}{WK_{ges}} \qquad (2)$$

$G_i^{(1)}$: Primärer Gewichtungsfaktor: Kostenanteil einer Werkzeugbaugruppe an den Gesamtkosten des Referenzwerkzeugs

Nach der Ermittlung der Baugruppenkosten des Referenzwerkzeugs erfolgt eine Aufgliederung dieser in die jeweiligen Kostenarten (z.B. Materialkosten, Fertigungskosten, Prozesskosten). Durch die Differenzierung in Kostenarten kann bestimmt werden, in welcher Weise ein Produktmerkmal auf die Kosten der Werkzeugbaugruppen wirkt. So kann beispielsweise eine hohe Oberflächengüte des Produkts dazu führen, dass ein spezifisches und teureres Material für das Formnest des Werkzeugs benötigt wird, wodurch die Materialkosten des Werkzeugs steigen. Eine komplexe Bauteilgeometrie hingegen erhöht den Aufwand bei der konstruktiven Auslegung des Formnests sowie bei seiner Herstellung, was sich wiederum auf die Prozesskosten und Fertigungskosten des Werkzeugs auswirkt. Die Differenzierung in Kostenarten erleichtert somit die Bewertung des Kosteneinflusses von Produktmerkmalen und ihren Ausprägungen auf das Werkzeug.

Im Rahmen der vorliegenden Methodik werden die Werkzeugkosten in einmalige Kosten, variable Kosten sowie laufende Kosten gegliedert. Die einmaligen Kosten beschreiben alle Aufwendungen, die (bei einer Serie >1) initial anfallen und nicht einem spezifischen Werkzeug als Kostenträger zugeordnet werden können. Sie lassen sich in Investitionskosten (IK) und Prozesskosten (PK) unterteilen. Unter Investitionskosten fallen die Kosten für einmalige Anschaffungen, welche für die Konstruktion und Herstellung eines Werkzeugs erforderlich sind. Sie fallen beispielsweise beim Kauf einer für die Herstellung einer Komponente benötigen Vorrichtung oder einer für die Produktentwicklung benötigen Software-Lizenz an. Prozesskosten beinhalten alle einmalig anfallenden Aufwände in den indirekten Bereichen, z.B. in der Konstruktion oder im Vertrieb. Da es sich bei dem Werkzeugbau um eine relativ kleinbetriebliche Branche handelt, macht der Konstruktionsaufwand häufig den größten Anteil an den Prozesskosten aus.

Die variablen und einem Werkzeug direkt zurechenbaren Kosten lassen sich in Materialeinzelkosten (MEK) und Fertigungseinzelkosten (FEK) unterteilen. Materialeinzelkosten umfassen Rohstoffkosten bzw. Kosten für Zwischenerzeugnisse, welche direkt dem herzustellenden Werkzeug zugeordnet werden können. Auch Fertigungseinzelkosten lassen sich direkt dem Werkzeug als Kostenträger zurechnen. Hierzu zählen beispielsweise die Löhne für Produktionsmitarbeiter.

Laufende Kosten entstehen während des Betriebs des Werkzeugs. Hierbei machen Reparatur- und Wartungskosten (RK) den größten Anteil aus. Unter Berücksichtigung des individuellen Reparatur- und Wartungsbedarfs der Baugruppen können die Kosten je Baugruppe stark variieren. So muss beispielsweise ein Formnest wesentlich häufiger gewartet werden als eine Grundplatte.

Abbildung 5-7 gibt einen Überblick über die betrachteten Kostenarten.

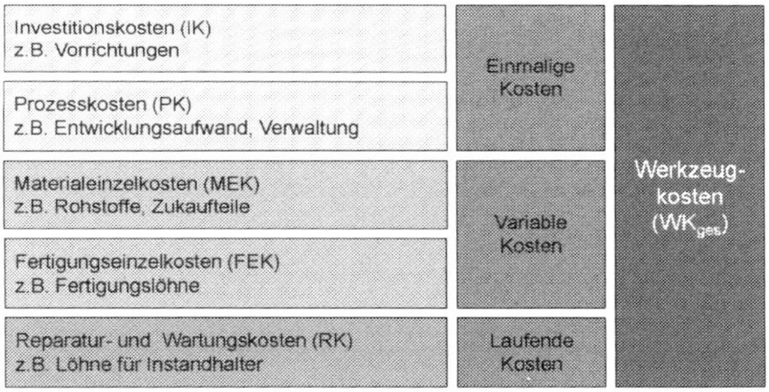

Abbildung 5-7: Betrachtete Kostenarten des Werkzeugs

Die Kosten einer Baugruppe i des Referenzwerkzeugs ergeben sich somit aus der Summe ihrer Kostenarten. Für die Baugruppenkosten WK_i: gilt folgender Zusammenhang:

$$WK_i = IK_i + PK_i + MEK_i + FEK_i + RK_i \qquad (3)$$

IK_i: Investitionskosten (anteilig auf die Werkzeugbaugruppe i)

PK_i Prozesskosten (anteilig auf die Werkzeugbaugruppe i)

MEK_i Materialeinzelkosten der Werkzeugbaugruppe i

FEK_i Fertigungseinzelkosten der Werkzeugbaugruppe i

RK_i Reparaturkosten der Werkzeugbaugruppe i

Ebenso kann nun auf Baugruppenebene der Einfluss jeder Kostenart auf die Gesamtkosten der Werkzeugbaugruppe untersucht werden. Hierzu wird die jeweilige Kostenart ins Verhältnis zu den Gesamtkosten der Baugruppe gesetzt. Auch dieses Verhältnis stellt eine wichtige Eingangsinformation für die nachfolgende Bewertung des

Kosteneinflusses von Produktmerkmalen und ihren Ausprägungen auf das Werkzeug dar. Der sich hier ergebende Faktor wird als sekundärer Gewichtungsfaktor $G_{i,a}^{(2)}$ bezeichnet und nach folgender Formel berechnet:

$$G_{i,a}^{(2)} = \frac{a}{WK_i} \qquad (4)$$

$G_{i,a}^{(2)}$: Sekundärer Gewichtungsfaktor: Anteil einer Kostenart a an den Gesamtkosten einer Werkzeugbaugruppe i

a: Kostenarten IK_i, PK_i, MEK_i, FEK_i, RK_i je Werkzeugbaugruppe i

Mit der Bestimmung der Referenzwerkzeugstruktur und der dahinterliegenden Kosten sowie der primären und sekundären Gewichtungsfaktoren ist neben der Produktfamilie ebenfalls die Werkzeugfamilie beschrieben. Basierend auf den Beschreibungen der Produkt- und Werkzeugfamilie wird nachfolgend der Kosteneinfluss der Produktmerkmale und deren Ausprägungen auf das Werkzeug bewertet.

5.1.2 Bewertung der Produktvarianten hinsichtlich Werkzeugkosten

Ziel dieses Teilschritts ist es, den Einfluss aller Merkmale und Ausprägungen der betrachteten Produktfamilie auf die Kosten des Referenzwerkzeugs zu untersuchen und zu bewerten (siehe Abbildung 5-8). Hierbei wird der Kosteneinfluss zunächst für die Produktmerkmale und anschließend für die möglichen Ausprägungen der Merkmale bewertet. Datengrundlage für die Bewertung des Kosteneinflusses sind die in dem vorherigen Teilschritt aufbereiteten Informationen zur Beschreibung der Produktfamilie (durch Merkmale und Ausprägungen) sowie der Werkzeugfamilie (durch Referenzwerkzeugstruktur, Werkzeugkosten sowie Gewichtungsfaktoren).

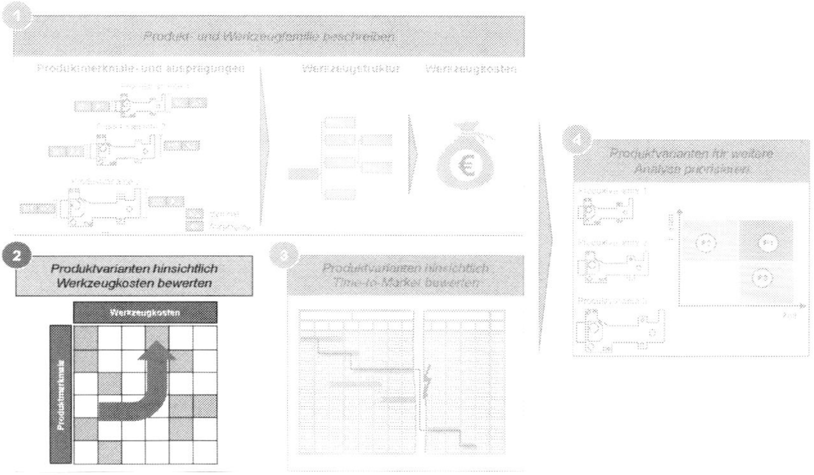

Abbildung 5-8: Bewertung der Produktvarianten hinsichtlich Werkzeugkosten

Basis für die Ermittlung des Kosteneinflusses von Produktmerkmalen sowie deren Ausprägungen auf das Werkzeug bilden die in Abschnitt 4.1 erläuterten Systemtheorie und Graphentheorie. Innerhalb der beiden komplexen Systeme Produkt und Werkzeug ermöglicht die Graphentheorie die formalisierte Abbildung von Wechselwirkungen. Hierbei werden die Systemelemente auf Produkt- und Werkzeugseite als sogenannte Knoten und die Wechselwirkungen zwischen diesen Elementen als Kanten dargestellt. Zur genaueren Beschreibung der Systemelemente sowie deren Wechselwirkungen untereinander ermöglicht die Graphentheorie zusätzlich eine Gewichtung der Knoten und Kanten. Als Hilfsmittel zur Darstellung der Knoten und Kanten eines Systems werden Matrizen verwendet.

Entsprechend wird zur Bewertung des Kosteneinflusses von Produktmerkmalen auf das Werkzeug im Rahmen der vorliegenden Arbeit eine Matrixdarstellung verwendet, welche als Einflussmatrix bezeichnet wird (siehe Abbildung 5-9). In der Kopfzeile der Einflussmatrix werden die Baugruppen des Referenzwerkzeugs eingetragen, in den beiden darunter liegenden Zeilen die zugehörigen primären bzw. sekundären Gewichtungsfaktoren. Ferner sind in der Vorspalte die bereits im Morphologischen Kasten beschriebenen Merkmale der Produktfamilie einzutragen. Wie sehr ein Merkmal auf die Kostenarten einer Werkzeugbaugruppe in den bereits erläuterten

Kategorien „Investitionskosten“, „Prozesskosten“, „Materialeinzelkosten“, „Fertigungseinzelkosten“ sowie „Reparatur- und Wartungskosten“ wirkt, kann anhand einer in Anlehnung an das Quality-Function-Deployment (QFD)[327] definierten Bewertungsskala evaluiert werden.

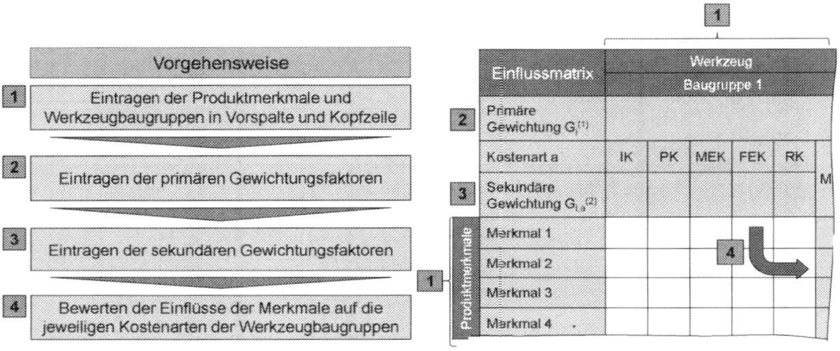

Abbildung 5-9: Vorgehen zum Aufbau der Einflussmatrix

Die Bewertung der Einflüsse der Produktmerkmale auf die jeweiligen Kostenarten der Werkzeugbaugruppe kann in den folgenden Abstufungen vorgenommen werden:

„0“: Das Produktmerkmal hat keinen Einfluss auf die betrachtete Kostenart der Werkzeugbaugruppe.

„1“: Das Produktmerkmal hat einen sehr geringen Einfluss auf die betrachtete Kostenart der Werkzeugbaugruppe. Eine Variierung des Produktmerkmals in seinen Ausprägungen führt zu einer sehr geringen Veränderung der Kosten innerhalb der betrachteten Kostenart der Werkzeugbaugruppe.

„3“: Das Produktmerkmal hat einen mittleren Einfluss auf die betrachtete Kostenart der Werkzeugbaugruppe. Eine Variierung des Produktmerkmals in seinen Ausprägungen führt zu einer mäßigen

[327] Quality-Function-Deployment (QFD) ist eine Methode der Qualitätssicherung, die das Ziel verfolgt, Produkte und Dienstleistungen am Kundennutzen auszurichten. Im Rahmen eines QFD werden Matrizen eingesetzt, in denen u.a. die Wechselwirkungen zwischen Kundenwünschen und Qualitätsmerkmalen beschrieben werden. QFD-Matrizen lassen sich überall dort einsetzen, wo Schnitt- und Übergabestellen zugrunde liegen. Siehe auch Pfeifer (2001), Qualitätsmanagement, S. 87ff.

Veränderung der Kosten innerhalb der betrachteten Kostenart der Werkzeugbaugruppe.

„9“: Das Produktmerkmal besitzt einen sehr hohen Einfluss auf die betrachtete Kostenart der Werkzeugbaugruppe. Eine Variierung des Produktmerkmals in seinen Ausprägungen führt zu einer sehr großen Veränderung der Kosten innerhalb der betrachteten Kostenart der Werkzeugbaugruppe.

Die Bewertung erfolgt basierend auf Expertenwissen von Mitarbeitern der Produktentwicklung sowie des Werkzeugbaus. Die exponentielle Skalierung der Bewertung ermöglicht eine stärkere Gewichtung der aus Werkzeugsicht kostenverursachenden Produktmerkmale und führt somit zu einer stärkeren Spreizung des Bewertungsergebnisses. Hierdurch wird im weiteren Verlauf der Methodik die Identifikation der aus Werkzeugsicht kostenkritischen Produktvarianten erleichtert.

Zur Ermittlung des Kosteneinflusses $KE_{j,i}^{(M)}$ eines Produktmerkmals j auf eine Werkzeugbaugruppe i werden die in der Matrix eingetragenen Bewertungen systematisch mit den Gewichtungsfaktoren verrechnet. Hierbei gilt folgender Zusammenhang:

$$KE_{j,i}^{(M)} = G_i^{(1)} \sum_{a=IK}^{RK} G_{i,a}^{(2)} \cdot x_{j,i,a} \qquad (5)$$

$KE_{j,i}^{(M)}$: Kosteneinfluss des Produktmerkmals j auf die Werkzeugbaugruppe i

$x_{j,i,a}$: Faktor zur Bewertung des Einflusses des Produktmerkmals j auf die Kostenart a der Werkzeugbaugruppe i

Die Bewertung des Kosteneinflusses von Produktmerkmalen auf die Werkzeugbaugruppen erfolgt für alle Kostenarten einer Werkzeugbaugruppe. Nachfolgend ist beispielhaft die Berechnung des Kosteneinflusses $KE_{5,1}^{(M)}$ für das in Tabelle 5-2 an fünfter Stelle aufgeführte Produktmerkmal „Anzahl der Hinterschnitte“ sowie für die an erster Stelle aufgeführte Werkzeugbaugruppe „Formnest“ dargestellt. Für die Berechnung gilt folgender Zusammenhang:

$$\begin{aligned} KE_{5,1}^{(M)} &= G_1^{(1)} \cdot \left(G_{1,IK}^{(2)} \cdot x_{5,1,IK} + G_{1,PK}^{(2)} \cdot x_{5,1,PK} + G_{1,MEK}^{(2)} \cdot x_{5,1,MEK} + G_{1,FEK}^{(2)} \cdot x_{5,1,FEK} \right. \\ &\quad \left. + G_{1,RK}^{(2)} \cdot x_{5,1,RK}\right) \\ &= 0{,}30 \cdot (0{,}1 \cdot 0 + 0{,}2 \cdot 3 + 0{,}1 \cdot 3 + 0{,}3 \cdot 3 + 0{,}3 \cdot 3) = 0{,}81 \end{aligned}$$

Einflussmatrix		Werkzeug											
		Formnest						Prüfmittel					
	Primäre Gewichtung $G_i^{(1)}$	0,3						0,09					
	Kostenart a	IK	PK	MEK	FEK	RK	$KE_{j,1}^{(M)}$	IK	PK	MEK	FEK	RK	$KE_{j,2}^{(M)}$
	Sekundäre Gewichtung $G_{i,a}^{(2)}$	0,1	0,2	0,1	0,3	0,3		0,2	0,2	0,1	0,4	0,1	
Produktmerkmale	Höhe	0	3	3	1	3	0,63	0	0	0	0	0	0
	Länge	0	3	3	1	3	0,63	0	0	0	0	0	0
	Gewicht	0	3	3	3	3	0,81	0	0	0	0	0	0
	Werkstoff	0	3	9	1	9	1,35	0	3	3	0	3	0,11
	Anzahl der Hinterschnitte	0	3	3	3	3	0,81	0	0	0	0	0	0
	Oberflächengüte	0	9	9	3	9	1,89	0	3	0	3	0	0,16

Tabelle 5-2: Beispielhafte Berechnung des Kosteneinflussfaktors eines Produktmerkmals

Der Kosteneinfluss $KE_j^{(M)}$ eines spezifischen Produktmerkmals j auf das gesamte Werkzeug ergibt sich durch die Summe der ermittelten Kosteneinflüsse auf alle Werkzeugbaugruppen i:

$$KE_j^{(M)} = \sum_{i=1}^{n} KE_{j,i}^{(M)} \qquad (6)$$

Um ebenfalls die innerhalb der Produktmerkmale gewählten Ausprägungen hinsichtlich des Kosteneinflusses auf das Werkzeug bewerten zu können, erfolgt im nächsten Schritt die Ermittlung des Kosteneinflusses auf Ausprägungsebene.[328] Für die Bewertung wird auf die bereits bestehende Einflussmatrix zurückgegriffen und diese um Bewertungsfelder für die Produktausprägungen erweitert. Da die erweiterte Matrix die Intensität des Kosteneinflusses innerhalb der Produktausprägungen bestimmen soll, wird sie nachfolgend als Intensitätsmatrix bezeichnet (siehe Abbildung 5-10). Während sich hier auf der Kopfzeile die bereits eingetragenen Werkzeugbaugruppen befinden, enthält die Vorspalte die Produktmerkmale und nebenstehend die zugehörigen Produktausprägungen. Entsprechend der Bewertung auf Merkmalsebene, wird die Bewertung des Kosteneinflusses $KE_{k,j,i}^{(A)}$ der Ausprägung k des Produktmerkmals j auf die Kosten der Werkzeugbaugruppe i auf folgender Bewertungsskala durchgeführt:

„0": Die Produktausprägung hat keinen Einfluss auf die Kosten der betrachteten Werkzeugbaugruppe.

[328] Zur Definition von Produktausprägungen siehe Abschnitt 2.1.1.6.

„1“: Die Produktausprägung hat einen sehr geringen Einfluss auf die Kosten der betrachten Werkzeugbaugruppe. Im Vergleich zu den weiteren Ausprägungen des Produktmerkmals, würde das Wegfallen dieser Produktausprägung die Kosten der Werkzeugbaugruppe sehr gering beeinflussen.

„3“: Die Produktausprägung hat einen mittleren Einfluss auf die Kosten der betrachteten Werkzeugbaugruppe. Im Vergleich zu den weiteren Ausprägungen des Produktmerkmals, würde ein Wegfallen dieser Produktausprägung die Kosten der Werkzeugbaugruppe mäßig beeinflussen.

„9“: Die Produktausprägung hat einen sehr hohen Einfluss auf die Kosten der betrachteten Werkzeugbaugruppe. Im Vergleich zu den weiteren Ausprägungen des Produktmerkmals, würde ein Wegfallen dieser Produktausprägung die Kosten der Werkzeugbaugruppe sehr stark beeinflussen.

Durch die Verrechnung des bereits im vorherigen Schritt ermittelten Kosteneinflusses auf Merkmalsebene mit den in der Matrix vorgenommenen Bewertungen für die Produktausprägungen, kann der Kosteneinfluss $KE_{k,j,i}^{(A)}$ einer Ausprägung k des Merkmals j auf die Werkzeugbaugruppe i ermittelt werden.

$$KE_{k,j,i}^{(A)} = KE_{j,i}^{(M)} \cdot y_{k,j,i} \qquad (7)$$

$KE_{k,j,i}^{(A)}$: Kosteneinfluss der Ausprägung k des Produktmerkmals j auf die Werkzeugbaugruppe i

$y_{k,j,i}$: Faktor zur Bewertung der Intensität des Kosteneinflusses der Ausprägung k des Produktmerkmals j auf die Werkzeugbaugruppe i

Der Kosteneinfluss einer spezifischen Produktausprägung auf das Gesamtwerkzeug wird durch das Aufsummieren der Kosteneinflüsse dieser Ausprägung über alle Werkzeugbaugruppen i ermittelt:

$$KE_{k,j}^{(A)} = \sum_{i=1}^{n} KE_{k,j,i}^{(A)} \qquad (8)$$

Abbildung 5-10 beschreibt die Vorgehensweise zum Befüllen der Intensitätsmatrix sowie die erforderliche Struktur der Matrix.

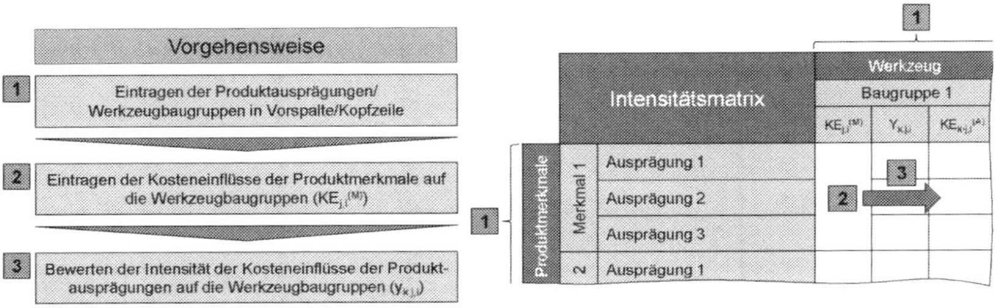

Abbildung 5-10: Bewertung der Kosteneinflüsse der Produktausprägungen in der Intensitätsmatrix

Entsprechend der Bewertung auf Merkmalsebene soll auch hier die Bewertung auf den Erfahrungen von Mitarbeitern des Werkzeugbaus sowie der Produktentwicklung basieren. Tabelle 5-3 zeigt beispielhaft die Berechnung des Kosteneinflusses der Ausprägung „45 mm" des Produktmerkmals „Höhe". Der Kosteneinfluss ist hierbei wie folgt zu berechnen:

$$\begin{aligned} KE_{2,1}^{(A)} &= KE_{1,1}^{(M)} \cdot y_{2,1,1} + KE_{1,2}^{(M)} \cdot y_{2,1,2} + \ldots + KE_{1,6}^{(M)} \cdot y_{2,1,6} \\ &= 0{,}62 \cdot 9 + 0 \cdot 0 + \ldots + 0{,}15 \cdot 1 = 2{,}53 \end{aligned}$$

Intensitätsmatrix			Werkzeug									
			Formnest			Prüfmittel			Entformungssystem			Kosteneinfluss $KE_{k,j}^{(A)}$ (absolut)
			$KE_{j,1}^{(M)}$	$y_{k,j,1}$	$KE_{k,j,1}^{(A)}$	$KE_{j,2}^{(M)}$	$y_{k,j,2}$	$KE_{k,j,2}$	$KE_{j,6}^{(M)}$	$y_{k,j,6}$	$KE_{k,j,6}^{(A)}$	
Produktmerkmale	Höhe	30mm	0,62	3	1,86	0,00	0	0	0,15	1	0,15	2,39
		45mm		9	5,58		0	0		1	0,15	2,53
	Länge	30mm	0,62	1	0,62	0,00	0	0	0,15	1	0,15	1,14
		40mm		1	0,62		0	0		1	0,15	1,14
		50mm		3	1,87		0	0		1	0,15	3,13
	Werkstoff	Aluminium	1,33	9	11,99	0,11	3	0,3	1,09	0	0	19,32
	Anzahl der Hinterschnitte	2	0,80	3	2,40	0,00	0	0	0,00	3	0	0,00
		4		3	2,40		0	0		3	0	4,08
		6					0	0		0	0	

Tabelle 5-3: Beispielhafte Berechnung des Kosteneinflusses einer Produktausprägung

Analog kann der Kosteneinfluss je Produktvariante durch das Aufsummieren der Werte für die jeweils relevanten Ausprägungen aller Produktmerkmale j ermittelt werden.

$$KE^{(V)} = \sum_{j=1}^{n} KE_{k,j}^{(A)} \qquad (9)$$

$KE^{(V)}$: Kosteneinfluss einer Produktvariante auf das Werkzeug

Nach Abschluss dieser Analyse sind alle Produktvarianten einer Produktfamilie sowohl auf übergeordneter Ebene, als auch auf Merkmals- und Ausprägungsebene hinsichtlich der Werkzeugkosten bewertet.

5.1.3 Bewertung der Produktvarianten hinsichtlich der durch den Werkzeugbau beeinflussten Time-to-Market

Neben den Werkzeugkosten sind die Produktvarianten im Hinblick auf die durch den Werkzeugbau wesentlich beeinflusste Time-to-Market zu bewerten (siehe Abbildung 5-11). Nachfolgend wird hierzu ein Vorgehen vorgestellt, mithilfe dessen die hinsichtlich der Time-to-Market kritischen Produktvarianten einer Produktfamilie identifiziert werden können.

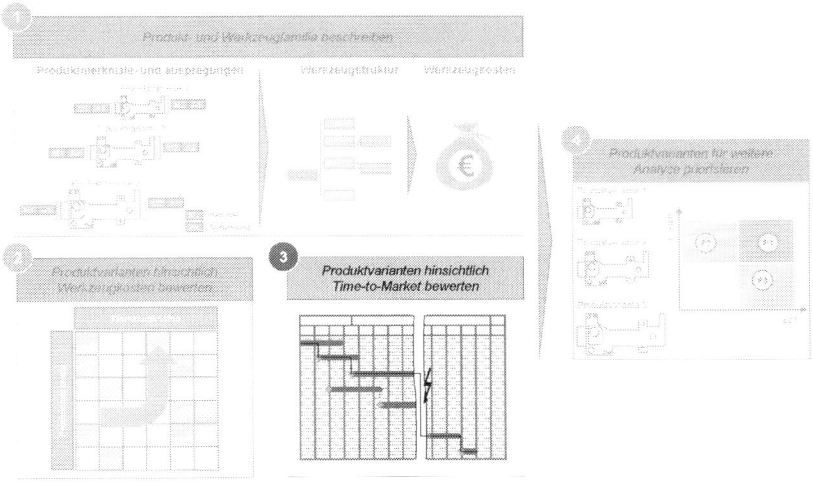

Abbildung 5-11: Bewertung der Produktvarianten hinsichtlich der Time-to-Market

Da der Werkzeugbau oftmals den kritischen Pfad zwischen der Produktentwicklung sowie der Serienproduktion bildet, können Verzögerungen in der Prozesskette des Werkzeugbaus zu einer Verschiebung des SOP (Start of Production) und folglich auch zu einer Erhöhung der Time-to-Market führen. Je länger die Dauer der Werkzeugentstehung im Vergleich zu der verfügbaren Zeitspanne zwischen dem Design Freeze[329] sowie dem SOP ist, desto kritischer ist die Produktvariante im Hinblick auf die Time-to-Market zu bewerten. Abbildung 5-12 verdeutlicht das Verhältnis zwischen der verfügbaren Zeit sowie der tatsächlichen Dauer der Werkzeugentstehung.

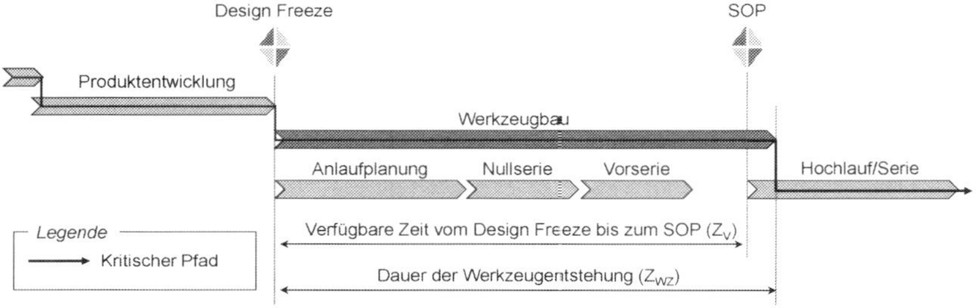

Abbildung 5-12: Dauer der Werkzeugentstehung vs. verfügbarer Zeit

Die zeitliche Kritikalität Z_K eines Produkts ergibt sich somit aus dem Verhältnis der Dauer der Werkzeugentstehung Z_{WZ} sowie der verfügbaren Zeit Z_V zwischen dem Design Freeze und dem SOP. Hierbei gilt folgender Zusammenhang:

$$Z_K = \frac{Z_{WZ}}{Z_V} \tag{10}$$

Z_K: Zeitliche Kritikalität eines Produkts

Z_{WZ}: Dauer der Werkzeugentstehung

Z_V: Verfügbare Zeit zwischen dem Design Freeze und dem SOP

Sollte $Z_K \geq 1$ sein, so befindet sich der Werkzeugbau auf dem kritischen Pfad während bei $Z_K < 1$ der kritische Pfad durch weitere Aktivitäten aus Prozesskette gebildet wird. Während die verfügbare Zeit Z_V zwischen dem Design Freeze und dem SOP oftmals bereits im übergeordneten Meilensteinplan des Produktentstehungsprozesses definiert und damit bekannt ist, ist die tatsächliche Dauer der Werkzeugentstehung Z_{WZ} für die einzelnen Produktvarianten zu ermitteln. Für die Ermittlung der Gesamtdauer der Werkzeugentstehung eignet sich der Projektstrukturplan, mithilfe

[329] Der "Design Freeze" beschreibt einen Meilenstein in der Produktentwicklung, in der das Produktkonzept und alle Design-Spezifikationen festgelegt sind und keine grundlegenden Designänderungen mehr vorgenommen werden können.

dessen die Gesamtaufgabe eines Projekts in Teilaufgaben zerlegt, die Zeiten abgeschätzt sowie die gegenseitigen Abhängigkeiten zwischen den Teilaufgaben ermittelt werden können.[330] Die Aufteilung in Teilaufgaben kann objektorientiert und funktionsorientiert vorgenommen werden. In der objektorientierten Strukturierung werden die Teilaufgaben nach den Baugruppen des betroffenen technischen Systems (z.B. Formnest, Temperiersystem, Schiebersystem) aufgeteilt, während die funktionsorientierte Strukturierung das Projekt in die einzelnen Phasen (z.B. Werkzeugentwicklung, Arbeitsvorbereitung, Fertigung) einteilt.[331] Für die Darstellung der Prozesse des Werkzeugbaus eignet sich eine Kombination aus der funktions- sowie der objektorientierten Strukturierung, da im Werkzeugbau sowohl baugruppenspezifische als auch baugruppenunabhängige Prozesse vorliegen. Baugruppenspezifische Prozesse kennzeichnen sich dadurch, dass ihre Dauer verursachungsgerecht auf Werkzeugbaugruppen zurückgeführt werden kann. Als Beispiel ist die Werkzeugentwicklung zu nennen, in der die Werkzeugbaugruppen unter Berücksichtigung ihrer Schnittstellen zu der Peripherie weitestgehend separat ausgelegt werden. Im Gegensatz hierzu bezieht sich beispielsweise die Dauer des Try Out auf das Gesamtwerkzeug und kann somit nicht auf eine spezifische Werkzeugbaugruppe zurückgeführt werden.

Abbildung 5-13 verdeutlicht die Darstellung des Werkzeugentstehungsprozesses in einem Projektstrukturplan. Die aufgeführten Prozesse orientieren sich an den in Abschnitt 2.2.3.2 erläuterten Phasen der Prozesskette des Werkzeugbaus. In einigen Phasen, z.B. in der Werkzeugentwicklung, ist eine baugruppenorientierte Aufgliederung und somit eine objektorientierte Strukturierung des Prozesses möglich. Die objektorientierte Strukturierung in Werkzeugbaugruppen unterstützt eine fundierte Schätzung der Durchlaufzeit, da die Dauer für die Entwicklung und Herstellung von einzelnen Werkzeugbaugruppen aufgrund der geringeren Komplexität besser antizipiert werden kann, als für das gesamte Werkzeug. Die Werkzeugbaugruppen sind aus der im vorherigen Abschnitt 5.1.2 entwickelten Referenzwerkzeugstruktur zu entnehmen.

Im Projektstrukturplan gilt es zunächst für die Prozesse den Start, das Ende sowie die Dauer (z.B. in Kalenderwochen) einzutragen. Anschließend sind die Abhängigkeiten im Sinne von Vorgänger-Nachfolger-Beziehungen zwischen den Prozessschritten einzutragen. So müssen beispielsweise innerhalb der Werkzeugentwicklung einige Baugruppen einen gewissen Fertigstellungsgrad aufweisen, bevor weitere Baugruppen basierend auf der technischen Lösung der Vorgängerbaugruppe ausgelegt werden

[330] Vgl. Bea et al. (2008), Projektmanagement, S. 139
[331] Vgl. Seibert (1998), Technisches Management, S. 325

können. Je nach Grad der Überlappung in der Vorgänger-Nachfolger-Beziehung der Werkzeugbaugruppen kann die Gesamtdurchlaufzeit der übergeordneten Phase sehr unterschiedlich ausfallen.

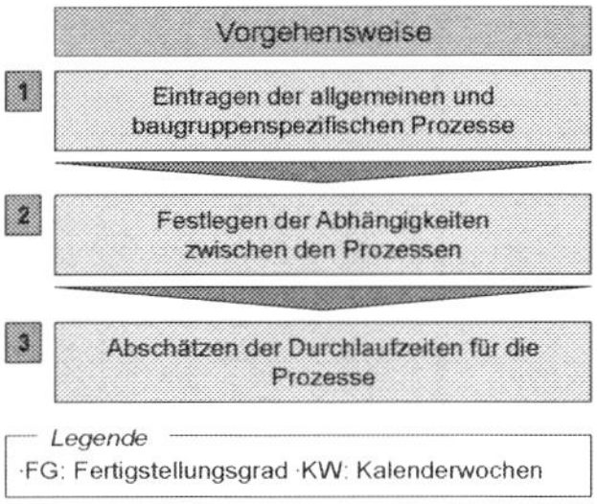

Nr.	Allgemeine Prozesse	Baugruppen-spezifische Prozesse	Vorgänger	FG von Vorgänger bis Start	Dauer in KW	Start in KW	Ende in KW
1	Methoden-planung	-	-	-	1	15	15
2	Werkzeug-entwicklung	Temperier-system	1	100%	3	16	18
3		Schieber-system	1	80%	6	18	24
4		Einspritz-system	2	20%	4	17	20
	...	...	4	100%	6	20	25
...	...	Try Out	...	100%	3	31	33

Abbildung 5-13: Ablaufplan des Werkzeugentstehungsprozesses

Die im Projektstrukturplan eingetragenen Prozesszeiten sind durch die Befragung von Erfahrungsträgern aus dem Werkzeugbau sowie durch Äquivalenzbetrachtungen bereits entwickelter Werkzeuge zu ermitteln.[332] Aus der Differenz des Endtermins des letzten Prozessschritts sowie des Starttermins des ersten Prozessschritts lässt sich abschließend die Dauer der Werkzeugentstehung Z_{WZ} ermitteln.

Ein Hilfsmittel zur grafischen Darstellung des Projektstrukturplans bildet das Gantt-Diagramm[333] Im Gantt-Diagramm werden die Prozessschritte in die Vorspalte eingetragen und die erforderlichen Dauern zur Ausführung der Prozesse in Form von Balken dargestellt. Abbildung 5-14 zeigt das Gantt-Diagramm für beispielhafte Abschnitte in der Prozesskette des Werkzeugbaus.

[332] Siehe hierzu auch Pahl et al. (2006), Konstruktionslehre, S. 201

[333] Siehe hierzu auch Burghardt (2002), Projektmanagement, S. 130f.

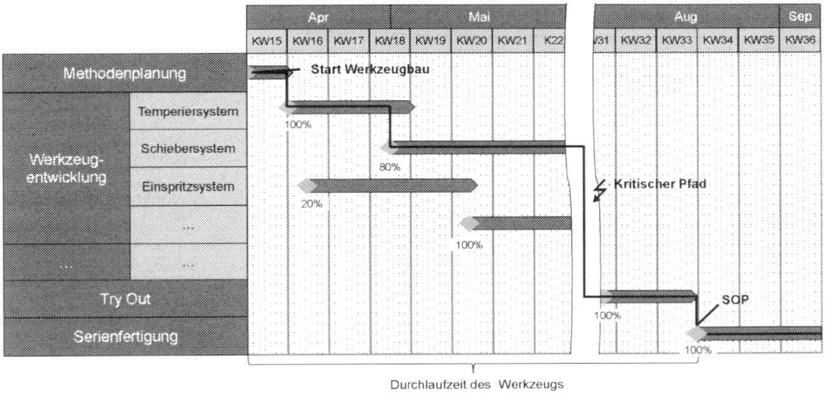

Abbildung 5-14: Gantt-Diagramm des Werkzeugentstehungsprozesses

Ist die Dauer der Werkzeugentstehung ermittelt, kann die zeitliche Kritikalität Z_K mittels der eingangs erläuterten Formel berechnet werden. Im nächsten Schritt gilt es die bereits hinsichtlich der Werkzeugkosten und Time-to-Market bewerteten Produktvarianten für die vertiefende Analyse im zweiten Teilmodell der Methodik zu priorisieren.

5.1.4 Priorisierung der Produktvarianten

Das nachfolgend in Abschnitt 0 erläuterte zweite Teilmodell der vorliegenden Methodik sieht die Ermittlung von Freiheitsgraden zur werkzeuggerechten Optimierung der Produktvarianten vor. Im Sinne der Praxistauglichkeit sowie der Effektivität der Anwendung gilt es zunächst diejenigen Produktvarianten priorisiert zu betrachten, welche hinsichtlich der Werkzeugkosten sowie der Time-to-Market als kritisch zu erachten sind (siehe Abbildung 5-15). Die Priorisierung der Produktvarianten hinsichtlich der Werkzeugkosten sowie der Time-to-Market erfolgt mittels eines Vier-Felder-Bewertungsschemas. Das Vier-Felder-Bewertungsschema, literaturgemäß auch als Vier-Felder-Matrix bekannt, ist ein Konzept aus der Portfolio-Technik und wird häufig von Unternehmen bei strategischen Entscheidungen zur Hilfe gezogen.[334]

[334] Siehe hierzu auch Welge et al. (2003), Strategisches Management, S. 330ff.

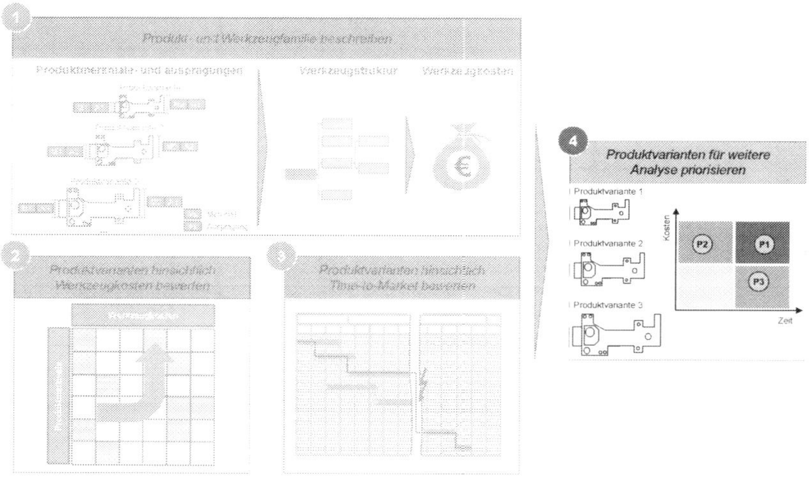

Abbildung 5-15: Priorisierung der Produktvarianten für die weitere Analyse

Innerhalb des Bewertungsschemas wird auf der Ordinate der Kosteneinfluss und auf der Abszisse die zeitliche Kritikalität aufgetragen. Den vier Feldern des Portfolios werden die Kategorien „höchstkritisch", "kritisch bzgl. Time-to-Market", "kritisch bzgl. Werkzeugkosten" sowie "unkritisch“ zugeordnet (siehe Abbildung 5-16). Produktvarianten, die sowohl einen hohen Kosteneinfluss auf das Werkzeug haben als auch eine hohe zeitliche Kritikalität aufweisen, werden als „höchstkritisch“ eingestuft und haben im Hinblick auf die weitere vertiefende Analyse die höchste Priorität.

Da eine Verschiebung des SOP bei einem Serienanlauf zu erheblichen wirtschaftlichen Verlusten[335] führen kann, werden Produktvarianten mit einer hohen zeitlichen Kritikalität im Vergleich zu Produktvarianten mit einem hohen Kosteneinfluss priorisiert und befinden sich somit in der Prioritätenreihenfolge an zweiter Stelle. Produktvarianten, die hinsichtlich der Werkzeugkosten kritisch sind, befinden sich in der Prioritätenfolge an dritter Stelle. Letztendlich sind Produktvarianten zu nennen, die eine geringe Kritikalität in Bezug auf die Time-to-Market sowie auf die Werkzeugkosten aufweisen. Sie finden sich in dem Feld „unkritisch“ wieder und werden in der Prioritätenreihenfolge zuletzt betrachtet.

[335] Vgl. Schuh et al. (2008), Anlaufmanagement in der Automobilindustrie erfolgreich umsetzen, S. 2f.

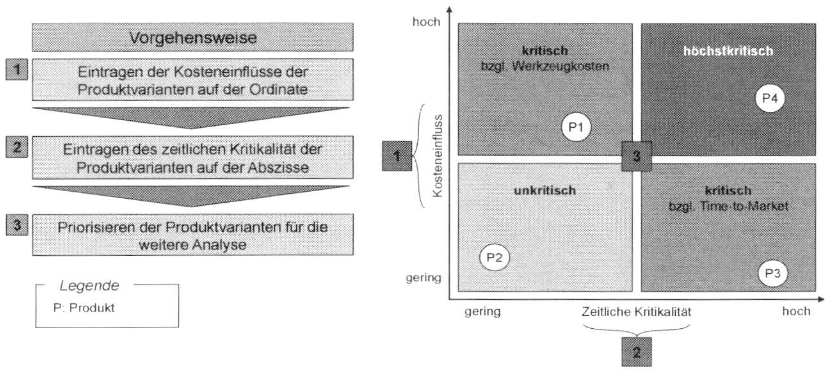

Abbildung 5-16: Priorisierung der Produktvarianten einer Produktfamilie

Zur besseren Veranschaulichung wird nachfolgend das Vorgehen anhand eines fiktiven Beispiels einer Produktfamilie mit zwei Produktvarianten erläutert. Zunächst erfolgt die Beschriftung der Bewertungsachsen sowie der quantitativen Grenzen. Zur Bestimmung der quantitativen Grenzen des Kosteneinflusses auf der Ordinate werden die Daten aus der Intensitätsmatrix aus Abschnitt 5.1.2 herangezogen. Hierbei wird der Kosteneinfluss von Produktvariante 1 mit dem Wert 85,24, welcher gleichzeitig den höchsten Kosteineinfluss darstellt, als obere Grenze festgelegt. Aus Anschaulichkeitsgründen wird die Grenze auf 100 erweitert (siehe Abbildung 5-17). Weiterhin wird auf der Abszisse die zeitliche Kritikalität aufgetragen. Auch hier bildet Produktvariante 1 mit dem Wert 1,5 die oberste Grenze, welche ebenfalls aus Anschaulichkeitsgründen auf 2 erweitert wird. Sind die Grenzen der Bewertungsachsen definiert, können die Produktvarianten entsprechend in das Portfolio positioniert und für die weitere Analyse priorisiert werden.

Intensitätsmatrix				
Merkmal	Ausprägung	Kosteneinfluss KE(A)	Produkt 1 (P1)	Produkt 2 (P2)
Oberflächengüte	1,6 µm	30,81	30,81	
	3,2 µm	10,27		
	6,3 µm	2,65		2,65
Anzahl der Hinterschnitte	4	12,36		12,36
	6	26,14	26,14	
⋮	⋮	⋮	⋮	⋮
Oberflächen-/Volumen-Verhältnis	2,1	3,23		
	2,3	7,65		7,65
	2,5	14,52	14,52	
Summe		123,07	85,24	37,83

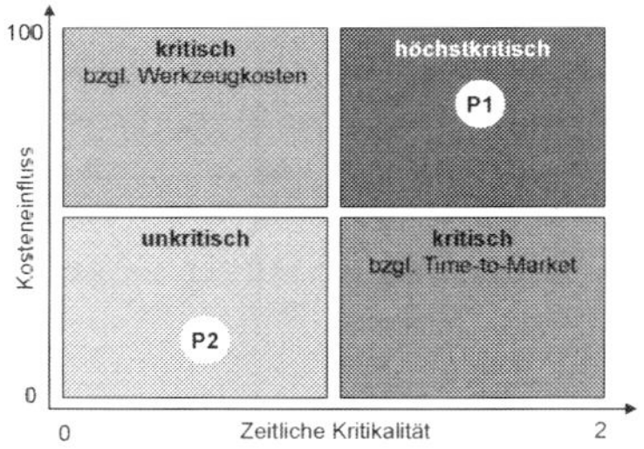

Produkte	Verfügbare Zeit Z_V	Dauer der Werkzeugentstehung Z_{WZ}	Zeitliche Kritikalität Z_K
Produkt 1 (P1)	10	15	**1,5**
Produkt 2 (P2)	15	10	**0,67**

Legende
P: Produkt
SOP: Start of Production

Abbildung 5-17: Beispielhafte Priorisierung der Produkte einer Produktfamilie

Nachdem die Produktvarianten der Produktfamilie hinsichtlich der Werkzeugkosten sowie der Time-to-Market bewertet und für die weitere Analyse priorisiert wurden, ist das Ziel des ersten Teilschritts erreicht. Nachfolgend wird eine Vorgehensweise zur Identifikation von Freiheitsgraden zur werkzeuggerechten Produktoptimierung aufgezeigt.

5.2 Ermittlung von Freiheitsgraden zur werkzeuggerechten Produktoptimierung

Nach der im ersten Teilmodell durchgeführten Bewertung der Produktvarianten hinsichtlich der Werkzeugkosten sowie der Time-to-Market, werden im zweiten Teilmodell Freiheitsgrade zur werkzeuggerechten Produktoptimierung identifiziert (siehe Abbildung 5-18). Die Ermittlung der Freiheitsgrade erfolgt für jede Produktvariante separat in der im ersten Teilmodell festgelegten Reihenfolge, wonach zunächst die Produktvarianten mit einer hohen Kritikalität aus Kosten- und Zeitsicht bearbeitet werden.

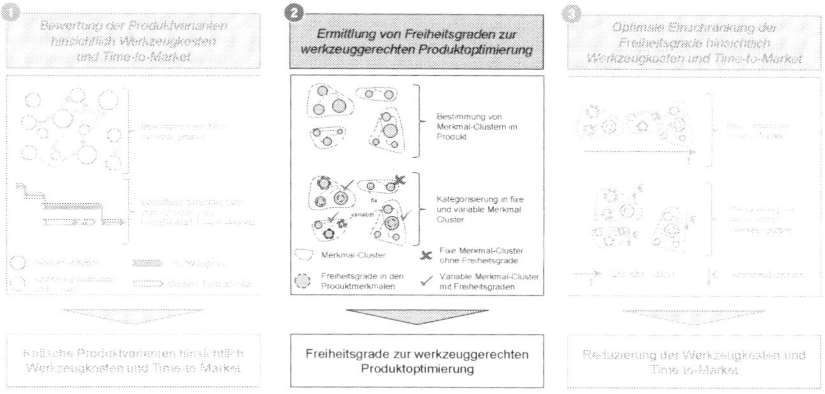

Abbildung 5-18: Ermittlung von Freiheitsgraden hinsichtlich werkzeuggerechter Produktoptimierung

Wie in Abschnitt 4.3.2 erläutert, beschreibt ein Freiheitsgrad im Kontext der vorliegenden Arbeit die Möglichkeit ein Produktmerkmal in seinen Ausprägungen zu variieren, ohne die bestehenden Anforderungen an das Produkt aus der Anforderungsliste[336] zu verletzen. Die Anforderungen aus der Anforderungsliste können entweder Produktmerkmale gänzlich in ihren Ausprägungen einschränken oder noch Freiheitsgrade zur werkzeuggerechten Optimierung zulassen (siehe 1 in Abbildung 5-19). In Abhängigkeit von den durch die Anforderungsliste bestimmten Freiheitsgraden erfolgt im ersten Teilschritt eine Klassifizierung der Produktmerkmale in fix oder variabel. Sollte ein Produktmerkmal keine Freiheitsgrade aufweisen, wird es als fix deklariert. Produktmerkmale mit Freiheitsgraden zur werkzeuggerechten Optimierung gelten hingegen als variabel. Da die als fix deklarierten Produktmerkmale auch weitere Merkmale in ihren möglichen Ausprägungen einschränken können, werden ebenfalls die inneren Wechselwirkungen zwischen den Merkmalen des Produkts analysiert. Im Sinne der Übersichtlichkeit sowie als Vorbereitung für die in Teilmodell 3 durchgeführte Optimierung werden anschließend sogenannte Merkmal-Cluster gebildet. Ein Merkmal-Cluster gruppiert Produktmerkmale, die in starker Korrelation zueinander stehen (siehe 2 in Abbildung 5-19).

[336] Für die Beschreibung des Begriffs „Anforderungsliste" siehe 2.1.2.2.

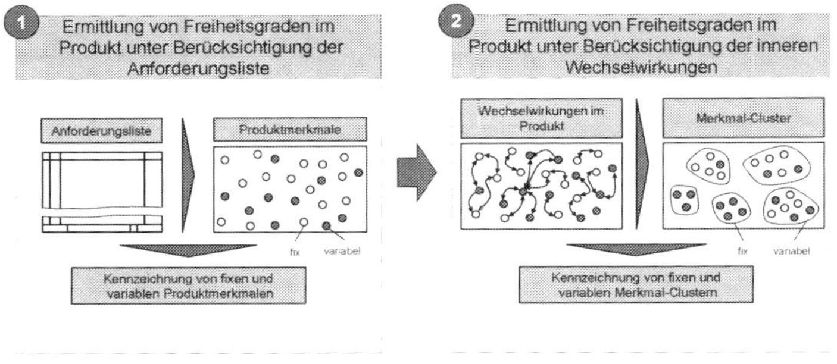

Abbildung 5-19: Schritte des zweiten Teilmodells

Als Ergebnis des zweiten Teilschritts ergeben sich fixe Merkmal-Cluster, in denen kein Produktmerkmal in seinen Ausprägungen variiert werden kann und variable Merkmal-Cluster, in denen mindestens ein Produktmerkmal in seinen Ausprägungen variiert werden kann. Nachfolgend werden die beiden Teilschritte des zweiten Teilmodells detailliert vorgestellt.

5.2.1 Ermittlung von Freiheitsgraden im Produkt unter Berücksichtigung der Anforderungsliste

Aus der Entwicklung eines technischen Produktes ergibt sich oftmals eine Vielzahl an Anforderungen, welche die Produktgestalt bestimmen. Das Ziel des ersten Teilschritts ist es zu ermitteln, inwieweit diese Anforderungen die Freiheitsgrade in den Produktmerkmalen hinsichtlich einer werkzeuggerechter Optimierung einschränken (siehe 1 in Abbildung 5-20)

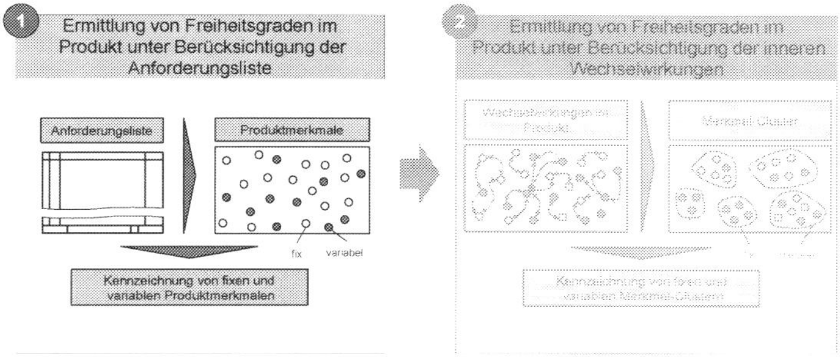

Abbildung 5-20: Ermittlung von Freiheitsgraden im Produkt unter Berücksichtigung der Anforderungsliste

Die Gesamtheit der für eine werkzeuggerechte Optimierung des Produkts noch zu Verfügung stehenden Freiheitsgrade, d.h. der Möglichkeit die Produktmerkmale in ihren Ausprägungen werkzeuggerecht zu optimieren, ergeben den sogenannten Lösungsraum. Im Rahmen der freiheitsgradbasierten Lösungsfindung wird der Lösungsraum systematisch ermittelt. Konventionelle Ansätze zur Identifikation von Freiheitsgraden hingegen basieren auf einem sogenannten „Trial-and-Error", wodurch häufig Fehler und Iterationen entstehen und eine effektive Ausschöpfung des Lösungsraums erschwert wird.[337]

Eine freiheitsgradbasierte Lösungsfindung bedingt zunächst die Identifikation und Dokumentation von Restriktionen an das Produkt. Dies ist erforderlich, um die noch bestehenden Freiheitsgrade im Produkt so gründlich wie möglich zu verstehen. Restriktionen an das Produkt ergeben sich durch Anforderungen, beispielsweise aus der Perspektive der Fertigung, Montage, Logistik oder Design. Durch Restriktionen eingeschränkte Freiheitsgrade grenzen den Lösungsraum zwar ein, ermöglichen jedoch ebenfalls einen sinnvollen Handlungsspielraum, im Rahmen dessen das Produkt optimiert werden kann. Durch die frühzeitige Berücksichtigung von Restriktionen bei einer freiheitsgradbasierten Produktentwicklung entspricht das Produkt in der Regel besser den Anforderungen als bei einem „Trial-and-Error"-Ansatz.[338] Abbildung 5-21 verdeutlicht die Einschränkung von Freiheitsgraden durch Restriktionen an das Produkt.

---

[337] Vgl. Lenders (2009), Beschleunigung der Produktentwicklung durch Lösungsraum-Management, S. 108ff.
[338] Vgl. Lenders (2009), Beschleunigung der Produktentwicklung durch Lösungsraum-Management, S. 109 - 110ff.

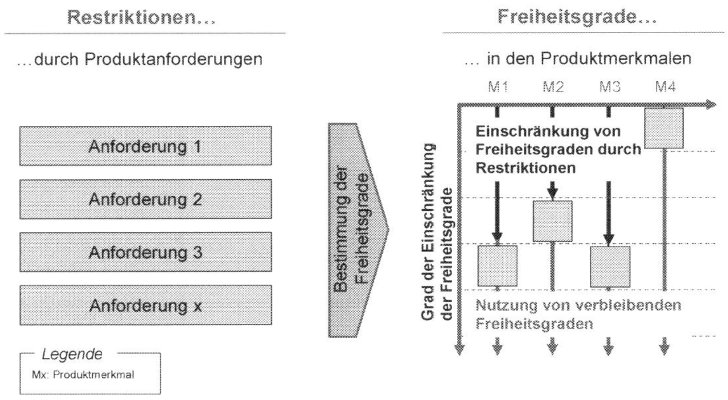

Abbildung 5-21: Einschränkung der Freiheitsgrade durch Restriktionen[339]

Um die Restriktionen an das Produkt zu verstehen, müssen zunächst die Anforderungen an das Produkt bewertet werden. Nach FELDHUSEN ET AL ergibt sich durch das Sammeln der Anforderungen an das Produkt die sogenannte Anforderungsliste.[340] Im Gegensatz zu einem Lastenheft, welches hauptsächlich Kundenanforderungen berücksichtigt, enthält die Anforderungsliste zusätzlich die Interessen des eigenen Unternehmens sowie weitere Rahmenanforderungen wie beispielsweise Gesetzesvorschriften. Aufgrund begrenzter Entwicklungsressourcen können häufig nicht alle Anforderungen der Anforderungsliste im gleichen Maße erfüllt werden. Daher hat sich in der Praxis eine Priorisierung der Anforderungen in „Forderungen" und „Wünsche" etabliert. Forderungen müssen definitiv umgesetzt werden wohingegen Wünsche je nach Möglichkeit berücksichtigt werden sollten und im Vergleich zu den Forderungen eine geringere Priorität aufweisen.[341] Forderungen können wiederum in „harte" oder „weiche" Forderungen unterteilt werden. Harte Forderungen sind dadurch gekennzeichnet, dass sie Produktmerkmale durch konkrete Ausprägungen festlegen und somit keine Variation erlauben. Nachfolgend ist ein Beispiel für eine harte Forderung aufgeführt:

„Das Bauteil muss eine Länge von 30 cm aufweisen"

[339] In Anlehnung an Lenders (2009), Beschleunigung der Produktentwicklung durch Lösungsraum-Management, S. 121ff.
[340] Vgl. Feldhusen et al. (2013), Pahl/Beitz Konstruktionslehre, S. 319f.
[341] Vgl. Feldhusen et al. (2013), Pahl/Beitz Konstruktionslehre, S. 334f.

Durch die Zuweisung eines definierten Werts erfolgt eine Festlegung des Produktmerkmals „Länge“ auf die Ausprägung „30 cm“, sodass innerhalb dieses Produktmerkmals keine Freiheitsgrade zur werkzeuggerechten Optimierung vorhanden sind. Hingegen sind weiche Forderungen oftmals qualitativer Natur und weisen einem Produktmerkmal keine definierte Ausprägung zu. Folgende Anforderung kann als weiche Forderung klassifiziert werden:

„Das Produkt muss eine Dichtheit zwischen Nassraum und Trockenraum gewährleisten“

Da diese Forderung keine konkrete Lösung vorgibt, liegen entsprechend Freiheitsgrade vor, innerhalb dessen eine werkzeuggerechte Gestaltung oder Optimierung durchgeführt werden kann. Abbildung 5-22 verdeutlicht die Kategorisierung von Anforderungen aus einer Anforderungsliste.

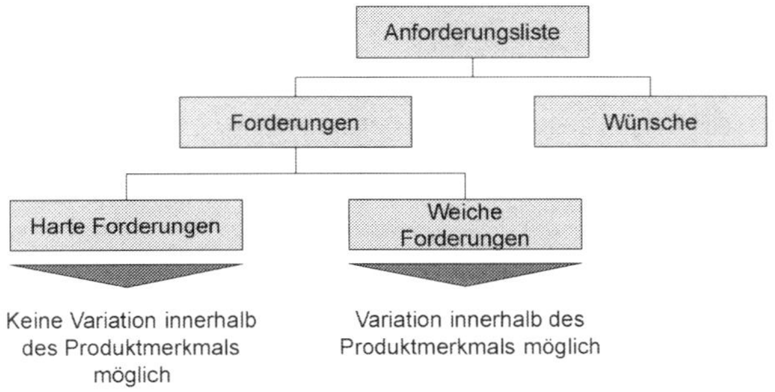

Abbildung 5-22: Kategorisierung von Anforderungen einer Anforderungsliste

Zur Veranschaulichung soll im Folgenden das beschriebene Vorgehen anhand des bereits in Abschnitt 5.1 verwendeten fiktiven Beispiels erläutert werden. Ausgehend von der Prämisse, dass die Priorisierung der Produktanforderungen in Forderungen und Wünsche bereits stattgefunden hat werden nachfolgend beispielhaft harte und weiche Forderungen klassifiziert. Für das Beispiel wird die Annahme getroffen, dass insgesamt fünf Forderungen vorliegen (siehe Abbildung 5-23). So gehen vom Kunden die Forderungen nach „einer Oberflächengüte von 1,6 µm“ sowie „einer Anzahl schadenfreier Montagen von mindestens 25“ aus. Außerdem bestehen Forderungen nach einer „Dichtheit vom Nass- zum Trockenraum“ sowie nach einer spritzgussgerechten Konstruktion, sodass eine „Radiengröße der Versteifungsrippen von 5 mm stets einzuhalten“ ist. Zudem fordert die Montage “drei Hinterschnitte im Produkt“, damit es optimal per Formschluss mit der Peripherie montiert werden kann.

Aus den genannten Informationen sind die Forderungen nach der Oberflächengüte von 1,6 µm, der Radiengröße von 5 mm sowie die Anzahl Hinterschnitte von 3 als harte Forderungen zu kategorisieren, da diese die Produktmerkmale eindeutig in ihren Ausprägungen definieren. Die Forderungen nach der häufigen Montierbarkeit sowie der Schutz gegen Spritzwasser legen keine konkreten Ausprägungen für die Produktmerkmale fest, da sie durch unterschiedliche Lösungen erfüllt werden können. Demnach werden sie als weiche Forderungen kategorisiert. Schließlich werden in der Intensitätsmatrix die von harten Forderungen festgelegten und somit als fix geltenden Produktmerkmale ausgewählt und gekennzeichnet.

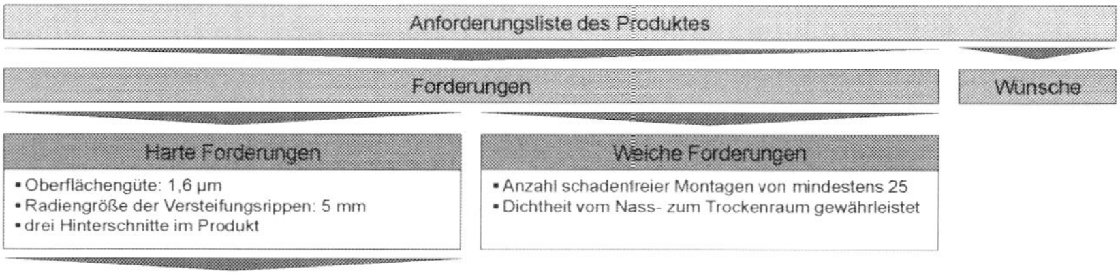

Intensitätsmatrix für Produkt 1 (P1)			
Merkmal	Ausprägung	Temperiersystem	Schiebersystem
Oberflächengüte	1,6 µm	7,56	
Anzahl der Hinterschnitte	3		21,37
Radiengröße	5 mm		

Legende
Als „fix“ gekennzeichnetes Produktmerkmal

Abbildung 5-23: Kennzeichnung von produktseitigen Einschränkungen am Beispiel

Als fix gekennzeichnete Produktmerkmale weisen somit keine Freiheitsgrade hinsichtlich werkzeuggerechter Optimierung auf. Ihre Festlegung kann jedoch auch die Einschränkung von weiteren Produktmerkmalen bedeuten. Dieser Aspekt wird im nächsten Teilschritt aufgegriffen, in welchem der Fokus auf Wechselwirkungen zwischen Merkmalen innerhalb eines Produkts liegt.

5.2.2 Ermittlung von Freiheitsgraden im Produkt unter Berücksichtigung der inneren Wechselwirkungen

Nach der Analyse der Einschränkungen von Freiheitsgraden durch die Anforderungsliste wird in diesem Teilschritt die zusätzliche Einschränkung durch die inneren Wechselwirkungen im Produkt betrachtet (siehe Abbildung 5-24). Ziel dieses Teilschritts ist somit die endgültige Identifikation von Freiheitsgraden für eine werkzeuggerechte Optimierung des Produkts.

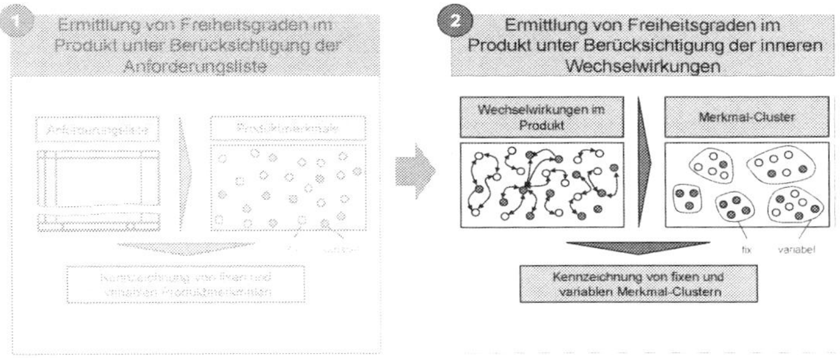

Abbildung 5-24: Ermittlung von Freiheitsgraden im Produkt unter Berücksichtigung der inneren Wechselwirkungen

Für die Darstellung der Wechselwirkungen zwischen den Produktmerkmalen wird die bereits in Abschnitt 4.3.2 erwähnte Korrelationsmatrix[342] verwendet. Hierbei werden die Produktmerkmale und die jeweiligen Ausprägungen des untersuchten Produkts in die Vorspalte sowie in die Kopfzeile der Matrix eingetragen. Die Eingangsdaten für die Korrelationsmatrix, d.h. die zugrunde liegenden Merkmale und Ausprägungen, werden aus der bereits bestehenden Intensitätsmatrix des Produkts entnommen. Ebenso wird die Kennzeichnung der bereits als „fix“ definierten Produktmerkmale übernommen (siehe Abbildung 5-25).

Nach Eintragen der Produktmerkmale und deren Ausprägungen in die Korrelationsmatrix erfolgt die Gewichtung der Korrelation. Entsprechend der Gewichtung innerhalb der Intensitätsmatrix in Abschnitt 5.1.2 wird auch hier die exponentielle Bewertungsskala mit den möglichen Werten „0“, „1“, „3“, „9“ verwendet. Hierbei liegen folgende Kriterien zugrunde.

[342] Im Folgenden werden die Begriffe „Wechselwirkung“ und „Korrelation“ synonym verwendet.

„0“: Es besteht keine Korrelation zwischen den beiden betrachteten Produktmerkmalen. Eine Variation der Ausprägung von Produktmerkmal X hat keine Auswirkung auf die Ausprägung von Produktmerkmal Y.

„1“: Es besteht eine geringe Korrelation zwischen den beiden betrachteten Produktmerkmalen. Eine starke Variation der Ausprägung von Produktmerkmal X hat eine geringfügige Auswirkung auf die Ausprägung von Produktmerkmal Y.

„3“: Es besteht eine mittlere Korrelation zwischen den beiden betrachteten Produktmerkmalen. Eine starke Variation der Ausprägung von Produktmerkmal X hat eine ebenso starke Auswirkung auf die Ausprägung von Produktmerkmal Y.

„9“: Es besteht eine starke Korrelation zwischen den beiden betrachteten Produktmerkmalen. Eine gefügige Variation der Ausprägung von Produktmerkmal X hat zwangsläufig eine starke Auswirkung auf die Ausprägung von Produktmerkmal Y. Ferner hat eine Einschränkung von Produktmerkmal X in seinen Ausprägungen automatisch eine Einschränkung von Produktmerkmal Y zur Folge.

Die Gewichtung der Korrelationsstärke erfolgt in der in Abbildung 5-25 angedeuteten Pfeilrichtung ausgehend von dem Produktmerkmal in der Vorspalte auf das dazugehörige Produktmerkmal in der Kopfzeile. Die mit „9“ gewichteten Korrelationen unterliegen dabei einer genaueren Untersuchung, da durch eine Korrelation dieser Stärke ein bereits als fix definiertes Produktmerkmal weitere Merkmale in ihren Freiheitsgraden einschränkt. Grundsätzlich gibt es innerhalb dieser starken Korrelation drei Möglichkeiten. Sollte eine starke Korrelation zwischen zwei variablen Produktmerkmalen vorliegen, so hat dies keinen Einfluss auf die Freiheitsgrade der jeweiligen Merkmale. Besteht die Korrelation allerdings zwischen einem als fix und einem als variabel definierten Produktmerkmal, so wird ebenfalls das variable Produktmerkmal als fix gekennzeichnet. Bei einer Korrelation zwischen zwei als fix definierten Produktmerkmalen erübrigt sich eine weitere Betrachtung, da beide Produktmerkmale nicht mehr variiert werden können und somit einander nicht mehr in den Freiheitsgraden beeinflussen. Nach der Analyse der Wechselwirkungen sowie der bereits durchgeführten Analyse der Anforderungsliste sind die Freiheitsgrade zur werkzeuggerechten Optimierung im Produkt endgültig ermittelt.

Im Sinne der Übersichtlichkeit sowie für die in Teilmodell 3 durchgeführte werkzeuggerechte Produktoptimierung bietet es sich an, in Wechselwirkung stehende Produktmerkmale in Gruppen, sogenannten Merkmal-Cluster, zusammenzufassen. Merkmal-Cluster erlauben es, Produktmerkmale im Kontext ihrer Wechselwirkungen mit weiteren Produktmerkmalen in ihren Ausprägungen zu optimieren. Für die Bildung von Merkmal-Cluster eignet sich die in Abschnitt 3.2.2.2 beschriebene Methode der Design Structure-Matrix (DSM). Die DSM ist eine Methode zur Vernetzung von Elementen in komplexen Systemen und unterstützt bei der übersichtlichen und kompakten Darstellung von zueinander in Beziehung stehenden Elementen innerhalb komplexer Systeme.[343] Bei der Cluster-Bildung wird die DSM so manipuliert, dass Elemente mit starken Wechselwirkungen in einem Cluster zusammengefasst und die Beziehungen zwischen den Clustern minimiert werden.[344] Basierend auf der grundsätzlichen Vorgehensweise bei einer DSM werden die Produktmerkmale innerhalb der Korrelationsmatrix durch einen Cluster-Algorithmus gruppiert. Der Cluster-Algorithmus, welcher mit dem Software-Programm MATLAB angewendet wird, wird an dieser Stelle nicht weiter detailliert und entsprechend auf den öffentlich zugänglichen Makro von THEBEAU verwiesen.[345]

Nach der Bildung der Merkmal-Cluster erfolgt eine Typisierung dieser in fixe und variable Cluster. Variable Merkmal-Cluster weisen mindestens ein Produktmerkmal auf, welches in seinen Ausprägungen variierbar ist, während fixe Cluster keine Variationsmöglichkeiten und somit keine Freiheitsgrade zur werkzeuggerechten Produktoptimierung aufweisen. Abbildung 5-25 fasst das Vorgehen zur Bildung von Merkmal-Clustern zusammen.

---

343 Vgl. Browning (2001), Applying the design structure matrix to system decomposition and integration problems: a review and new directions, S. 292

344 Vgl. Yassine (2004), An introduction to modeling and analyzing complex product development processes using the design structure matrix (DSM) method, S. 11ff.

345 Die Basis des verwendeten Algorithmus bildet ein zu Forschungszwecken öffentlicher Makro von Thebeau (2001), Knowledge management of system interfaces and interactions from product development processes, S. 93.

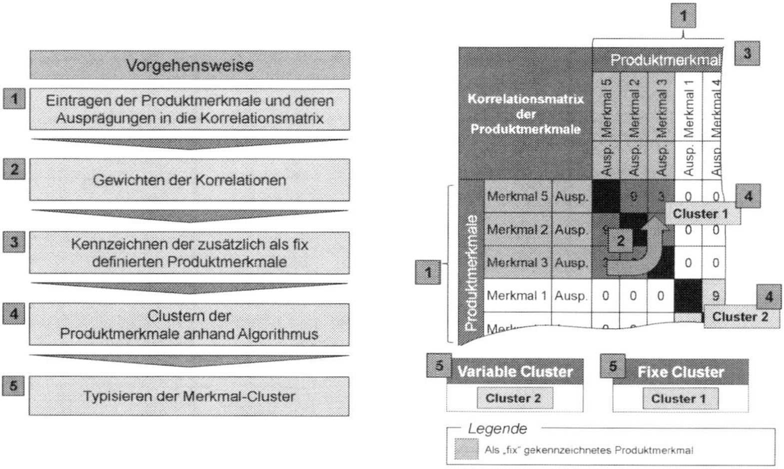

Abbildung 5-25: Vorgehen zur Bildung von Merkmal-Clustern

Zur besseren Veranschaulichung soll das Vorgehen zur Bildung von Merkmal-Clustern anhand des bereits im vorherigen Abschnitt verwendeten fiktiven Beispiels durchlaufen werden (siehe Tabelle 5-4). Entsprechend des aufgezeigten Vorgehens werden zunächst die Produktmerkmale mit den dazugehörigen Ausprägungen in die Kopfzeile und Vorspalte der Korrelationsmatrix eingetragen. Dazu gehören ebenfalls die in Abschnitt 5.2.1 als fix gekennzeichneten Produktmerkmale.

Im Anschluss an die Aufstellung der Korrelationsmatrix erfolgt die Gewichtung der Korrelationsstärke mit den bereits erläuterten Abstufungen „0", „1", „3", „9". Unter der Annahme, dass das als fix gekennzeichnete Produktmerkmal "Oberflächengüte" eine sehr starke und somit mit „9" bewertete Korrelation mit den Merkmalen "Oberflächen-/ Volumenverhältnis" sowie "Werkstoff " hat, müssen folglich auch diese als fix gekennzeichnet werden. Eine Veränderung des Oberflächen-/ Volumenverhältnisses sowie des Werkstoffs würde in dem Fall bedeuten, dass die geforderte Oberflächengüte nicht eingehalten werden kann. Somit werden die beiden zunächst variablen Produktmerkmale ebenfalls fix und sind folglich in ihren Ausprägungen nicht mehr variierbar. Tabelle 5-4 zeigt die durch starke Wechselwirkungen zusätzliche Festlegung der Produktmerkmale „Werkstoff" sowie „Oberflächen-/ Volumenverhältnis".

Korrelationsmatrix der Produktmerkmale		Oberflächengüte 1,6 µm	Anzahl der Hinterschnitte 5	Werkstoff Al	Breite 125 cm	Länge 320 cm	Oberflächen-/ Volumenverhältnis 2,5
Oberflächengüte	1,6 µm		0	9	0	0	9
Anzahl der Hinterschnitte	5	0		0	0	0	0
Werkstoff	Al	9	0		0	0	0
Breite	125 cm	0	0	0		3	0
Länge	320 cm	0	0	0	3		0
Oberflächen-/ Volumenverhältnis	2,5	9	0	0	0	0	

Legende
Als „fix" gekennzeichnetes Produktmerkmal
Aufgrund von starken Wechselwirkungen zusätzlich als „fix" gekennzeichnetes Produktmerkmal

Tabelle 5-4: Einfluss von fixen Produktmerkmalen auf weitere Merkmale

Freiheitsgrade zur werkzeuggerechten Optimierung bestehen in diesem Beispiel lediglich in den Produktmerkmalen „Länge" und „Breite", welche in ihren Ausprägungen noch variiert werden können.

Nach der Bestimmung von Freiheitsgraden erfolgt die Bildung von Merkmal-Clustern. Mittels der Anwendung des Cluster-Algorithmus ergeben sich für das Beispiel drei Merkmal-Cluster. Das erste Cluster besteht ausschließlich aus fixen Produktmerkmalen und weist daher keine Freiheitsgrade zur werkzeuggerechten Optimierung auf. Die Produktmerkmale in Cluster 2 wiederum stehen zwar in starker Wechselwirkung, weisen jedoch beide noch Variationsmöglichkeiten auf, wodurch das Cluster als variabel kategorisiert wird. Da das fixe Produktmerkmal „Anzahl Hinterschnitte" mit keinem weiteren Merkmal in Wechselwirkung steht, bildet das Produktmerkmal für sich das dritte Merkmal-Cluster. Tabelle 5-5 zeigt die sich ergebenen Merkmal-Cluster sowie die Typisierung dieser in fix und variabel.

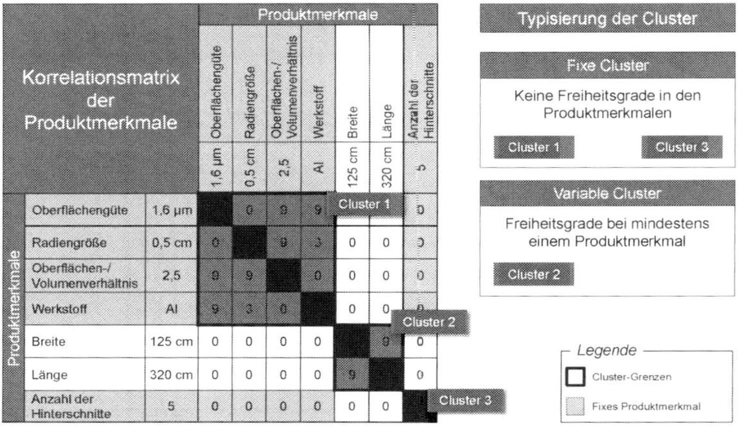

Tabelle 5-5: Beispielhafte Typisierung der Merkmal-Cluster eines Produktes

Nach der Clusterung und Typisierung der Produktmerkmale erfolgt im nächsten Schritt die Optimierung dieser hinsichtlich Werkzeugkosten und Time-to-Market. Die Optimierung ist Gegenstand des dritten Teilmodells der Methodik zur integrierten Produkt- und Werkzeugentwicklung und wird im nächsten Abschnitt behandelt.

5.3 Optimale Einschränkung der Freiheitsgrade hinsichtlich Werkzeugkosten und Time-to-Market

Ziel des dritten Teilmodells ist es, das Produkt innerhalb der gegebenen Freiheitsgrade so zu optimieren, dass der Werkzeugbau möglichst frühzeitig mit der Auslegung des Werkzeugs starten kann (Reduzierung der Time-to-Market) und die durch das Produkt verursachten Werkzeugkosten möglichst gering ausfallen (siehe Abbildung 5-26).

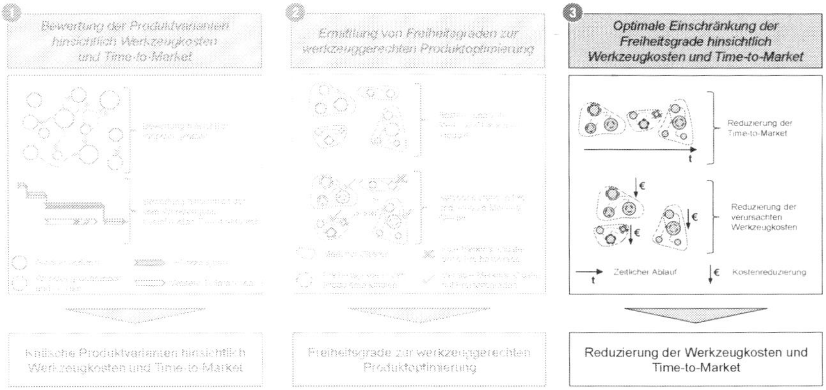

Abbildung 5-26: Optimale Einschränkung der Freiheitsgrade hinsichtlich Werkzeugkosten und Time-to-Market

Abschnitt 5.3.1 thematisiert die optimale Einschränkung der Freiheitsgrade hinsichtlich einer reduzierten Time-to-Market. Ziel ist es hierbei, Produktinformationen frühzeitig und phasenadäquat an die Werkzeugentwicklung zu übergeben. Hierzu wird zunächst auf Basis des Projektstrukturplans aus Abschnitt 5.1.3 sowie der Intensitätsmatrix aus Abschnitt 5.1.2 festgelegt, welche Produktinformationen für die Auslegung der jeweiligen Werkzeugbaugruppen erforderlich sind. Somit bestimmt der Informationsbedarf der Werkzeugentwicklung die Reihenfolge, in der die variablen Merkmal-Cluster festzulegen und die entsprechenden Produktinformationen an die Werkzeugentwicklung zu übergeben sind (siehe 1 in Abbildung 5-26). Neben der zeitlichen Reihenfolge zur Festlegung der Merkmal-Cluster gilt es auch diese kostenoptimal einzuschränken. Hierzu wird in Abschnitt 5.3.2 eine Vorgehensweise vorgestellt, mithilfe derer die Freiheitsgrade, unter Berücksichtigung der Kostenrelationen innerhalb eines Merkmal-Clusters, so einschränkt werden können, dass die Werkzeugkosten minimal ausfallen (siehe 2 in Abbildung 5-26).

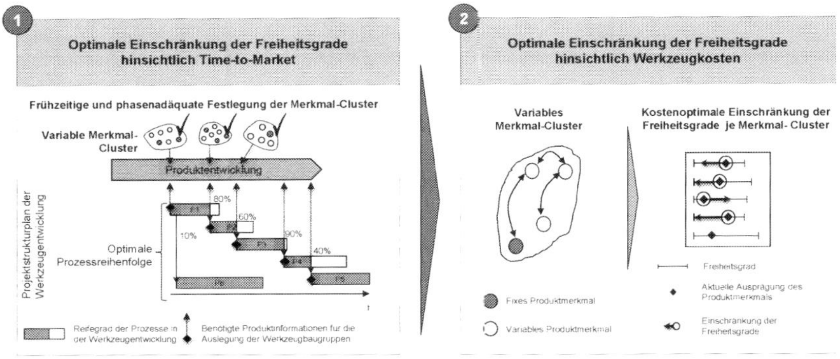

Abbildung 5-27: Schritte des dritten Teilmodells

Nachfolgend werden die Teilschritte zur optimalen Einschränkung der Freiheitsgrade hinsichtlich Time-to-Market sowie Werkzeugkosten detailliert vorgestellt.

5.3.1 Optimale Einschränkung der Freiheitsgrade hinsichtlich Time-to-Market

Ziel des ersten Teilschritts ist eine auf dem Informationsbedarf des Werkzeugbaus ausgerichtete zeitlich optimale Festlegung der variablen Merkmal-Cluster (siehe Abbildung 5-28). Die Basis hierfür bildet der in Abschnitt 5.1.3 vorgestellte Projektstrukturplan der Werkzeugentstehung, welcher sowohl baugruppenorientierte als auch baugruppenunabhängige Prozessschritte abbildet. Die Prozessschritte können häufig erst dann eingeleitet werden, wenn die entsprechenden Produktinformationen vorliegen. Dies gilt insbesondere für die Werkzeugentwicklung, da diese sehr stark von den technischen Parametern des Produkts abhängt.

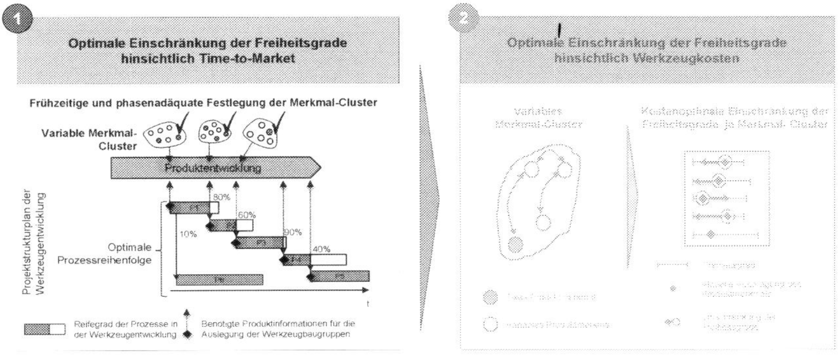

Abbildung 5-28: Optimale Einschränkung der Freiheitsgrade hinsichtlich Time-to-Market

Zur Ermittlung der für die Auslegung einer Werkzeugbaugruppe erforderlichen Produktinformationen wird auf die in Abschnitt 5.1.2 entwickelte Intensitätsmatrix zurückgegriffen. Hierbei wird die die Annahme getroffen, dass der in der Intensitätsmatrix dargestellte Kosteneinfluss zwischen einem Produktmerkmal und einer Werkzeugbaugruppe ebenso eine Informationsabhängigkeit zwischen diesen bedingt. Auf Basis der Intensitätsmatrix kann somit eine Aussage darüber getätigt werden, welche Produktmerkmale in ihren Ausprägungen festgelegt werden müssen, damit die Auslegung der auf diesen Produktinformationen basierenden Werkzeugbaugruppe beginnen kann. Je nachdem welche variablen Merkmal-Cluster hiervon betroffen sind, gilt es diese entsprechend festzuglegen und alle in den Clustern befindlichen Produktinformationen an die Werkzeugentwicklung zu übergeben (siehe Abbildung 5-29).

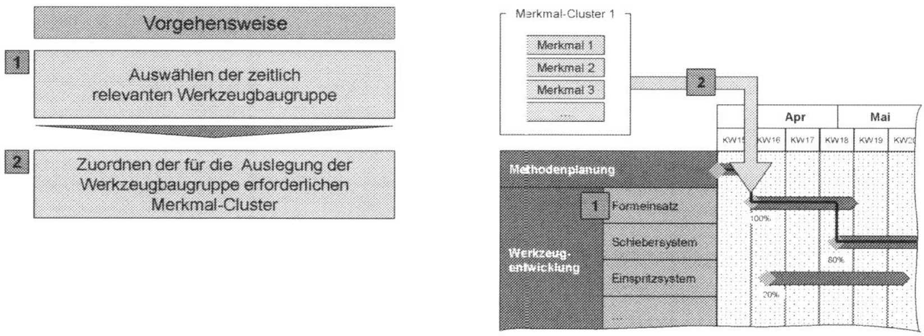

Abbildung 5-29: Zuordnung der Merkmal-Cluster zu den Werkzeugbaugruppen

Zur besseren Veranschaulichung wird das Vorgehen nachfolgend anhand des ebenfalls in den vorherigen Abschnitten dargestellten fiktiven Beispiels erläutert (siehe Abbildung 5-30). Hierbei wird die Annahme getroffen, dass der Formeinsatz die zunächst zeitlich relevante Werkzeugbaugruppe ist und zuerst konstruiert wird. Aus der Intensitätsmatrix werden die Abhängigkeiten der Werkzeugbaugruppen zu den Produktmerkmalen und ihren aktuellen Ausprägungen entnommen. Hierdurch wird ersichtlich, welche Produktmerkmale festgelegt werden müssen, damit die auf diesen Informationen basierende Auslegung der Werkzeugbaugruppe eingeleitet werden kann. Da die Festlegung einzelner Produktmerkmale auch die Festlegung weiterer Merkmale innerhalb eines Clusters bedingen kann, empfiehlt es sich, das gesamte Cluster mit den entsprechenden Informationen festzuglegen. So werden zur Auslegung des Formkerns unter anderem die Ausprägungen der Merkmale „Oberflächengüte“ und „Wandstärke“ benötigt. Die entsprechenden Merkmal-Cluster, in denen die Merkmale „Oberflächengüte“ und „Wandstärke“ enthalten sind, sind in der im Abschnitt 5.2.2 beschriebenen Korrelationsmatrix dargestellt. In diesem Merkmal-Cluster befinden sich des Weiteren die Produktmerkmale „Radius R1“ sowie „Material“. Sind alle für die Auslegung des Formeinsatzes erforderlichen Merkmal-Cluster identifiziert, können die betroffenen Produktmerkmale in ihren Ausprägungen festgelegt werden.

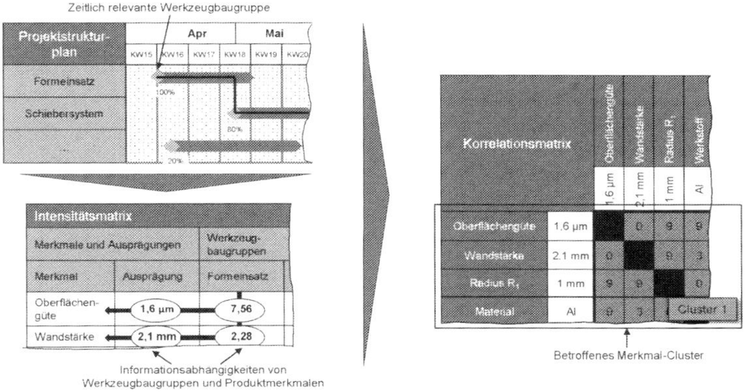

Abbildung 5-30: Beispielhafte Zuordnung der Merkmal-Cluster zu den Werkzeugbaugruppen

Das aufgezeigte Vorgehen ist entsprechend für die weiteren im Projektstrukturplan aufgeführten Werkzeugbaugruppen anzuwenden. Nachdem die Merkmal-Cluster in eine zeitliche Reihenfolge gebracht wurden, gilt es die Produktmerkmale in ihren Ausprägungen so festzulegen, dass die Werkzeugkosten möglichst gering ausfallen. Das Vorgehen für die Optimierung der Merkmal-Cluster hinsichtlich Werkzeugkosten wird im nächsten Abschnitt erläutert.

5.3.2 Optimale Einschränkung der Freiheitsgrade hinsichtlich Werkzeugkosten

Ziel des zweiten Teilschritt ist es, die variablen Merkmal-Cluster in den gegebenen Freiheitsgraden so zu optimieren, dass die Werkzeugkosten möglichst gering ausfallen (siehe Abbildung 5-31).

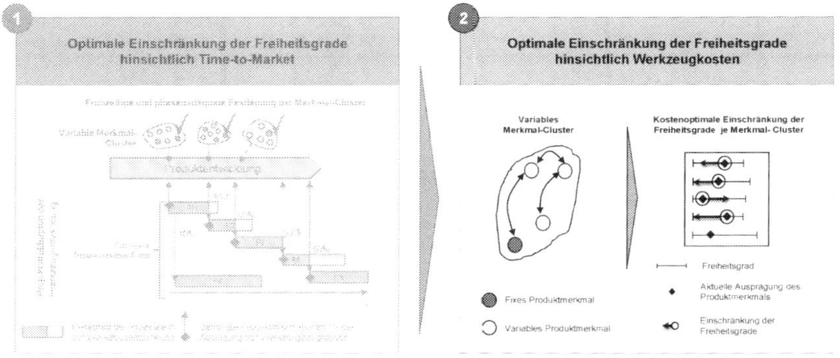

Abbildung 5-31: Optimale Einschränkung der Freiheitsgrade hinsichtlich Werkzeugkosten

Da die Produktmerkmale innerhalb eines Merkmal-Clusters korrelieren, erweist sich eine kostenseitige Optimierung der Merkmal-Cluster als nicht trivial. Die Veränderung eines Produktmerkmals zu einer aus Werkzeugsicht kostengünstigeren Ausprägung kann zu einer zwangsweisen Änderung eines weiteren Produktmerkmals zu einer aus Werkzeugsicht teureren Ausprägung führen. Somit kann eine werkzeuggerechte Optimierung eines Produktmerkmals in Summe sogar zu höheren Werkzeugkosten führen. Aus diesem Grund ist ein Verfahren erforderlich, mithilfe dessen die Merkmale eines Clusters unter Berücksichtigung der Kostenrelation hinsichtlich der Werkzeugkosten optimiert werden können. Hierzu wird im Folgenden das sogenannte Kostenoptimierungsverfahren vorgestellt. Das Kostenoptimierungsverfahren unterstützt bei der Festlegung der hinsichtlich der Werkzeugkosten optimalen Ausprägungen der Produktmerkmale je Cluster. Für die Kostensenkung je Merkmal-Cluster werden für jedes Produktmerkmal zwei Aspekte betrachtet, der Kostenreduzierungsfaktor sowie die Kostenabhängigkeit. Der Kostenreduzierungsfaktor weist das Potenzial aus, welches ein Produktmerkmal durch die Veränderung seiner Ausprägung zur Reduzierung der Werkzeugkosten besitzt. Die Kostenabhängigkeit hingegen beschreibt das Kostenverhalten der weiteren Produktmerkmale innerhalb eines Merkmal-Clusters bei der Änderung eines Produktmerkmals. Nachfolgend werden der Kostenreduzierungsfaktor sowie die Kostenabhängigkeit detailliert vorgestellt:

Kostenreduzierungsfaktor KR_j: Wie bereits erläutert beschreibt der Kostenreduzierungsfaktor das Potenzial von Produktmerkmalen die Werkzeugkosten innerhalb der gegebenen Freiheitsgrade zu senken. Der Kostenreduzierungsfaktor KR_j für ein Produktmerkmal j setzt sich aus dem Kosteinfluss KE_j, der Kostensensitivität KS_j, sowie dem Ausprägungsraum A_j zusammen. Nachfolgend werden die Größen zunächst kurz beschrieben (siehe Abbildung 5-32) und anschließend die notwendigen Schritte zur Ermittlung dieser detailliert erläutert.

Kosteneinfluss KE_j: Der Kosteneinfluss wurde bereits in der Intensitätsmatrix in Abschnitt 5.1.2 ermittelt und beschreibt den auf die aktuelle Ausprägung eines Produktmerkmals zurückzuführenden Einfluss auf die Werkzeugkosten. Je höher der Kosteneinfluss auf das Werkzeug, desto größer ist die Bedeutung des Produktmerkmals für die Reduzierung der Werkzeugkosten.

Kostensensitivität KS_j: Mithilfe der Kostensensitivität wird angegeben, in welchem Ausmaß sich die Werkzeugkosten verändern, wenn die Ausprägung eines Produktmerkmals um 1% variiert. Je höher die Kostensensitivität eines Produktmerkmals, desto stärker reagieren die Werkzeugkosten auf die Veränderung der Ausprägungen.

Ausprägungsraum A_j: Der Ausprägungsraum gibt an, wie weitgehend die variablen Produktmerkmale in ihren Ausprägungen variiert werden können. Je größer der Ausprägungsraum, desto größer das Potenzial zur Senkung der Werkzeugkosten.

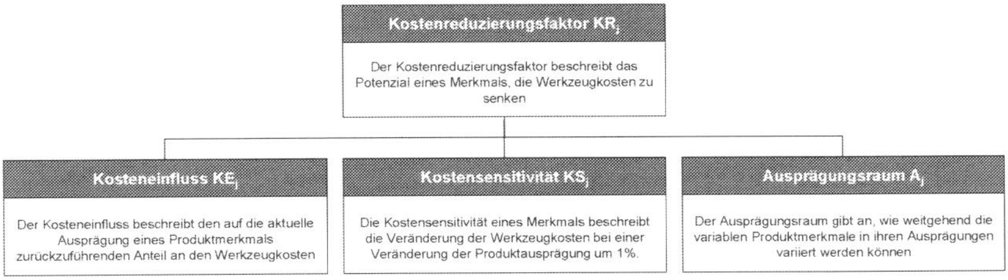

Abbildung 5-32: Teilgrößen des Kostenreduzierungsfaktors

Der Kostenreduzierungsfaktor KR_j ergibt sich aus dem mathematischen Produkt der drei Teilgrößen KE_j, KS_j, sowie A_j. Es gilt somit folgender Zusammenhang:

$$KR_j = KE_j \cdot KS_j \cdot A_j \qquad (11)$$

KR_j: Kostenreduzierungsfaktor des Produktmerkmals j

KE_j: Kosteneinfluss der aktuellen Ausprägung des Produktmerkmals j

KS_j: Kostensensitivität des Produktmerkmals j

A_j: Ausprägungsraum des Produktmerkmals j

Da der Kosteneinfluss KE_j aus der Intensitätsmatrix entnommen werden kann und somit eine gegebene Größe darstellt (siehe Abschnitt 5.1.2), wird nachfolgend lediglich das Vorgehen zur Ermittlung der Kostensensitivität KS_j sowie des Ausprägungsraums A_j vorgestellt:

Ermittlung der Kostensensitivität KS_j

Mithilfe der Kostensensitivität wird analysiert, wie sensitiv die Werkzeugkosten auf die Änderung eines Produktmerkmals reagieren. Je höher der Wert der Kostensensitivität, desto besser können die Werkzeugkosten durch die Änderung eines Produktmerkmals beeinflusst werden. Für die Ermittlung der Kostensensitivität wird auf die lineare Regressionsanalyse zurückgegriffen. Die Basis einer linearen Regressionsanalyse bildet eine Datenwolke, die aus einer bestimmten Anzahl von Wertepaaren $(x_1,y_1),\dots,(x_n,y_n)$ besteht, wobei $y_1,\dots,y_n$ die Ergebniswerte und $x_1,\dots,x_n$ die Einflussgrößen auf diese Ergebniswerte darstellen. Es wird dabei angestrebt, die Datenwolke möglichst durch eine Ausgleichsgerade der Form $y = a + b \cdot x$ darzustellen. Ein möglicher Ansatz hierfür ist die Methode der kleinsten Quadrate, in welcher die Minimierung der Summe der vertikalen Abstandsquadrate aller Punkte zu der Ausgleichsgeraden angestrebt wird. Auf eine Herleitung und Beweisführung der Methode der kleinsten Quadrate wird an dieser Stelle verzichtet und auf weiterführende Literatur verwiesen.[346] Für die vorliegende Arbeit ist die Formel zur Berechnung der Geradensteigung a relevant. Diese lautet wie folgt:

$$a = \frac{\sum_{i=1}^{n}(x_i - \bar{x})(y_i - \bar{y})}{\sum_{i=1}^{n}(x_i - \bar{x})^2} \qquad (12)$$

a: Steigung der Ausgleichsgeraden

x_i: Einflussgröße

$\bar{x}$: arithmetische Mittel der Einflussgrößen

y_i: Ergebniswert

$\bar{y}$: arithmetische Mittel der Ergebniswerte

Hierbei stellt $\bar{x}$ das arithmetische Mittel der x-Werte und $\bar{y}$ das arithmetische Mittel der y-Werte dar. Die Eingangswerte für die Ermittlung der Kostensensitivität können aus der in Abschnitt 5.1.2 entwickelter Intensitätsmatrix der Produktfamilie ent-

[346] Vgl. Bosch (1997), Elementare Einführung in die angewandte Statistik, S. 161ff.

nommen werden. In der Intensitätsmatrix sind die Kosteneinflusswerte für die unterschiedlichen Ausprägungen eines Produktmerkmals hinterlegt. Je Merkmal existiert somit eine Menge an Wertepaaren in folgender Form:

$$(Ausprägung_1, Kosteneinfluss_1), \dots, (Ausprägung_n, Kosteneinfluss_n)$$

Die Menge an Wertepaaren bildet je Produktmerkmal eine Datenwolke, durch die mittels der beschriebenen Methode eine Ausgleichsgerade gezogen werden kann. Gemäß der obigen Formel kann die Steigung a der Ausgleichsgeraden wie folgt berechnet werden:

$$a = \frac{\sum_{i=1}^{n}(Ausprägung_i - \overline{Ausprägung})(Kosteneinfluss_i - \overline{Kosteneinfluss})}{\sum_{i=1}^{n}(Ausprägung_i - \overline{Ausprägung})^2}$$

n entspricht dabei der Anzahl der Ausprägungen je Produktmerkmal, $\overline{\text{Ausprägung}}$ dem arithmetischen Mittel der Ausprägungswerte und $\overline{\text{Kosteneinfluss}}$ dem arithmetischen Mittel der Kosteneinflusswerte. Die Steigung der Ausgleichsgeraden durch die Wertepaare beschreibt die Auswirkung auf die Werkzeugkosten bei einer Änderung des untersuchten Produktmerkmals in seinen Ausprägungen.

Da die Kostensensitivität die Änderung der Werkzeugkosten bei einer Variation einer Produktausprägung um 1% beschreibt, wird der Wert der Steigung a auf 1% skaliert. Zudem wird der Betrag der Steigung gebildet, da das Vorzeichen keine relevanten Informationen für die vorliegende Methodik beinhaltet.[347] Es gilt somit folgender Zusammenhang:

$$Kostensensitivität\ |KS_j| = |0{,}01 \cdot a|. \qquad (13)$$

KS_j: Kostensensitivität des Produktmerkmals j

a: Steigung der Ausgleichsgerade

Um die Werte der Produktausprägungen vergleichbar zu machen, werden diese als normalisierte Gleitkommazahl dargestellt (z.B. $2{,}5 = 0{,}25 \cdot 10^1, 1500 = 0{,}15 \cdot 10^4$). Die 10er Basis findet bei der Berechnung keine weitere Berücksichtigung. Abbildung 5-33 zeigt die Normierung der Produktausprägungen am Beispiel des Produktmerkmals „Oberflächengüte“ auf.

[347] Das mathematische Vorzeichen ist für die Untersuchung irrelevant, da die Erhöhung einer Produktausprägung nicht zwangsläufig zu geringeren Werkzeugkosten führt. Ein Beispiel hierfür ist das Merkmal „Oberflächengüte“. Ein Anstieg der Werte der Oberflächengüte reduziert die Anforderungen an das Werkzeug und somit auch die Werkzeugkosten.

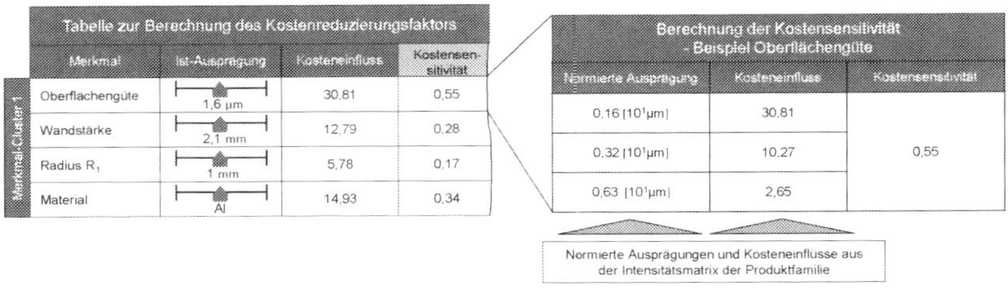

Abbildung 5-33: Berechnung der Kostensensitivität für ein Produktmerkmal

Sollte ein Produktmerkmal nicht in Zahlen sondern qualitativ beschrieben sein, beispielsweise das Produktmerkmal „Werkstoff", sind den Ausprägungen entsprechend der Normierung Werte zwischen 0 und 1 zuzuweisen. Es empfiehlt sich, Ausprägungen mit höheren Kosteneinflüssen durch höhere Werte zu beschreiben. Je ähnlicher sich die qualitativen Merkmale sind (z.B. ähnlicher Werkstoff), desto geringer sollte dabei die Differenz zwischen den zugewiesenen Werten sein. Dabei bietet es sich an, zunächst ein Wert für eine Produktausprägung festzulegen und die Schätzung für die weiteren Ausprägungen hieran zu orientieren. Die Schätzung sollte durch Experten aus der Produktentwicklung erfolgen. Sind die beschriebenen Bedingungen erfüllt, kann die Sensitivität für jedes Produktmerkmal bestimmt werden.

Bestimmung des Ausprägungsraums

Der Ausprägungsraum bildet den letzten erforderlichen Faktor für die Bestimmung des Kostenreduzierungsfaktors. Er beschreibt das mögliche Ausmaß einer Variation von Produktmerkmalen in ihren Ausprägungen. Die Bestimmung des Ausprägungsraums setzt auf die in Abschnitt 0 durchgeführte Festlegung von festen und variablen Produktmerkmalen auf. Während in Abschnitt 5.1.2 die Produktmerkmale lediglich als fest oder variabel gekennzeichnet wurden, gilt es nun bei den variablen Produktmerkmalen das Ausmaß einer möglichen Variation festzuglegen. Je größer der Ausprägungsraum, desto stärker kann ein Produktmerkmal in seinen Ausprägungen verändert werden. Im Gegensatz zum Kosteneinfluss oder zur Kostensensitivität lässt sich der Ausprägungsraum mathematisch nicht berechnen. Um dennoch einen quantitativen Wert zu erheben, wird ein semi-quantitatives Bewertungsverfahren angewendet. Der Ausprägungsraum kann anhand folgender Bewertungskriterien beschrieben werden:

„1“: Die Ausprägung des Produktmerkmals lässt sich nur sehr gering verändern. Das Produktmerkmal ist weitestgehend durch Anforderungen eingeschränkt.

„3“: Die Ausprägung des Produktmerkmals lässt sich mäßig verändern. Größere Änderungen sind aufgrund der produktseitigen Restriktionen aus der Anforderungsliste nicht zulässig.

„9“: Die Ausprägung des Produktmerkmals lässt sich stark verändern. Das Produktmerkmal ist weitestgehend unabhängig von den produktseitigen Restriktionen aus der Anforderungsliste.

Sind die drei Faktoren Kosteneinfluss KE_j, Kostensensitivität KS_j sowie der Ausprägungsraum A_j bekannt, kann die Kostenreduzierungsfaktor KR_j je Produktmerkmal j bestimmt werden. Je höher der Kostenreduzierungsfaktor eines Produktmerkmals, desto stärker können die Werkzeugkosten durch die Veränderung dieses Merkmals reduziert werden. Tabelle 5-6 zeigt die Berechnung der Kostenreduzierungsfaktoren für das Merkmal-Cluster 1. So errechnet sich beispielsweise der Kostenreduzierungsfaktor für das Produktmerkmal „Oberflächengüte“ wie folgt:

$$KR_1 = 30{,}81 \cdot 0{,}55 \cdot 9 = 152{,}5$$

Da in dem vorgegebenen Beispiel das Merkmal „Oberflächengüte“ das größte Potenzial zur Senkung der Werkzeugkosten aufweist, sollte es zunächst angestrebt werden die Ausprägung dieses Merkmals möglichst kostengünstig im Hinblick auf das Werkzeug auszulegen. Folglich ist eine möglichst geringe Oberflächengüte anzustreben. Das Produktmerkmal „Oberflächengüte“ wird fortan als Referenzmerkmal deklariert, da die Optimierung des Merkmal-Clusters von diesem Merkmal ausgeht.

Tabelle zur Berechnung des Kostenreduzierungsfaktors

	Merkmal	Ist-Ausprägung	Kosten-einfluss	Kosten-sensitivität	Ausprägungs-raum	Kosten-reduzierungs-faktor	
Merkmal-Cluster 1	Oberflächengüte	1,6 µm	30,81	0,55	9	152,5	Referenzmerkmal
	Wandstärke	2,1 mm	12,79	0,28	3	10,7	
	Radius R_1	1 mm	5,78	0,17	1	1,0	
	Material	Al	14,93	0,34	3	15,2	

Tabelle 5-6: Bestimmung des Kostenreduzierungsfaktors

Zu beachten ist jedoch, dass weitere Merkmale dieses Clusters mit dem Referenzmerkmal korrelieren und sich ebenfalls verändern können. Die Veränderung der weiteren Merkmale kann sich auch negativ auf die Werkzeugkosten auswirken. Im vorliegenden Beispiel wäre dies jedoch unproblematisch, da die Kostenreduzierungsfaktoren der weiteren Merkmale im Vergleich zu dem Merkmal „Oberflächengüte" wesentlich geringer sind. Selbst wenn alle weiteren Produktmerkmale die Werkzeugkosten erhöhen, würden die Kosten durch den sehr hohen Kostenreduzierungsfaktor des Merkmals „Oberflächengüte" insgesamt reduziert werden. Das Szenario würde sich jedoch anders gestalten, wenn die Kostenreduzierungsfaktoren der weiteren Merkmale ähnlich große Werte hätten. Daher ist, zusätzlich zu der Ermittlung des Kostenreduzierungsfaktors, die Bestimmung der Kostenabhängigkeit für ein Produktmerkmal erforderlich. Das Vorgehen hierzu wird nachfolgend erläutert:

Bestimmung der Kostenabhängigkeit

Wie bereits erläutert, ist die Ermittlung des Kostenreduzierungsfaktors nicht ausreichend, um die Merkmale in den Clustern hinsichtlich ihrer Ausprägungen zu optimieren. Entscheidend ist, wie die Veränderung der Ausprägung eines Produktmerkmals auf die weiteren Produktmerkmale im Cluster wirkt. Dieser Aspekt wird durch die Kostenabhängigkeit dargestellt. Die Kostenabhängigkeit beschreibt das Kostenverhalten der weiteren Merkmale im Cluster bei einer Veränderung des Referenzmerkmals. Hierbei können sich die Merkmale im Hinblick auf die Werkzeugkosten teurer, günstiger oder kostenneutral verhalten. Ob eine Kostenabhängigkeit zwischen dem Referenzmerkmal und den weiteren Merkmalen eines Clusters gegeben ist, lässt sich aus der in Abschnitt 5.2.2 aufgestellten Korrelationsmatrix der Produktmerkmale ableiten. Während aus der Korrelationsmatrix entnommen werden kann, ob eine Korrelation der weiteren Merkmale eines Clusters zum Referenzmerkmal besteht, gilt es zusätzlich zu ermitteln, ob die Korrelation hinsichtlich der Werkzeugkosten gleich- oder gegenläufig ist. Insgesamt lassen sich drei Arten von Kostenabhängigkeiten charakterisieren:

Gleichläufigkeit: Bei der Gleichläufigkeit weist ein Merkmal dieselbe Einflussrichtung auf die Werkzeugkosten auf wie das Referenzmerkmal. Wird für das Referenzmerkmal eine Ausprägung gewählt, die zu einer Senkung der Werkzeugkosten führt, so verändern sich die korrelierenden Merkmale ebenso zugunsten der Werkzeugkosten. Ebenso ist eine Gleichläufigkeit gegeben, wenn das Referenzmerkmal und alle entsprechend korrelierenden Merkmale zu einer Erhöhung der Werkzeugkosten führen.

Gegenläufigkeit: Bei der Gegenläufigkeit weist ein Merkmal die entgegengesetzte Einflussrichtung im Hinblick auf die Werkzeugkosten auf. Wird für das Referenzmerkmal eine Ausprägung gewählt, welche zu einer Senkung der Werkzeugkosten führt, so führen die korrelierenden Merkmale zu einer Erhöhung der Werkzeugkosten und vice versa.

Nullläufigkeit: Bei einer Nullläufigkeit besteht keine Kostenabhängigkeit zwischen einem Merkmal und dem Referenzmerkmal. Eine Änderung der Ausprägung des Referenzmerkmals hat somit keinen Einfluss auf das betroffene Merkmal und die durch das Merkmal betroffenen Werkzeugkosten werden entsprechend nicht tangiert.

Die Bestimmung der Kostenabhängigkeit besteht aus zwei Schritten. Im ersten Schritt wird mittels der Korrelationsmatrix analysiert, ob eine Wechselwirkung der weiteren Merkmale eines Clusters zum Referenzmerkmal besteht. Im zweiten Schritt wird bewertet, ob es sich bei der Abhängigkeit um eine Gleichläufigkeit, Gegenläufigkeit oder Nullläufigkeit handelt. In dem in Abbildung 5-34 aufgeführten Beispiel hat das Merkmal „Material" eine Gleichläufigkeit, das Merkmal „Radius" eine Gegenläufigkeit und das Merkmal „Wandstärke" eine Nullläufigkeit zum Referenzmerkmal „Oberflächengüte". Die Kostenabhängigkeit wird entsprechend durch die Symbole „+", „-" oder „0" gekennzeichnet.

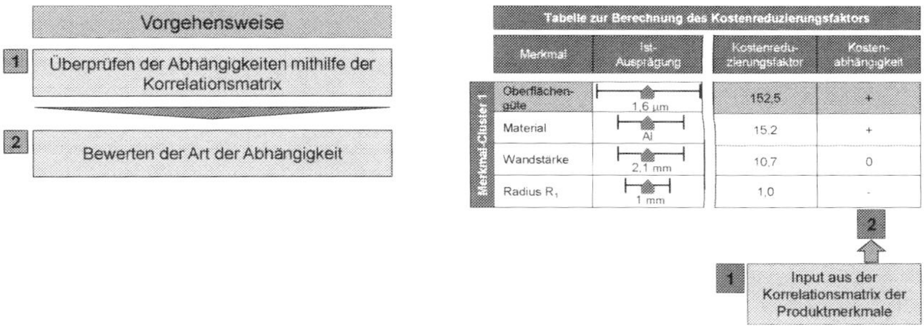

Abbildung 5-34: Bestimmung der Kostenabhängigkeit

Nach der Bestimmung der Kostenreduzierungsfaktoren sowie der Kostenabhängigkeiten können die Merkmale eines Clusters in ihren Ausprägungen hinsichtlich der Werkzeugkosten optimiert werden. Hierzu werden die Kostenreduzierungsfaktoren mit positiven Kostenabhängigkeiten $KR_j^{(P)}$ und Kostenreduzierungsfaktoren mit negativen Kostenabhängigkeiten $KR_j^{(N)}$ addiert. Geprüft wird, ob die Werkzeugkosten ingesamt sinken, wenn das Referenzmerkmal eine aus Werkzeugsicht günstigere Produktausprägung annimmt. Folgende Bedingung wird hierbei überprüft:

$$\sum_{j=0}^{n} KR_j^{(P)} \geq \sum_{j=0}^{n} KR_j^{(N)} \tag{14}$$

$KR_j^{(P)}$: Kostenreduzierungsfaktor mit positiver Kostenabhängigkeit

$KR_j^{(N)}$ Kostenreduzierungsfaktor mit negativer Kostenabhängigkeit

Ist die Bedingung erfüllt, so wird das Referenzmerkmal auf die aus Werkzeugsicht kostengünstigste Produktausprägung innerhalb des erlaubten Ausprägungsraum gebracht. Hierdurch verändern sich gleichzeitig alle weiteren mit dem Referenzmerkmal korrelierenden Produktmerkmale. Gleichläufige Produktmerkmale werden ebenfalls auf eine aus Werkzeugsicht kostengünstige Ausprägung gebracht, gegenläufige Produktmerkmale auf eine aus Werkzeugsicht teurere Ausprägung. Ist die Bedingung nicht erfüllt, gilt es das Referenzmerkmal auf eine aus Werkzeugsicht teurere Ausprägung zu setzen. Entsprechend werden die korrelierenden Produktmerkmale mit gegenläufiger Kostenabhängigkeit, welche den größeren Anteil ausmachen, die Werkzeugkosten insgesamt reduzieren.

Tabelle 5-7 verdeutlicht die Optimierung der Werkzeugkosten am konkreten Beispiel. Das Merkmal „Oberflächengüte“ wurde zuvor als Referenzmerkmal deklariert, da es den höchsten Kostenreduzierungsfaktor aufweist. Ebenso sind bereits die Kostenabhängigkeiten zum Referenzmerkmal ermittelt wurden. In dem vorgegebenem Beispiel ergibt die Summe der Kostenreduzierungsfaktoren mit positivem Vorzeichen den Wert „157,7“ und mit negativem Vorzeichen den Wert „1,0“. Entsprechend der Optimierungsvorschrift muss das Referenzmerkmal auf die aus Werkzeugsicht kostengünstigste Grenzausprägung verschoben werden. Im vorliegenden Fall wäre die im erlaubten Ausprägungsraum geringste Oberflächengüte zu wählen. Durch die geringeren Oberflächenanforderungen des Produkts können beispielsweise einige Schritte zur Oberflächenbearbeitung im Formnest des Werkzeugs eingespart werden, wodurch die Werkzeugkosten sinken. Zudem wird die Annahme getroffen, dass die geringere Oberflächengüte die Auswahl eines besser zu temperierenden Materials erlaubt. Das Merkmal Material verhält sich somit gleichläufig und führt aufgrund der einfacheren Temperierung ebenfalls zu einer Senkung der Werkzeugkosten. Anders verhält sich das Merkmal Radius. Hier wird die Annahme getroffen, dass das Erreichen von kleinen Radien sich mit dem neuen Material schwieriger gestaltet. Hierdurch müssen insbesondere die Bereiche der Radien speziell temperiert werden, was wiederum zu Mehrkosten im Werkzeug führt, die sich allerdings im Vergleich zu den Einsparungen als gering erweisen. Das Merkmal-Cluster ist somit hinsichtlich der Werkzeugkosten optimiert, wenn eine im erlaubten Ausprägungsraum möglichst geringe Oberflächengüte gewählt wird.

	Merkmal	Ist-Ausprägung	Kostenreduzierungsfaktor	Kostenabhängigkeit
Merkmal-Cluster 1	Oberflächengüte	1,6 µm	152,5	+
	Material	Al	15,2	+
	Wandstärke	2,1 mm	10,7	0
	Radius R_1	1 mm	1,0	-

Werkzeugkosten sinken ← → Werkzeugkosten steigen

Tabelle 5-7: Optimierung der Werkzeugkosten im Merkmal-Cluster 1

Das Vorgehen ist entsprechend für alle Merkmal-Cluster durchzuführen. Sind alle Merkmal-Cluster in ihren Ausprägungen optimiert, ist der Teilschritt zur optimalen Einschränkung der Freiheitsgrade hinsichtlich Werkzeugkosten abgeschlossen. Der Werkzeugbau hat somit in die Produktentwicklung eingegriffen und das Produkt sowohl hinsichtlich Werkzeugkosten als auch hinsichtlich der vom Werkzeugbau maßgeblich beeinflussten Time-to-Market optimiert. Somit sind alle erforderlichen Teilschritte der Methodik zur integrierten Produkt- und Werkzeugentwicklung abgeschlossen.

5.4 Zwischenfazit: Detailkonzept zur integrierten Produkt- und Werkzeugentwicklung

Gegenstand dieses Kapitels war die Detaillierung der Methodik zur integrierten Produkt- und Werkzeugentwicklung. Im ersten Teilschritt der Methodik wurden zunächst die Produktvarianten hinsichtlich Werkzeugkosten und Time-to-Market bewertet. Einleitend erfolgte die technische Beschreibung der im Betrachtungsbereich liegenden Produkte und Werkzeuge. Die Produktfamilie wurde in ihren technischen Merkmalen und Ausprägungen beschrieben und in einem Morphologischen Kasten dargestellt. Die Werkzeuge wurden durch eine Referenzwerkzeugstruktur beschrieben. Die Referenzwerkzeugstruktur dient als Maximalstruktur, aus der die einzelnen Werkzeugvarianten durch das (Nicht-) Vorhandensein von bestimmten Baugruppen abgeleitet werden können. Mittels Durchschnittswertbildung wurden der Referenzwerkzeugstruktur die entsprechenden einmaligen und laufenden Kosten auf Baugruppenebene zugewiesen.

Basierend auf der Beschreibung der Produkte und Werkzeuge erfolgte zunächst die Bewertung der Produktvarianten hinsichtlich der Werkzeugkosten. Hierbei wurden die Merkmale und Ausprägungen der Produktfamilie den der Referenzwerkzeugstruktur hinterlegten einmaligen und laufenden Kosten gegenübergestellt und die Kosteneinflüsse mittels einer definierten Skala bewertet. Im Anschluss an die Bewertung der Produktvarianten hinsichtlich Werkzeugkosten erfolgte die Bewertung hinsichtlich der Time-to-Market. Mittels eines funktions- und objektorientierten Projektstrukturplans wurde die erforderliche Dauer der Werkzeugentstehung ermittelt und der verfügbaren Zeit zwischen Design Freeze und SOP gegenübergestellt. Je höher das Verhältnis zwischen der erforderlichen und der verfügbaren Zeit ausfällt, desto größer ist das Potenzial, die Time-to-Market durch die Integration des Werkzeugbaus in den Produktentwicklungsprozess zu reduzieren. Nach Abschluss der Bewertung aus Kosten- und Zeitsicht wurden die Produktvarianten für die weitere vertiefende Analyse in eine priorisierte Reihenfolge gebracht.

Im zweiten Teilschritt wurde, beginnend mit der aus Kosten- und Zeitsicht kritischsten Produktvariante, die Freiheitsgrade im Produkt hinsichtlich einer werkzeuggerechten Optimierung identifiziert. Hierbei wurde zunächst analysiert, inwieweit die Produktvarianten bereits durch weitere Restriktionen, sogenannten „harten“ Anforderungen, eingeschränkt sind und somit eine werkzeuggerechte Optimierung ausschließen. Da die durch produktseitige Restriktionen eingeschränkten Merkmale auch weitere Merkmale einschränken können, wurden die Wechselwirkungen zwischen den Produktmerkmalen in einer Korrelationsmatrix abgebildet. Basierend auf der Korrelationsmatrix wurden feste Merkmal-Cluster, in denen keine werkzeuggerechte Optimierung möglich ist, und variable Merkmal-Cluster, die eine werkzeuggerechte Optimierung erlauben, gebildet.

Im dritten Teilschritt erfolgte die Optimierung der Merkmal-Cluster hinsichtlich Werkzeugkosten und Time-to-Market. Die Optimierung hinsichtlich Time-to-Market hat das Ziel, einen frühzeitigen Start der Werkzeugentwicklung zu ermöglichen. Hierzu ist es erforderlich, dass zunächst diejenigen Produktinformationen festgelegt werden, welche zuerst von der Werkzeugentwicklung benötigt werden. Basierend auf der in Abschnitt 5.1.2 vorgestellten Intensitätsmatrix wurde ein Vorgehen aufgezeigt, mithilfe dessen eine zeitliche Priorisierung zur Festlegung der noch mit Freiheitsgraden behafteten Merkmal-Cluster definiert werden kann. Für die Optimierung der Merkmal-Cluster hinsichtlich Werkzeugkosten wurde anhand des Kostenoptimierungsfaktors identifiziert, wie hoch sich das Potenzial zur Reduzierung der Werkzeugkosten je Produktmerkmal erweist. Anschließend gilt es die Merkmale eines Clusters unter Berücksichtigung der Kostenabhängigkeiten zwischen den Produktmerkmalen zu optimieren, sodass die resultierenden Werkzeugkosten möglichst gering ausfallen. Nach Durchführung der Schritte zur Optimierung der Werkzeugkosten sowie der Time-to-Market ist die Methodik zur integrierten Produkt- und Werkzeugentwicklung abgeschlossen. Die Validierung der Methodik in den Unternehmen Grunewald GmbH & Co. KG sowie der Busch-Jaeger Elektro GmbH ist in Kapitel 6 dargestellt.

6 Validierung und kritische Reflexion

Ziel des sechsten Kapitels ist es, die in der vorliegenden Arbeit entwickelte Methodik zur integrierten Produkt- und Werkzeugentwicklung zu validieren und ihre Praxistauglichkeit nachzuweisen. Zunächst erfolgt die Anwendung der Methodik bei der Grunewald GmbH & Co. KG, einem Hersteller von Werkzeugen, Vorrichtungen, Modellen und Gussprodukten. Anschließend wird die Validierung bei der Busch-Jaeger Elektro GmbH, welche auf dem Gebiet der Elektroinstallation tätig ist, durchgeführt. In beiden Unternehmen erfolgte die Validierung in Experten-Workshops, an denen sowohl Produktentwickler als auch Werkzeugentwickler teilgenommen haben.

6.1 Validierung der integrierten Produkt- und Werkzeugentwicklung bei der Grunewald GmbH & Co. KG

Die Validierung der Methodik zur integrierten Produkt- und Werkzeugentwicklung erfolgte u.a. bei der Grunewald GmbH & Co. KG. Nachfolgend werden in Abschnitt 6.1.1 zunächst das Unternehmen und sein Produktsortiment erläutert. In 6.1.2 werden die untersuchten Validierungsobjekte beschrieben und in 6.1.3 die Methodik zur integrierten Produkt- und Werkzeugentwicklung auf die Validierungsobjekte angewendet. Abschließend erfolgt in 6.1.4 eine kritische Würdigung der Methodik basierend auf den gewonnenen Erkenntnissen.

6.1.1 Unternehmenssituation

Die Grunewald GmbH & Co. KG, nachfolgend Grunewald genannt, wurde 1963 gegründet und beschäftigt derzeit ca. 250 Mitarbeiter an Standorten in Deutschland und den USA. Der Fokus des Produkt- und Dienstleistungsspektrums des Unternehmens liegt in der Entwicklung, Konstruktion und Fertigung hochqualitativer Werkzeuge, Leichtbaugussteile sowie Modelle und Vorrichtungen. Zusätzlich bietet das Unternehmen Entwicklungsdienstleistungen sowie Rapid Prototyping-Produkte an. Der Kundenkreis von Grunewald umfasst u.a. Unternehmen aus der Automobil- und Luftfahrtbranche.

Die Methodik zur integrierten Produkt- und Werkzeugentwicklung wurde an einem Hohlformwerkzeug[348] für die Automobilindustrie validiert. In der Automobilindustrie entwickelt der Endkunde, auch Original Equipment Manufacturer (OEM) genannt, die Fahrzeugmodule selbst oder gibt Entwicklungsaufträge an Entwicklungsdienstleister (EDL) weiter. Die entwickelten Module und Komponenten werden oftmals von sogenannten 1st Tier Zulieferern hergestellt. Die Zulieferer der 1st Tier Zulieferer werden als 2nd Tier Zulieferer bezeichnet, worunter im betrachteten Fall auch Grunewald fällt (siehe auch Abbildung 6-1).[349] Aus Sicht von Grunewald stellen somit die 1st Tier Zulieferer oftmals die direkten Kunden dar.

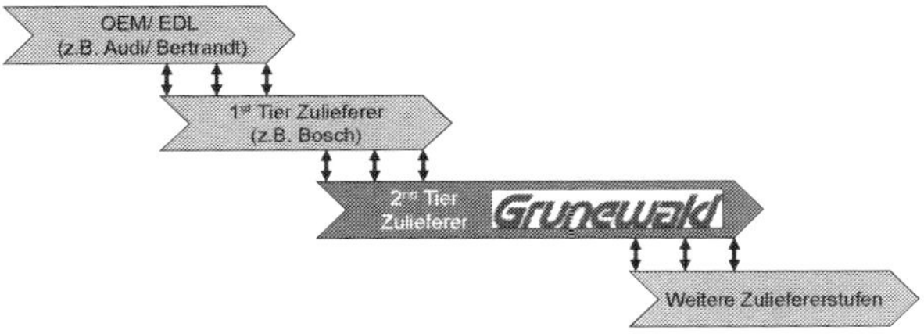

Abbildung 6-1: Einordnung von Grunewald in die Zuliefererkette

Zu den Auftragstypen von Grunewald zählen die Entwicklung von neuen Werkzeugen (Neuaufträge), die Reparatur von verschlissenen Werkzeugen (Reparaturaufträge) sowie die Optimierung vorhandener Werkzeuge (Änderungsaufträge). Bei Neuaufträgen tritt der Kunde in den meisten Fällen mit einem bereits nahezu fertig ausgelegten Produkt an Grunewald heran. Dieser hohe Konkretisierungsgrad verhindert ein höheres Maß an Mitgestaltung der Produkteigenschaften durch Grunewald. Jedoch kann Grunewald durch werkzeuggerechte Optimierungsvorschläge Einfluss auf die Produktgestalt nehmen, weshalb die Anwendung der Methodik zur integrierten Produkt- und Werkzeugentwicklung bei Grunewald zielführend ist.

6.1.2 Validierungsobjekte

Für die Validierung der Methodik wurde die Produktfamilie Bodenbelag im Fahrzeuginterieur betrachtet. Aus dieser wurden drei Produktvarianten für die Analyse her-

[348] Auf die zugrunde liegende Produkt-und Werkzeugfamilie wird ab Abschnitt 6.1.2 eingegangen.

[349] Für eine detaillierte Beschreibung der Zulieferketten in der Automobilbranche wird auf weiterführende Literatur verwiesen. Siehe dazu u.a.Wallentowitz et al. (2009), Strategien in der Automobilindustrie, S. 1f.

angezogen. Diese sind in Abbildung 6-2 grob dargestellt.[350] Während Bodenbelag 2 und 3 in Fahrzeugen der Kompaktklasse eingesetzt werden, wird Bodenbelag 1 in sogenannten Sport Utility Vehicles (SUVs) verbaut.

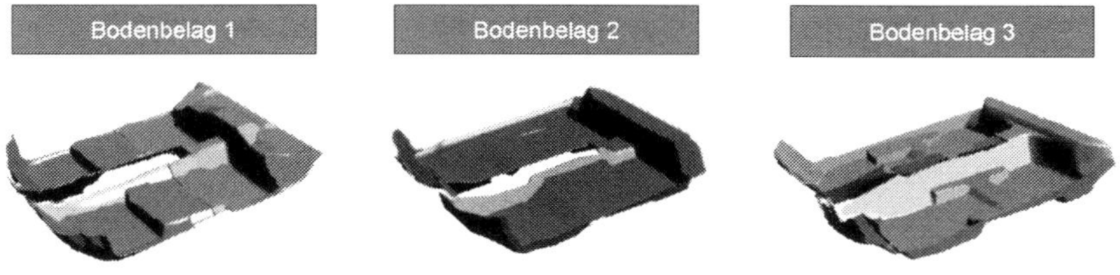

Abbildung 6-2: Schematische Darstellung der Validierungsobjekte

Bodenbelag 1 besitzt somit deutlich größere Abmessungen als die anderen Beläge und ist aus drei Bauteilen zusammengesetzt, während die Bodenbeläge 2 und 3 als einzelne Bauteile hergestellt werden.

6.1.3 Anwendung der Methodik

Nachfolgend soll die Methodik zur integrierten Produkt- und Werkzeugentwicklung auf die gewählten Produktvarianten angewendet werden. Im Rahmen der Validierung wurden mehrere Workshops und Expertengespräche mit Mitarbeitern des Unternehmens aus den Bereichen Werkzeugbau und Projektmanagement durchgeführt. Die erarbeiteten Ergebnisse sind nach jedem Vorgehensschritt kritisch auf Plausibilität überprüft worden. Im Folgenden werden die gewonnenen Ergebnisse vorgestellt.

6.1.3.1 Bewertung der Produktvarianten hinsichtlich Werkzeugkosten und Time-to-Market

Das erste Teilmodell der Methodik zur integrierten Produkt- und Werkzeugentwicklung umfasst die Bewertung der Produktvarianten hinsichtlich Werkzeugkosten und Time-to-Market. Die Methodik sieht im ersten Schritt eine Beschreibung der Produktfamilie anhand von Merkmalen und Ausprägungen vor. Folglich wurden im Rahmen eines initialen Workshops folgende Merkmale zur Beschreibung der Produktfamilie herangezogen (siehe Abbildung 6-3): 1) Teiligkeit[351], 2) Umformhöhe

[350] Auf eine detaillierte Beschreibung und Darstellung der Produktvarianten wird aus Vertraulichkeitsgründen verzichtet.

[351] Die Teiligkeit beschreibt die Anzahl an unterschiedlichen Bauteilen, die das betrachtete Produkt ergeben. Besteht beispielsweise der gesamte Bodenbelag aus einem Bauteil, so liegt eine Teiligkeit von "eins" vor.

Fersenblech, 3) Umformhöhe A-Säule, 4) maximale Tunnelhöhe, 5) Werkstoff, 6) Materialdicke, 7) Länge, 8) Breite und 9) Anzahl der Hinterschnitte.

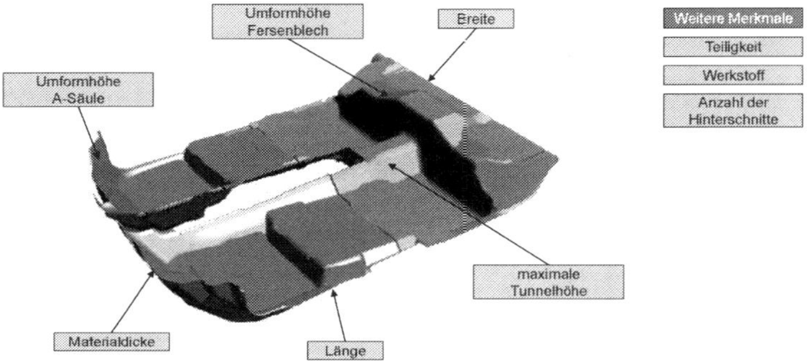

Abbildung 6-3: Merkmale zur Beschreibung der Produktfamilie Bodenbelag

Anschließend wurden für jedes Produktmerkmal die Ausprägungen der jeweiligen Produktvarianten erfasst und tabellarisch dargestellt (siehe Tabelle 6-1). Die Ermittlung der technischen Ausprägungen der einzelnen Produktvarianten erfolgte z.T. unter Zuhilfenahme von Lastenheften sowie eigenen Konstruktionsrichtlinien.

Merkmale und Ausprägungen der Produktfamilie				
Merkmale	Ausprägungen			
	Anzahl Ausprägungen	Bodenbelag 1	Bodenbelag 2	Bodenbelag 3
Teiligkeit	2	3	1	1
Umformhöhe Fersenblech	2	300 mm	250 mm	250 mm
Umformhöhe A-Säule	3	400 mm	450 mm	370 mm
Max. Tunnelhöhe	3	260 mm	130 mm	220 mm
Werkstoff	3	900 g/qm	600 g/qm	560 g/qm
Materialdicke	2	6 mm	5 mm	5 mm
Länge	3	2200 mm	1700 mm	1800 mm
Breite	3	1500 mm	1250 mm	1300 mm
Anzahl der Hinterschnitte	2	1	0	0

Tabelle 6-1: Beschreibung der Produktfamilie durch Merkmale und Ausprägungen

Nach der Beschreibung der Produktfamilie wurden die für die Herstellung der Produktvarianten notwendigen Hohlformwerkzeuge anhand einer Referenzwerkzeugstruktur dargestellt. Zur Wahrung der Übersichtlichkeit wurden bei der Abbildung der Referenzwerkzeugstruktur ausschließlich die in ihrer Konstruktion und Herstellung aufwendigsten Baugruppen berücksichtigt. Dabei handelt es sich um folgende Baugruppen: 1) Ober-/ Unterguss, 2) Spannrahmensystem, 3) Grundplatten, 4) Temperiersystem und 5) Schiebersystem.

Für die Werkzeugbaugruppen wurde anschließend der primäre Gewichtungsfaktor $G_i^{(1)}$, welcher den Kostenanteil einer Werkzeugbaugruppe am Referenzwerkzeug beschreibt, mittels Expertenschätzung ermittelt. Hierbei wurden die Gesamtkosten des Referenzwerkzeugs mit 130.000 EUR beziffert. Die teuerste Baugruppe mit 50.000 EUR (38 %) stellt der Ober-/ Unterguss dar. Hinzu kommen geschätzte 30.000 EUR (23 %) für den Spannrahmen sowie jeweils 20.000 EUR (15%) für Grundplatten und Temperiersystem. Den geringsten Anteil an den Kosten des Referenzwerkzeugs besitzt das Schiebersystem mit geschätzten 10.000 EUR (9 %).

Im nächsten Schritt erfolgte die Bestimmung der sekundären Gewichtungsfaktoren $G_{i,a}^{(2)}$, die den Anteil der Kostenarten (z.B. Fertigungseinzelkosten, Materialeinzelkosten) an den Gesamtkosten einer Werkzeugbaugruppe darstellen. Entsprechend der Erläuterungen in Abschnitt 5.1.1 wurden die Kostenarten in einmalige Kosten, d.h. Investitionskosten (IK) und Prozesskosten (PK), variable Kosten, d.h. Materialeinzelkosten (MEK) und Fertigungseinzelkosten (FEK) sowie laufenden Kosten, d.h. Reparaturkosten (FEK) aufgeteilt. Die Auflistung der in Abstimmung mit den Experten ermittelten sekundären Gewichtungsfaktoren $G_{i,a}^{(2)}$ ist in der nachfolgenden Tabelle 6-2 dargestellt.

		Referenzwerkzeug				
		Ober- / Unterguss	Spannrahmen-system	Grundplatten	Temperier-system	Schieber-system
Primärer Gewichtungsfaktor $G_i^{(1)}$		0,38	0,23	0,15	0,15	0,09
Sekundärer Gewichtungsfaktor $G_{i,a}^{(2)}$	IK_i	0	0	0	0	0
	PK_i	0,3	0,3	0,15	0,1	0,3
	MEK_i	0,2	0,25	0,25	0,2	0,3
	FEK_i	0,5	0,4	0,6	0,7	0,4
	RK_i	0	0,05	0	0	0

Tabelle 6-2: Bestimmung der sekundären Gewichtungsfaktoren

Nach der Bestimmung der primären und sekundären Gewichtungsfaktoren $G_i^{(1)}$, $G_{i,a}^{(2)}$, wurde der Einfluss von Produktmerkmalen und -ausprägungen auf die Werkzeugkosten ermittelt. Hierzu wurde zunächst anhand der Einflussmatrix der Kosteneinfluss der Produktmerkmale auf die jeweilige Kostenart der Werkzeugbaugruppe bestimmt. Die Bewertung erfolgte anhand der in Abschnitt 5.1.2 beschriebenen Skala mit den Werten 0, 1, 3 sowie 9. Durch Multiplikation der eingetragenen Werte mit den primären und sekundären Gewichtungsfaktoren $G_i^{(1)}$, $G_{i,a}^{(2)}$ wurde der Kosteneinfluss $KE_{j,i}^{(M)}$ bestimmt, den ein Produktmerkmal auf die Kosten einer Werkzeugbaugruppe ausübt. So hat beispielsweise das Merkmal „Umformhöhe am Fersenblech" einen hohen Einfluss auf die Werkzeugbaugruppe „Spannrahmensystem". Dieser spiegelt sich hauptsächlich bei den Material- sowie Fertigungseinzelkosten wider. Grund hierfür ist, dass die Umformhöhe die Höhe des im Spannrahmensystem eingesetzten Zylinders bestimmt. Je größer die Umformhöhe am Fersenblech, desto größer und kostenaufwendiger wird der im Spannrahmensystem eingesetzte Zylinder, was sich wiederum negativ auf die Materialkosten des Werkzeugs auswirkt. Zudem nehmen die Fertigungseinzelkosten zu, da mit steigender Spannrahmengröße der Fertigungsaufwand ebenfalls steigt. In der nachfolgenden Tabelle 6-3 ist ein Auszug aus der Einflussmatrix dargestellt. Für die Sichtung der vollständigen Matrix wird auf den Anhang Tabelle 6-3 verwiesen.

Einflussmatrix	Werkzeugbaugruppen																	
	Ober- / Unterguss						Spannrahmensystem						Grundplatten					
Primärer Gewichtungsfaktor $G_i^{(1)}$	0,38						0,23						0,15					
Kostenart a	IK_1	PK_1	MEK_1	FEK_1	RK_1	$KE_{j,1}^{(M)}$	IK_2	PK_2	MEK_2	FEK_2	RK_2	$KE_{j,2}^{(M)}$	IK_3	PK_3	MEK_3	FEK_3	RK_3	
Sekundärer Gewichtungsfaktor $G_{i,a}^{(2)}$	0	0,3	0,2	0,5	0		0	0,3	0,25	0,4	0,05		0	0,15	0,25	0,6	0	
Teiligkeit	0	9	1	9	0	2,81	0	3	3	1	1	0,48	0	3	3	3	0	0,
Umformhöhe Fersenblech	0	0	1	9	0	1,79	0	3	9	9	1	1,56	0	0	0	0	0	
Umformhöhe A-Säule	0	0	1	9	0	1,79	0	3	9	9	1	1,56	0	0	0	0	0	

Legende

0: kein Einfluss 1: geringer Einfluss 3: mittlerer Einfluss 9: starker Einfluss

Tabelle 6-3: Ausschnitt aus der erarbeiteten Einflussmatrix

Mit dem Aufstellen der Einflussmatrix ist die Bewertung des Kosteneinflusses auf Merkmalsebene abgeschlossen. Im nächsten Schritt wurde der kostenseitige Einfluss der einzelnen Ausprägungen der Produktmerkmale auf das Referenzwerkzeug untersucht. Hierzu wurde die Intensitätsmatrix aufgestellt, welche eine Erweiterung der Einflussmatrix darstellt. Durch Verwendung einer ähnlichen Skalierung wie auf der Merkmalsebene wurde der Einfluss $KE_{k,j,i}^{(A)}$, den eine Ausprägung eines Produktmerkmals auf die Kosten einer Werkzeugbaugruppe ausübt, berechnet. Die Summierung der Kosteneinflüsse über alle Werkzeugbaugruppen ergibt den Kosteneinfluss einer Produktausprägung auf das gesamte Referenzwerkzeug.

Tabelle 6-4 zeigt einen Ausschnitt der mit den Experten von Grunewald erstellten Intensitätsmatrix für die betrachteten Produktvarianten.[352] Hierbei wird ersichtlich, dass die Ausprägungen des Produktmerkmales „Teiligkeit" erheblich unterschiedliche Kosteneinflüsse auf die Baugruppen „Ober-/ Unterguss" des Referenzwerkzeuges aufweisen. Grund hierfür ist, dass bei einer „Dreiteiligkeit" des Produkts die Formgebung des entsprechenden Werkzeugs ebenfalls dreiteilig auszulegen ist, wodurch erhebliche Mehrkosten in der Fertigung und Montage des Werkzeugs entstehen. Daher wurde der Ausprägung „3" des Produktmerkmals „Teiligkeit" eine hohe Intensität (9) im Bezug auf die Kosten der Werkzeugbaugruppe „Ober-/ Unterguss" zugeschrieben. Durch die Multiplikation dieses Werts mit dem bereits ermittelten Kosteneinfluss auf Merkmalsebene von 2,81 ergibt sich für die Ausprägung „3" des Merkmals „Teiligkeit" ein Kosteneinfluss von 25,31 auf die Werkzeugbaugruppe „Ober-/ Unterguss". Durch das Aufsummieren der Kosteneinflüsse dieser Ausprägung über alle Werkzeugbaugruppen ergibt sich der Kosteneinfluss der Ausprägung auf das Gesamtwerkzeug mit dem Wert 36,88.

Basierend auf den ermittelten Werten für die Ausprägungen konnte der Kosteneinfluss für die Produktvarianten bestimmt werden. Hierzu wurden die Kosteneinflüsse aller Produktausprägungen, die zu einer Produktvariante gehören, aufsummiert. So besitzt Produktvariante 1 der betrachteten Produktfamilie einen Kosteneinfluss von 157,49 und bildet folglich die aus Werkzeugsicht kostenkritischste Produktvariante.

[352] Die vollständige Intensitätsmatrix ist im Anhang A.1 dargestellt.

Intensitätsmatrix der Produktfamilie								Kosteneinfluss (absolut)	Produktvariante		
Merkmal	Ausprägung	Ober- / Unterguss			Spannrahmensystem				1	2	3
		$KE_{i,1}^{(M)}$		$KE_{K,i,1}^{(A)}$	$KE_{i,2}^{(M)}$		$KE_{K,i,2}^{(A)}$	$KE_{K,i}^{(A)}$			
Teiligkeit	3	2,81	9	25,31	0,48	3	1,45	36,88	36,88		
	1		1	2,81		1	0,48	4,72		4,72	4,72
Umformhöhe Fersenblech	300 mm	1,79	9	16,07	1,56	3	4,69	23,87	23,87		
	250 mm		3	5,36		3	4,69	13,16		13,16	13,16
Umformhöhe A-Säule	400 mm	1,79	9	16,07	1,56	3	4,69	23,87	23,87		
	450 mm		9	16,07		3	4,69	23,87		23,87	
	370 mm		3	5,36		3	4,69	13,16			13,16
max. Tunnelhöhe	260 mm	1,79	9	16,07	0,00	0	0,00	19,18	19,18		
	130 mm		3	5,36		0	0,00	8,46		8,46	
	220 mm		9	16,07		0	0,00	19,18			19,18
Werkstoff	900 g/qm	0,00	0	0,00	0,22	3	0,66	0,79	0,79		
	600 g/qm		0	0,00		1	0,22	0,35		0,35	
	560 g/qm		0	0,00		1	0,22	0,35			0,35
Materialdicke	6 mm	0,00	0	0,00	0,22	3	0,66	0,66	0,66		
	5 mm		0	0,00		1	0,22	0,22		0,22	0,22
Länge	2200 mm	3,42	3	10,26	2,00	3	6,00	20,58	20,58		
	1700 mm		1	3,42		1	2,00	7,67		7,67	
	1800 mm		1	3,42		1	2,00	7,67			7,67
Breite	1500 mm	3,42	3	10,26	2,00	3	6,00	20,58	20,58		
	1250 mm		1	3,42		1	2,00	7,67		7,67	
	1300 mm		1	3,42		1	2,00	7,67			7,67
Anzahl der Hinterschnitte	1	0,91	3	2,73	0,00	0	0,00	11,07	11,07		
	0		0	0,00		0	0,00	0,00		0,00	0,00
								271,64	157,49	66,12	66,12

Legende

0: kein Einfluss 1: geringer Einfluss 3: mittlerer Einfluss 9: starker Einfluss

Tabelle 6-4: Ausschnitt aus der erarbeiteten Intensitätsmatrix

Mit dem Aufstellen der Intensitätsmatrix wurden alle Produktvarianten auf Merkmals- und Ausprägungsebene hinsichtlich der Werkzeugkosten bewertet. Im Anschluss an die kostenseitige Bewertung wurden die Produktvarianten im Hinblick auf ihre Kritikalität hinsichtlich der Time-to-Market bewertet. Ziel war es, zunächst diejenigen Produktvarianten in den nächsten Schritten der Methodik vertiefend zu analysieren, welche durch ihre Werkzeugentstehungszeit die Einhaltung der Time-to-Market gefährden.

Wie bereits in Abschnitt 5.1.3 erläutert, ergibt sich die zeitliche Kritikalität aus dem Verhältnis der verfügbaren Zeit Z_V zwischen Design Freeze und SOP sowie der tatsächlich erforderlichen Durchlaufzeit der Werkzeugentstehung Z_{WZ}. Da die für die Validierung zugrunde liegenden Bodenbeläge bereits existieren, wurden die Werte für Z_V nachträglich seitens der Experten von Grunewald abgeschätzt. Tabelle 6-5 zeigt die für die Produktvarianten abgeschätzten Werte in Kalenderwochen.

Produkt-variante	Verfügbare Zeit Z_V zwischen Design Freeze und SOP [KW]
Bodenbelag 1	13
Bodenbelag 2	14
Bodenbelag 3	14

Tabelle 6-5: Abgeschätzte verfügbare Zeit zwischen Design Freeze und SOP

Nach Abschätzung der tatsächlich verfügbaren Zeit Z_V wurde die Durchlaufzeit Z_{WZ} der für die zur Herstellung der Bodenbeläge erforderlichen Werkzeuge ermittelt. Entsprechend der in Abschnitt 5.1.3 erläuterten Vorgehensweise wurden vereinfachte objektorientierte Projektstrukturpläne für die Entstehungsprozesse der Werkzeuge erstellt. Hierfür wurden die Baugruppen des Referenzwerkzeugs zugrunde gelegt. Zeitlich wurde zwischen dem Aufwand für die Konstruktion sowie dem Aufwand für die Fertigung der Werkzeugbaugruppen unterschieden. Ferner wurde der Prozess der Endmontage berücksichtigt. Abbildung 6-4 zeigt beispielhaft den Projektstrukturplan für Bodenbelag 1. Hierbei verläuft der zeitlich kritische Pfad über die Konstruktion und Fertigung der Baugruppe Ober-/ Unterguss sowie der konstruktiven Auslegung des Spannrahmensystems. Alle weiteren Baugruppen sind als zeitlich unkritisch eingestuft worden. Auffallend ist zudem, dass die Endmontage der Baugruppen zu einem fertigen Werkzeug einen Großteil der Werkzeugentstehungszeit einnimmt.

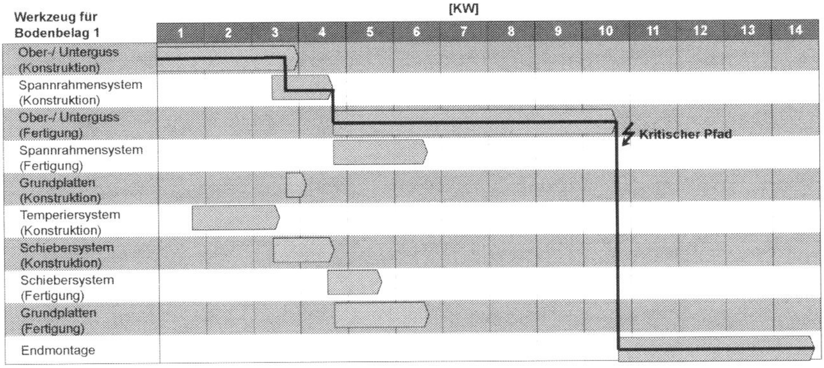

Abbildung 6-4: Projektstrukturplan für Bodenbelag 1

Aus dem Projektstrukturplan konnte entsprechend die Durchlaufzeit der Werkzeugentstehung ermittelt werden, welche sich auf 13,8 Kalenderwochen beläuft. Dieses Vorgehen wurde entsprechend für die weiteren Werkzeuge durchgeführt. Tabelle 6-6 gibt eine Übersicht über die ermittelten Werte für die Durchlaufzeiten der Werkzeugentstehung Z_{WZ} sowie über die Werte für die zeitliche Kritikalität Z_K. Mit der Ermittlung der zeitlichen Kritikalität ist die zeitliche Bewertung der Produktvarianten abgeschlossen.

Produktvarianten	Verfügbare Zeit Z_V zwischen Design Freeze und SOP [KW]	Erforderliche Durchlaufzeit für die Werkzeugentstehung Z_{WZ} [KW]	Zeitliche Kritikalität Z_K
Bodenbelag 1	13	13,8	1,06
Bodenbelag 2	14	10	0,71
Bodenbelag 3	14	11	0,79

Tabelle 6-6: Ermittlung der zeitlichen Kritikalität der Produktvarianten

Die abschließenden Ergebnisse sind von den beteiligten Experten als plausibel befunden worden. Somit konnte die Gültigkeit von Teilmodell 1 für das gegebene Beispiel validiert werden. Basierend auf den Bewertungsergebnissen im Hinblick auf die Werkzeugkosten sowie der Time-to-Market wurden die Produktvarianten in das in Abschnitt 5.1.4 erläuterte Portfolio eingeordnet. Wie in Abbildung 6-5 ersichtlich, ist die Produktvariante 1 in beiden Bewertungsdimensionen als kritisch zu erachten. Hingegen sind die Produktvarianten 2 und 3 weder im Hinblick auf die Werkzeugkosten noch im Hinblick auf die Time-to-Market als kritisch anzusehen.

Produktvarianten	Kosteneinfluss KE	Zeitliche Kritikalität Z_K
Bodenbelag 1	157,49	1,06
Bodenbelag 2	66,12	0,71
Bodenbelag 3	66,12	0,79

Legende
(Px) Produktvariante x

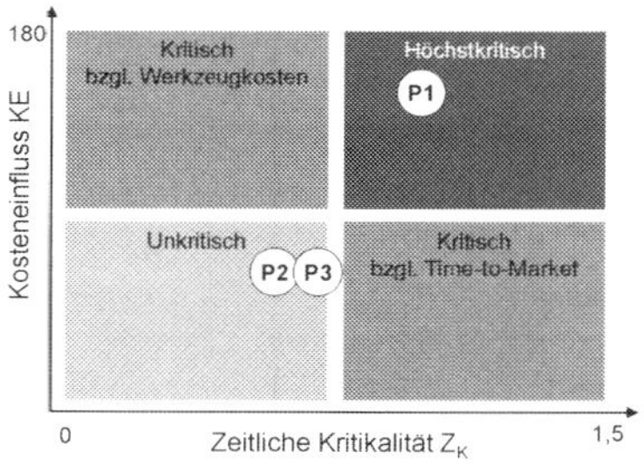

Abbildung 6-5: Priorisierung der Produktvarianten

Aus der Bewertung der Produktvarianten im Hinblick auf Werkzeugkosten und Time-to-Market ergibt sich die Priorisierung für die vertiefenden Analyse im nächsten Schritt der Methodik. Für den nächsten Schritt, der Identifikation von Freiheitsgraden zur werkzeuggerechten Produktoptimierung, wurde somit zunächst die Produktvariante 1 ausgewählt und vertiefend analysiert.

6.1.3.2 Ermittlung der Freiheitsgrade hinsichtlich werkzeuggerechter Produktoptimierung

Nach der Priorisierung der Produktvarianten, wurde im nächsten Schritt analysiert, inwieweit die ausgewählte Produktvariante 1 werkzeuggerecht optimiert werden kann. Hierbei wurden die produktseitigen Einschränkungen erfasst, welche sich aus den unterschiedlichen Anforderungen an das Produkt ergeben. Die Anforderungen wurden im ersten Schritt aufgenommen, die Anforderungsquellen bestimmt sowie die Implikationen auf die Produktmerkmale bewertet. Je nachdem, ob eine Anforderung ein Produktmerkmal in seiner Ausprägung einschränkt, wurde das entsprechende Merkmal als fix oder variabel klassifiziert. Aus der Klassifizierung der Merkmale wurde deutlich, dass der Endkunde (OEM) durch Designanforderungen sowie Architekturstandards einen Großteil der Produktmerkmale (beispielsweise Umformhöhen, Breite, Länge sowie Werkstoff) fest vorgibt. Als variabel eingestuft wurden hingegen die Merkmale „Wanddicke" sowie „Anzahl der Hinterschnitte". Während die Wanddicke aufgrund von möglichen Radienüberformungen nur begrenzt variiert werden kann, besteht ein hohes Potenzial bei der Anzahl der Hinterschnitte, deren Reduzierung oder Vermeidung eine Senkung der Werkzeugkosten zur Folge hat.

Aufgrund der hohen Anzahl an vorgegebenen Spezifikationen des Produkts seitens des direkten Kunden und des Endkunden, konnten somit insgesamt lediglich zwei der neun betrachteten Produktmerkmale aus Sicht von Grunewald als „variabel" klassifiziert werden (siehe Tabelle 6-7). Die vollständige Anforderungsliste ist im Anhang A.1 hinterlegt.

Anforderungsliste				
Merkmal	Ausprägung	Anforderungen	Anforderungsquelle	Einschränkungsgrad
Teiligkeit	3	Wirtschaftlichkeitsanforderung, daher Werkzeug mit austauschbaren Kavitäten, statt mehrere Werkzeuge	Direkter Kunde (Zulieferer)	fix
Umformhöhe Fersenblech	300 mm	Designforderung, Architekturstandard	Endkunde (OEM)	fix
Umformhöhe A-Säule	400 mm	Designforderung, Architekturstandard	Endkunde (OEM)	fix
Max. Tunnelhöhe	260 mm	Designforderung, Architekturstandard	Endkunde (OEM)	fix
Werkstoff	900 g/qm	Verformbarkeit (Verformungshöhe erfordert entsprechendes Material)	Direkter Kunde (Zulieferer)	fix
Materialdicke	6 mm	Umformbarkeit; Vermeidung des Spring Back-Effekts, keine Lufträume	Direkter Kunde (Zulieferer)	variabel
Länge	2200 mm	Designforderung, Architekturstandard	Endkunde (OEM)	fix
Breite	1500 mm	Designforderung, Architekturstandard	Endkunde (OEM)	fix
Anzahl der Hinterschnitte	1	-		variabel

Tabelle 6-7: Anforderungsliste der betrachteten Produktfamilie

Entsprechend des in Abschnitt 5.2.2 beschriebenen Vorgehens wurden im nächsten Schritt die Wechselwirkungen bzw. Korrelationen zwischen den Merkmalen des Produkts untersucht. Da die Variation eines Produktmerkmals weitere in Beziehung stehende Merkmale beeinflussen kann, müssen die voneinander abhängigen Merkmale gebündelt in sogenannten Clustern betrachtet werden. Hierfür wurden die Produktmerkmale in die Korrelationsmatrix aufgetragen. Anschließend erfolgte eine Bewertung der Korrelationen zwischen den Merkmalen in den Abstufungen 0, 1, 3, 9 (siehe Tabelle 6-8). Auffallend ist, dass lediglich zwischen den Umformhöhen (Fersenblech, Tunnel und A-Säule), dem Werkstoff und der Materialdicke Wechselwirkungen bestehen. Diese Korrelationen ergeben sich durch die Tatsache, dass die Materialdicken aufgrund der Materialdehnung bei zunehmenden Umformhöhen abnehmen. Der Grad der Materialdehnung ist wiederum abhängig vom Werkstoff.

Nach der Analyse der Anforderungsliste waren die Produktmerkmale „Materialdicke" sowie „Anzahl der Hinterschnitte" zunächst als variabel klassifiziert worden. Das Merkmal „Materialdicke" hat jedoch eine starke Korrelation („9") mit dem zuvor als fix eingestuften Merkmal „Werkstoff". Somit ist eine Variation der Materialdicke ebenfalls nicht mehr möglich, da diese zwangsläufig mit einer Variation des Werkstoffs einhergeht. Folglich ist das Merkmal „Materialdicke" ebenfalls als fix zu kennzeichnen. Unter Berücksichtigung der Korrelationen bildet schließlich das Produktmerkmal „Anzahl der Hinterschnitte" das einzige variable Merkmal der betrachteten

Produktvariante. Alle weiteren Merkmale können nicht in ihren Ausprägungen variiert werden.

Korrelationsmatrix	Teiligkeit	Umformhöhe Fersenblech	Umformhöhe A-Säule	max. Tunnelhöhe	Werkstoff	Materialdicke	Länge	Breite	Anzahl der Hinterschnitte
Teiligkeit		0	0	0	0	0	0	0	0
Umformhöhe Fersenblech	0		0	0	3	3	0	0	0
Umformhöhe A-Säule	0	0		0	3	3	0	0	0
max. Tunnelhöhe	0	0	0		3	3	0	0	0
Werkstoff	0	3	3	3		9	0	0	0
Materialdicke	0	3	3	3	9		0	0	0
Länge	0	0	0	0	0	0		0	0
Breite	0	0	0	0	0	0	0		0
Anzahl der Hinterschnitte	0	0	0	0	0	0	0	0	

Legende
- Fixe Produktmerkmale
- Variable Produktmerkmale
- Starke Korrelation

Tabelle 6-8: Korrelationsmatrix der Produktmerkmale

Nach der Abbildung der Korrelationen wurde mittels eines computergestützten Algorithmus eine Bündelung der Produktmerkmale in Cluster durchgeführt. Im betrachteten Fall bilden die Merkmale „Umformhöhe Fersenblech“, „Umformhöhe A-Säule“, „max. Tunnelhöhe“, „Werkstoff“ und „Materialdicke“ einen Merkmal-Cluster. Die Produktmerkmale „Teiligkeit“, „Länge“, „Breite“ sowie „Anzahl der Hinterschnitte“ korrelieren nicht mit weiteren Merkmalen. Sie wurden in der Analyse als aus einem Produktmerkmal bestehende Cluster betrachtet.

Im Anschluss an die Bildung von Merkmal-Clustern wurden diese in fixe und variablen Merkmal-Cluster klassifiziert. Tabelle 6-9 zeigt die ermittelten Cluster sowie die Klassifizierung in fix und variabel. Hierbei ist ersichtlich, dass lediglich das aus dem Produktmerkmal „Anzahl der Hinterschnitte“ bestehende Cluster (Cluster 5) sich als variabel erweist. Alle weiteren Merkmal-Cluster beinhalten ausschließlich Merkmale, welche bereits in ihren Ausprägungen festgelegt sind und nicht variiert werden können. Somit sind Cluster 1 bis 4 als fix zu bewerten.

Korrelationsmatrix	Teiligkeit	Umformhöhe Fersenblech	Umformhöhe A-Säule	max. Tunnelhöhe	Werkstoff	Materialdicke	Länge	Breite	Anzahl der Hinterschnitte
Teiligkeit		Cluster 1		0	0	0	0	0	0
Umformhöhe Fersenblech	0		0	0	3	3	Cluster 2		0
Umformhöhe A-Säule	0	0		0	3	3	0	0	0
max. Tunnelhöhe	0	0	0		3	3	0	0	0
Werkstoff	0	3	3	3		9	0	0	0
Materialdicke	0	3	3	3	9		0	0	0
Länge	0	0	0	0	0	0		Cluster 3	
Breite	0	0	0	0	0	0	0		Cluster 4
Anzahl der Hinterschnitte	0	0	0	0	0	0	0	0	Cluster 5

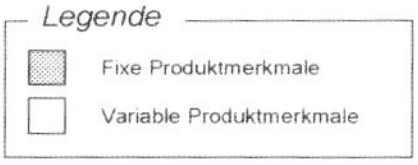

Tabelle 6-9: Typisierung der Merkmal-Cluster der Korrelationsmatrix

Mit der Aufstellung der Merkmal-Cluster sind die Freiheitsgrade in der betrachteten Produktvariante bestimmt. Es wurde ersichtlich, dass in dem Produktmerkmal „Anzahl der Hinterschnitte“ Freiheitsgrade zur werkzeuggerechten Optimierung bestehen, ohne dabei die weiteren Anforderungen (z.B. seitens des Kunden) zu verletzen. Nach Ermittlung der Freiheitsgrade ist die Anwendung des zweiten Teilmodells der Methodik zur integrierten Produkt- und Werkzeugentwicklung abgeschlossen.

6.1.3.3 Optimale Einschränkung der Freiheitsgrade hinsichtlich Werkzeugkosten und Time-to-Market

Das dritte und letzte Teilmodell der Methodik zur integrierten Produkt- und Werkzeugentwicklung dient der optimalen Einschränkung der ermittelten Freiheitsgrade hinsichtlich Werkzeugkosten und Time-to-Market. Im betrachteten Fall haben sich die Cluster 1, 2, 3 und 4 als fix herausgestellt, während es sich bei dem Cluster 5 um ein variables Cluster handelt. Die Methodik sieht vor, dass diejenigen Merkmal-Cluster zuerst festgelegt bzw. kostenseitig optimiert werden sollen, deren technische Informationen frühzeitig von der Werkzeugentwicklung benötigt werden. Es ist somit eine optimale zeitlichen Bearbeitungsreihenfolge der variablen Merkmal-Cluster herzustellen. Dies ist jedoch im betrachteten Fallbeispiel nicht notwendig, da in der vorherigen Analyse lediglich ein variables Cluster, bestehend aus einem Produktmerkmal identifiziert, wurde.

Die kostenseitige Optimierung der variablen Merkmal-Cluster erfolgt anhand des in Abschnitt 5.3.2 angewendeten Kostenoptimierungsverfahrens. Dieses Verfahren berechnet innerhalb des betrachteten Merkmal-Clusters für jedes Produktmerkmal das Potenzial zur Senkung der Werkzeugkosten. Die Berechnung erfolgt anhand der Dimensionen Kosteneinfluss, Kostensensitivität sowie Ausprägungsraum. Während der Kosteneinfluss sowie die Kostensensitivität des Produktmerkmals „Anzahl der Hinterschnitte" aus der Intensitätsmatrix der Produktfamilie ermittelt werden konnten, wurde der Ausprägungsraum durch die Experten von Grunewald abgeschätzt. Entsprechend wurde für das Produktmerkmal „Anzahl der Hinterschnitte" der Kosteneinfluss von 11,07 aus der Intensitätsmatrix entnommen. Für die Sensitivität wurde der Wert 1 ermittelt, da die Ausprägungen des Merkmals ganzzahlig sind (Hinterschnitt vorhanden bzw. Hinterschnitt nicht vorhanden). Aus diesem Grund wurde ebenfalls der Ausprägungsraum von den Experten als sehr groß („9“) eingeschätzt. Der hierdurch berechnete Kostenreduzierungsfaktor beträgt 99,63 (siehe Tabelle 6-10).

Die Methodik sieht ferner die Ermittlung der Kostenabhängigkeiten innerhalb der Merkmale eines Clusters vor. Da im vorliegenden Fallbeispiel das variable Cluster lediglich aus einem Produktmerkmal besteht, ist eine Bestimmung der Kostenabhängigkeiten nicht erforderlich.

Kostensenkungstabelle					
Merkmal	Ausprägung	Kosteneinfluss	Kostensensitivität	Ausprägungsraum	Kosten-reduzierungsfaktor
Anzahl der Hinterschnitte	1	11,07	1	9	99,63

Tabelle 6-10: Kostensenkungstabelle für das betrachtete Merkmal-Cluster

Dass das Produktmerkmal "Anzahl der Hinterschnitte" das größte Potenzial zur Senkung der Werkzeugkosten aufweist, konnte seitens der Experten von Grunewald bestätigt werden. Aufgrund dieser plausiblen Ergebnisse konnte auch das dritte Teilmodell der Methode zur integrierten Produkt- und Werkzeugentwicklung validiert werden.

6.1.4 Fazit der Validierung bei der Grunewald GmbH & Co. KG

Im Rahmen des in Zusammenarbeit mit dem Unternehmen Grunewald durchgeführten Fallbeispiels konnten alle drei Teilmodelle der Methodik zur integrierten Produkt- und Werkzeugentwicklung validiert werden. Das Fallbeispiel hat gezeigt, dass insbesondere in der Automobilindustrie der Werkzeugbau einen limitierten Einfluss auf die Produktgestalt und somit auf den Produktentwicklungsprozess des Kunden nehmen kann. Hauptgrund hierfür ist der bei beim Eingang der Kundenanfrage bereits sehr hohe Spezifikationsgrad der Produkte. Daher konnten trotz erfolgreicher Anwendung der Methodik nur wenige Freiheitsgrade zur werkzeuggerechten Produktoptimierung identifiziert werden. Eine wesentliche Erkenntnis aus den Workshops und Expertengesprächen war, dass der Werkzeugbau frühzeitiger in den Produktentwicklungsprozess des OEM einzubeziehen ist. So können weitere Potenziale zur werkzeuggerechten Produktoptimierung ausgeschöpft werden, welche in einer späteren Phase nicht mehr vorhanden sind.

6.2 Validierung der integrierten Produkt- und Werkzeugentwicklung bei der Busch-Jaeger Elektro GmbH

Die Methodik zur integrierten Produkt- und Werkzeugentwicklung wurde ferner bei der Busch-Jaeger Elektro GmbH angewendet. Nachfolgend wird in Abschnitt 6.2.1 zunächst das Unternehmen und sein Produktportfolio vorgestellt, bevor in 6.2.2 auf die Validierungsobjekte eingegangen wird. Anschließend werden in 6.2.3 die wichtigsten Ergebnisse aus der Anwendung der Methodik dargestellt, wonach in 6.1.4 die Anwendung kritisch reflektiert wird. Da das Vorgehen bei der Anwendung der Methodik identisch zu dem vorherigen Fallbeispiel ist, wird nachfolgend nur auf die Kernergebnisse eingegangen und das Fallbeispiel entsprechend in verkürzter Form vorgestellt.

6.2.1 Unternehmenssituation

Die Busch-Jaeger Elektro GmbH, nachfolgend Busch-Jaeger genannt, ist ein marktführender Anbieter auf dem Gebiet der Elektroinstallationstechnik. Das Unternehmen gehört zu der ABB-Gruppe und beschäftigt derzeit ca. 1100 Mitarbeiter an den Standorten Bad-Berleburg und Lüdenscheid. Das Produktportfolio umfasst etwa 5.000 Elektroinstallationsprodukte, wobei neben Schaltern, Steckdosen, Dimmern und Bewegungsmeldern auch Hightech-Produkte für die Zentralsteuerung der elektrischen Verbraucher im privaten und gewerblichen Bereich angeboten werden.

Busch-Jaeger verfügt über keinen internen Werkzeugbau, jedoch ist Fachpersonal auf diesem Gebiet vorhanden. Dieses Fachpersonal bildet das sogenannte Tool Management, welches den gesamten Prozess von der Produktentwicklung, Werkzeugbeschaffung bis hin zur Serienproduktion des Produktes mit werkzeugspezifischem Know-how begleitet. Grundsätzlich kann beim Tool Management zwischen drei Auftragsarten unterschieden werden. Bei Neuaufträgen werden Werkzeuge für neu entwickelte Produkte beschafft, bei Änderungsaufträgen werden Geometrien optimiert oder neue Varianten eingerichtet und bei sogenannten Rationalisierungsaufträgen Ersatzwerkzeuge unter Berücksichtigung wirtschaftlicher Gesichtspunkte auf dem neuesten Stand der Technik ersetzt.

6.2.2 Validierungsobjekt

In Absprache mit den Experten des Tool Managements sowie der Produktentwicklung von Busch-Jaeger wurde die Produktfamilie Steckdosenrahmen für die Validierung der Methodik ausgewählt. Die Produktfamilie umfasst insgesamt 50 Produktvarianten, von denen fünf typische Varianten für die Durchführung des Fallbeispiels ausgewählt wurden. Abbildung 6-6 zeigt die für die Analyse zugrunde gelegten Produktvarianten. Der wesentliche Unterschied zwischen den Varianten besteht in der Anzahl der Aussparungen für die Steckdosen. Während der 1-Loch-Rahmen den Anschluss einer Steckdose ermöglicht, können im 4-Loch-Rahmen vier Steckdosen angebracht werden. Die Produktvarianten 1-Loch-Rahmen mit Beschriftungsfeld und 1-Loch-Rahmen ohne Beschriftungsfeld unterscheiden sich darin, dass sich auf dem 1-Loch-Rahmen mit Beschriftung auf der Vorderseite eine Aussparung befindet, an der ein Schriftfeld eingelegt werden kann.

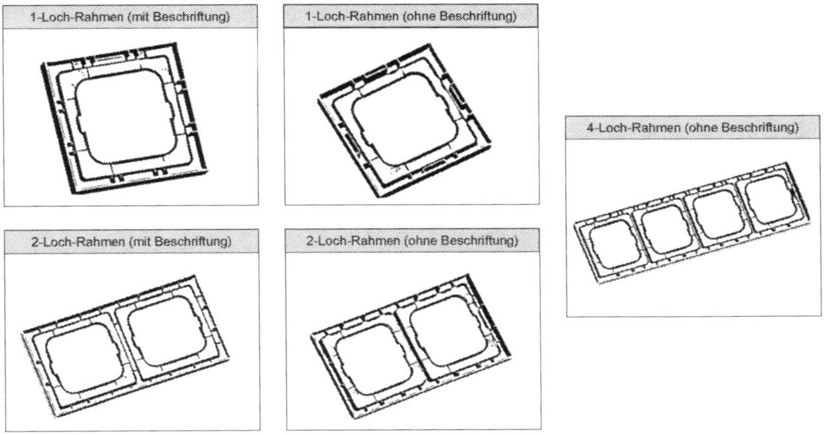

Abbildung 6-6: Betrachtete Produktvarianten aus der Produktfamilie Steckdosenrahmen

Die detaillierte Beschreibung der Produktvarianten in ihren Merkmalen und Ausprägungen erfolgt im Zuge der nachfolgenden Anwendung der Methodik.

6.2.3 Anwendung der Methodik

Nachfolgend werden die Ergebnisse aus der Anwendung der Methodik zur integrierten Produkt- und Werkzeugentwicklung auf die gewählten Produktvarianten vorgestellt. Hierfür wurden mehrere Workshops und Abstimmungsrunden mit den Experten des Unternehmens aus den Bereichen Tool Management und Produktentwicklung durchgeführt. Die Darstellung der Ergebnisse beschränkt sich auf die wichtigsten Erkenntnisse sowie relevanten Unterschiede zu der Validierung bei Grunewald. Die vollständigen Ergebnisse sowie Tabellen sind in Anhang A.2 dargestellt.

6.2.3.1 Bewertung der Produktvarianten hinsichtlich Werkzeugkosten und Time-to-Market

Entsprechend der Vorgehensweise im ersten Teilmodell wurden die Produktvarianten einleitend hinsichtlich der Werkzeugkosten und Time-to-Market bewertet. Hierzu erfolgte zunächst die Beschreibung der Produktfamilie anhand von Merkmalen und Ausprägungen. Folgende Merkmale wurden von den Experten für die Beschreibung der Produktvarianten als relevant erachtet: 1) Länge, 2) Breite, 3) Höhe, 4) Wandstärke (max.), 5) Wandstärke (min.), 6) Anzahl Farbvarianten, 7) Oberflächengüte (sichtbar), 8) Oberflächengüte (nicht sichtbar), 9) Material (Schwindung), 10) Anzahl Rippen pro Außenseite, 11) Anzahl der Durchbrüche, 12) Anzahl der Anspritzpunkte. (siehe Abbildung 6-7).

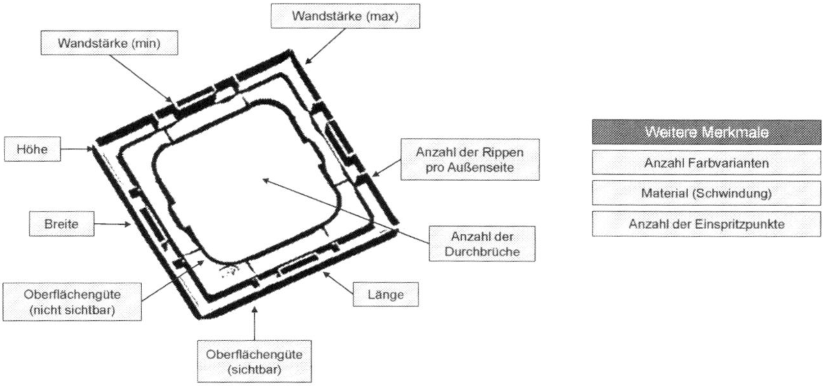

Abbildung 6-7: Merkmale zur Beschreibung der Produktfamilie Steckdosenrahmen

Anhand der ausgewählten Merkmale wurden im nächsten Schritt die Produktvarianten in ihren Ausprägungen charakterisiert.

Tabelle 6-11 stellt die Merkmale und Ausprägungen für die fünf untersuchten Produktvarianten dar. Auffällig ist hierbei, dass sechs der zwölf Merkmale lediglich eine Ausprägung aufweisen.[353]

[353] Grund hierfür ist, dass im Validierungsbeispiel lediglich eine Serie betrachtet wurde.

Merkmale und Ausprägungen der Produktfamilie						
Merkmale	Ausprägungen					
	Anzahl Ausprägungen	1-Loch-Rahmen (ohne Feld)	1-Loch-Rahmen (mit Feld)	2-Loch-Rahmen (ohne Feld)	2-Loch-Rahmen (mit Feld)	4-Loch-Rahmen
Länge	3	81 mm	81 mm	152 mm	152 mm	295 mm
Breite	1	81 mm	81 mm	81 mm	81 mm	81 mm
Höhe	1	12 mm	12 mm	12 mm	12 mm	12 mm
Wandstärke (max)	1	1,4 mm	1,4 mm	1,4 mm	1,4 mm	1,4 mm
Wandstärke (min)	1	0,7 mm	0,7 mm	0,7 mm	0,7 mm	0,7 mm
Farbvarianten	2	4	1	4	1	4
Oberflächengüte (sichtbar)	1	0,012 μm	0,012 μm	0,012 μm	0,012 μm	0,012 μm
Oberflächengüte (nicht sichtbar)	1	1,6 μm	1,6 μm	1,6 μm	1,6 μm	1,6 μm
Material (Schwindung)	2	0,65%	0,65%	0,65%	0,65%	0,75%
Anzahl Rippen pro Außenseite	2	4	4	2	2	2
Anzahl der Durchbrüche	3	1	1	2	2	4
Anzahl der Einspritzpunkte	3	2	2	3	3	5

Tabelle 6-11: Beschreibung der betrachteten Produktvarianten

Im nächsten Schritt erfolgte die Festlegung der Baugruppen des Referenzwerkzeugs. Als wesentliche Baugruppen wurden das Formnest, das Heißkanalsystem, der Aufbau (Gestell) sowie das Auswerfersystem definiert. Die anschließend zu bestimmenden primären Gewichtungsfaktoren $G_i^{(1)}$, d.h. der Kostenanteil einer Werkzeugbaugruppe an den Gesamtkosten des Referenzwerkzeugs, konnte aufgrund des hohen Erfahrungswissens der Experten direkt abgeschätzt werden. Demnach verursachen die Werkzeugbaugruppen Formnest 70%, das Heißkanalsystem 15%, der Aufbau 10% und das Auswerfsystem 5% der Gesamtwerkzeugkosten. Die Baugruppe Formnest besitzt somit den größten Einfluss auf die Werkzeugkosten (siehe Tabelle 6-12).

Im nächsten Schritt erfolgte die Bestimmung der sekundären Gewichtungsfaktoren $G_{i,a}^{(2)}$, d.h. die Anteile der Kostenarten an den Gesamtkosten einer Werkzeugbaugruppe. Die Ergebnisse zeigen u.a., dass die Kosten des Formnests maßgeblich durch Fertigungskosten (70%) und Prozesskosten (18%) bestimmt werden. Die Kosten für das Heißkanalsystem hingegen werden überwiegend durch Materialkosten (80%) verursacht. Die Kosten für die Werkzeugbaugruppen Aufbau und Auswerfersystem entstehen im Wesentlichen durch Materialkosten (40%) und Prozesskosten (45%).

		Referenzwerkzeug			
		Formnest	Heißkanalsystem	Aufbau	Auswerfsystem
Primärer Gewichtungsfaktor $G_i^{(1)}$		0,70	0,15	0,10	0,05
Sekundärer Gewichtungsfaktor $G_{i,a}^{(2)}$	IK_i	0	0	0	0
	PK_i	0,18	0,08	0,13	0,13
	MEK_i	0,1	0,8	0,4	0,4
	FEK_i	0,7	0,1	0,45	0,45
	RK_i	0,02	0,02	0,02	0,02

Tabelle 6-12: Bestimmung der sekundären Gewichtungsfaktoren

Nachdem die Produktvarianten sowie die Struktur und Kosten des Referenzwerkzeugs ausreichend beschrieben wurden, wurde im nächsten Schritt die Einflussmatrix entwickelt und die Einflüsse der Produktmerkmale auf die Kosten der Werkzeugbaugruppen bewertet (siehe Tabelle 6-13). So ist beispielsweise zu erkennen, dass die Merkmale „Länge“ und „Höhe“ einen erheblich größeren Einfluss auf die Baugruppe Formnest (1,82) als auf die weiteren Werkzeugbaugruppen Heißkanalsystem (0,43), Aufbau (0,51) und Auswerfsystem (0,14) aufweist.

Einflussmatrix	Referenzwerkzeug																
	Formnest						Heißkanalsystem						Aufbau				
Primärer Gewichtungsfaktor $G_i^{(1)}$	0,70						0,15						0,10				
Kostenart	IK_1	PK_1	MEK_1	FEK_1	RK_1	$KE_i^{(M)}$	IK_2	PK_2	MEK_2	FEK_2	RK_2	$KE_i^{(M)}$	IK_3	PK_3	MEK_3	FEK_3	RK_3
Sekundärer Gewichtungsfaktor $G_{i,a}^{(2)}$	0	0,18	0,1	0,7	0,02		0	0,08	0,8	0,1	0,02		0	0,13	0,4	0,45	0,02
Länge	0	1	3	3	1	1,82	0	1	3	3	3	0,43	0	1	9	3	1
Breite	0	1	1	1	1	0,7	0	0	1	1	1	0,14	0	1	9	3	1
Höhe	0	1	3	3	1	1,82	0	0	1	1	1	0,14	0	1	3	3	1
Wandstärke (max)	0	0	1	1	0	0,56	0	3	3	3	3	0,45	0	0	0	0	0

Legende
0: kein Einfluss 1: geringer Einfluss 3: mittlerer Einfluss 9: starker Einfluss

Tabelle 6-13: Ausschnitt aus der Einflussmatrix

Im nächsten Schritt wurde die Intensitätsmatrix aufgestellt. Hierbei wurde ermittelt, wie intensiv die Ausprägungen der betrachteten Produktmerkmale auf die Gesamtwerkzeugkosten wirken. Wie Abbildung 6-9 zu entnehmen ist, hat die Ausprägung „295 mm“ des Merkmals „Länge“ den größten Einfluss auf die Werkzeugkosten. Hingegen haben die Ausprägungen der Produktmerkmale „Farbvarianten“, „Material (Schwindung)“, „Anzahl der Rippen pro Außenseite“ sowie „Anzahl der Anspritzpunkte" einen äußerst geringen Einfluss auf die Werkzeugkosten[354] (siehe Anhang A.2).

Intensitätsmatrix der Produktfamilie														
Merkmale	Ausprägung	Formnest			Heißkanal-system			Aufbau			Auswerfersystem			Kosteneinfluss (absolut)
		$KE_{j,1}^{(M)}$	$y_{k,j,1}$	$KE_{k,j,1}^{(A)}$	$KE_{j,2}^{(M)}$	$y_{k,j,2}$	$KE_{k,j,2}^{(A)}$	$KE_{j,3}^{(M)}$	$y_{k,j,3}$	$KE_{k,j,3}^{(A)}$	$KE_{j,4}^{(M)}$	$y_{k,j,4}$	$KE_{k,j,4}^{(A)}$	
Länge	81 mm	1,82	1	1,82	0,43	1	0,43	0,51	1	0,51	0,14	1	0,14	2,89
	152 mm		3	5,46		1	0,43		3	1,53		3	0,41	7,82
	295 mm		9	16,38		3	1,28		9	4,59		9	1,22	23,46
Breite	81 mm	0,70	1	0,70	0,14	1	0,14	0,51	1	0,51	0,14	1	0,14	1,48
Höhe	12 mm	1,82	3	5,46	0,14	1	0,14	0,27	1	0,27	0,14	1	0,14	6,00
Wandstärke (max)	1,4 mm	0,56	3	1,68	0,45	1	0,45	0	0	0	0,13	1	0,13	2,26

Legende

0: kein Einfluss 1: geringer Einfluss 3: mittlerer Einfluss 9: starker Einfluss

Tabelle 6-14: Intensitätsmatrix der Produktfamilie

Nachdem die Produktvarianten hinsichtlich der Werkzeugkosten analysiert wurden, erfolgte im nächsten Schritt die Bewertung ihrer zeitlichen Kritikalität. Entsprechend der in Abschnitt 5.1.3 erläuterten Vorgehensweise wurden für die Produktvarianten die verfügbare Zeit Z_V zwischen Design Freeze und SOP sowie die erforderliche Durchlaufzeit der Werkzeugentstehung Z_{WZ} ermittelt. Da es bei den Validierungsobjekten um bereits bestehende Produkte handelt, wurden die Werte für die verfügbare Zeit Z_V nachträglich durch die Experten von Busch-Jeager abgeschätzt. Für die Ermittlung der Durchlaufzeit der Werkzeugentstehung Z_{WZ} wurden basierend auf den Baugruppen des Referenzwerkzeugs objektorientierte Projektstrukturpläne erstellt. Abbildung 6-8 zeigt beispielhaft den Projektstrukturplan für das Werkzeug der Produktvariante 5. Hierbei wird ersichtlich, dass der kritische Pfad im Wesentlichen durch die Baugruppe „Formnest" gebildet wird und die gesamte Werkzeugentstehung eine Durchlaufzeit von 19 Wochen benötigt.

[354] Die Merkmale haben jedoch einen hohen Einfluss auf die Produktqualität.

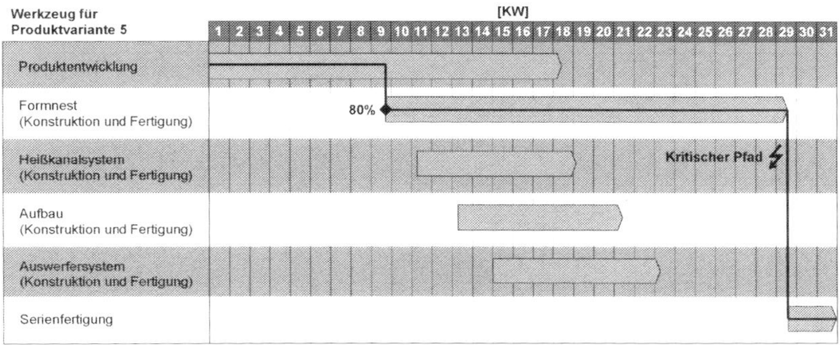

Abbildung 6-8: Projektstrukturplan für Produktvariante 5

Entsprechend wurde das Vorgehen für die weiteren Produktvarianten durchgeführt. Tabelle 6-15 gibt eine Übersicht über die ermittelten Werte für die verfügbare Zeit Z_V zwischen Design Freeze und SOP, der erforderlichen Durchlaufzeit für die Werkzeugentstehung Z_{WZ} sowie der daraus hervorgehenden Zeitlichen Kritikalität Z_K.

Produktvarianten	Verfügbare Zeit Z_V zwischen Design Freeze und SOP [KW]	Erforderliche Durchlaufzeit für die Werkzeugentstehung Z_{WZ} [KW]	Zeitliche Kritikalität Z_K
Produktvariante 1	17	15	0,88
Produktvariante 2	17	15	0,88
Produktvariante 3	17	17	1
Produktvariante 4	17	17	1
Produktvariante 5	17	19	1,12

Tabelle 6-15: Ermittlung der zeitlichen Kritikalität

Im Anschluss an die Analyse der Produktvarianten hinsichtlich der Werkzeugkosten sowie der Time-to-Market, wurden diese in das Portfolio eingeordnet mit dem Ziel, eine Bearbeitungsreihenfolge der Produktvarianten für die vertiefende Analyse im nächsten Teilmodell zu definieren. Hierzu wurde die zeitliche Kritikalität Z_K auf der Abszisse und der aus der Intensitätsmatrix abgeleitete Kosteneinfluss der Produktvarianten auf der Ordinate aufgetragen. Wie in Tabelle 6-15 ersichtlich, bildet die Produktvariante 5, der 4-Loch-Rahmen, die sowohl aus Kosten- als auch aus Zeitsicht kritischste Produktvariante.

Produktvarianten	Kosten-einfluss KE	Zeitliche Kritikalität Z_K
Produktvariante 1	48,67	0,88
Produktvariante 2	48,62	0,88
Produktvariante 3	57,51	1
Produktvariante 4	57,46	1
Produktvariante 5	87,89	1,12

Legende
(Px) Produktvariante x

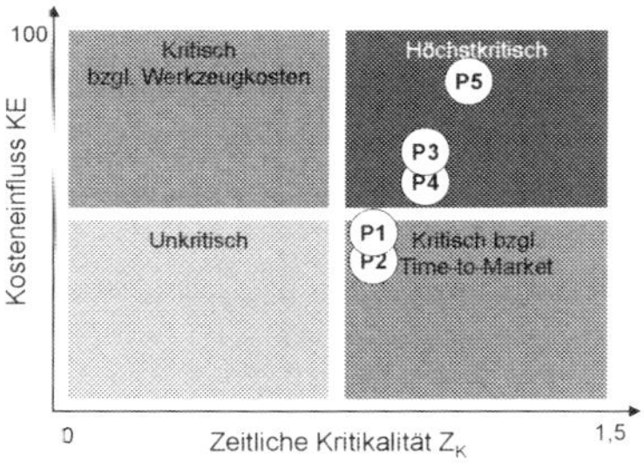

Abbildung 6-9: Priorisierung der Produktvarianten

Die Ergebnisse der Bewertung der Produktvarianten hinsichtlich Werkzeugkosten und Time-to-Market wurden von den Experten von Busch-Jaeger als plausibel erachtet. Das erste Teilmodell der Methodik zur integrierten Produkt- und Werkzeugentwicklung wurde somit validiert. Entsprechend der ermittelten Bearbeitungsreihenfolge wurde die Produktvariante 5 in Teilmodell 2 und 3 hinsichtlich Freiheitsgrade zur werkzeuggerechten Produktoptimierung vertiefend analysiert.

6.2.3.2 Ermittlung der Freiheitsgrade hinsichtlich werkzeuggerechter Produktoptimierung

Zur Ermittlung der Freiheitsgrade hinsichtlich einer werkzeuggerechten Produktoptimierung wurden zunächst die Merkmale der betrachteten Produktvariante als fix oder variabel klassifiziert. Hierzu wurde die Anforderungsliste der Produktvariante zugrunde gelegt und die Implikationen auf die Freiheitsgrade in den Produktmerkmalen aufgenommen (siehe Tabelle 6-16). Dabei hat sich herausgestellt, dass nahezu alle geometrischen Merkmale aufgrund gesetzlicher Normen als fix einzustufen sind. Auch das Produktmerkmal „Anzahl Farbvarianten" ist ebenfalls nicht variierbar, da die Farbvarianten durch das Marketing vorgegeben werden. Aufgrund von Oberflächenvorgaben seitens des Produktdesigns wurde das Merkmal „Oberflächengüte (sichtbar)" ebenfalls als fix klassifiziert. Als variable und somit für den weiteren Verlauf der Methodik relevanten Merkmale konnten u.a. die „Wandstärke (max)", „Wandstärke (min)" sowie die „Oberflächengüte (nicht sichtbar)" identifiziert werden.

Anforderungsliste				
Merkmale	Ausprägung	Anforderungen	Anforderungsquelle	Einschränkungsgrad (fest, variabel)
Länge	295 mm	– Normmaß der Aussparung: 72 mm – Außenmaß zu Lochmitte: mind. 40 mm	– Gesetzliche Norm – Design	fix
Breite	81 mm	– Entsprechend Merkmal „Länge"	– Gesetzliche Norm – Design	fix
Höhe	12 mm	– Normmaß: 12 mm	– Gesetzliche Norm – Design	fix
Wandstärke (max)	1,4 mm	– Entwicklung strebt dünne Wandstärken an (Produktkosten)	– Entwicklung	variabel
Wandstärke (min)	0,7 mm	– Muss „füllbar" sein	– Prozessanforderung	variabel
Farbvarianten	4	– Marketing fordert vier festgelegte Farben	– Marketing	fix
Oberflächengüte (sichtbar)	0,012 µm	– Design fordert Hochglanzoberfläche	– Design	fix
Oberflächengüte (nicht sichtbar)	1,6 µm	– Einheitliche Anmutung	– Design	variabel
Material (Schwindung)	0,75%	– Sicherheitsanforderung (z.B. chemische Beständigkeit, Entflammbarkeit etc.)	– Sicherheit	variabel
Anzahl Rippen pro Außenseite	2	– Rippen für Zentrierung erforderlich	– Montage	variabel
Anzahl der Durchbrüche	4	– Anzahl der Steckdosen = Anzahl der Durchbrüche	– Marktanforderung	fix
Anzahl der Einspritzpunkte	5	– Einfluss auf Anmutung der Oberfläche (sichtbare Bindenähte, Einfallstellen, Maßhaltigkeit)	– Design – Entwicklung – Werkzeug-management	variabel

Tabelle 6-16: Ausschnitt aus der Anforderungsliste

Zur Ermittlung der weiteren Einschränkungen durch die inneren Wechselwirkungen im Produkt wurden die Produktmerkmale in einer Korrelationsmatrix aufgetragen und die Intensität der inneren Wechselwirkungen untersucht. So wurde beispielsweise das Merkmal „Anzahl der Anspritzpunkte" aufgrund seiner sehr hohen Wechselwirkung mit dem als fix definierten Produktmerkmal „Länge" ebenfalls als fix klassifiziert, obwohl es zunächst basierend auf der Anforderungsliste als variabel angenommen wurde. Die Korrelationsmatrix ist in Tabelle 6-17 dargestellt.

Korrelationsmatrix	Länge	Breite	Höhe	Wandstärke (max)	Wandstärke (min)	Farbvarianten	Oberflächengüte (sichtbar)	Oberflächengüte (nicht sichtbar)	Material (Schwindung)	Anzahl der Rippen pro Außenseite	Anzahl der Durchbrüche	Anzahl der Einspritzpunkte
Länge		0	0	3	3	0	0	0	3	3	9	9
Breite	0		0	0	0	0	0	0	0	0	0	0
Höhe	0	0		3	3	0	3	0	0	0	0	0
Wandstärke (max)	3	0	3		9	0	3	0	3	3	0	3
Wandstärke (min)	3	0	3	9		0	9	0	3	3	0	9
Farbvarianten	0	0	0	0	0		9	0	3	9	0	9
Oberflächengüte (sichtbar)	0	0	3	9	9	9		9	3	9	9	9
Oberflächengüte (nicht sichtbar)	0	0	0	0	0	0	9		3	3	0	0
Material (Schwindung)	3	0	0	3	3	3	3	3		3	0	3
Anzahl Rippen pro Außenseite	3	0	0	3	3	9	9	3	3		3	0
Anzahl Durchbrüche	9	0	0	0	0	0	9	0	0	3		9
Anzahl Einspritzpunkte	9	0	0	9	9	9	9	0	3	0	9	

Legende
- Fixe Produktmerkmale
- Variable Produktmerkmale
- Starke Korrelation

Tabelle 6-17: Korrelationsmatrix der betrachteten Produktvariante

Nach der Bewertung der inneren Wechselwirkungen wurden mittels eines Computer-gestützten Algorithmus Merkmal-Cluster erstellt und diese als fix oder variabel klassifiziert. Hierbei stellten sich drei Merkmal-Cluster als fix und eins als variabel heraus. Das variable Merkmal-Cluster besteht aus den variablen Produktmerkmalen „Wandstärke (max)", „Wandstärke (min)", „Oberflächengüte (nicht sichtbar)" und aus den festen Merkmalen „Anzahl Farbvarianten", „Oberflächengüte (sichtbar)", „Material (Schwindung)" sowie „Anzahl der Rippen pro Außenseite". Das variable Merkmal-Cluster bietet somit Freiraum hinsichtlich einer werkzeuggerechten Produktoptimierung. Die vier identifizierten Merkmal-Cluster sind in Tabelle 6-18 dargestellt.

Korrelationsmatrix	Wandstärke (max)	Wandstärke (min)	Oberflächengüte (nicht sichtbar)	Farbvarianten	Oberflächengüte (sichtbar)	Material (Schwindung)	Anzahl Rippen pro Außenseite	Höhe	Breite	Länge	Anzahl Durchbrüche	Anzahl Einspritzpunkte
Wandstärke (max)		9	0	0	3	3	3	[illegible]	[illegible]	3	0	3
Wandstärke (min)	9		0	0	9	3	3	3	0	3	0	9
Oberflächengüte (nicht sichtbar)	0	0		0	9	3	3	0	0	0	0	0
Farbvarianten	0	0	0		9	3	9	0	0	0	0	9
Oberflächengüte (sichtbar)	9	9	9	9		3	9	3	0	0	9	9
Material (Schwindung)	3	3	3	3	3		3	0	0	3	0	3
Anzahl Rippen pro Außenseite	3	3	3	9	9	3		0	0	3	3	0
Höhe	3	3	0	0	3	0	0		[illegible]	[illegible]	0	0
Breite	0	0	0	0	0	0	0	0		[illegible]	[illegible]	0
Länge	3	3	0	0	0	3	3	0	0		9	9
Anzahl Durchbrüche	0	0	0	0	9	0	3	[illegible]	[illegible]	[illegible]		9
Anzahl Einspritzpunkte	9	9	0	9	9	3	0	9	9	9	9	

Cluster 1, Cluster 2, Cluster 3, Cluster 4

Typisierung der Cluster

Fixe Cluster
Keine Freiheitsgrade in den Produktmerkmalen
Cluster 2, Cluster 3, Cluster 4

Variable Cluster
Freiheitsgrade bei mindestens einem Produktmerkmal
Cluster 1

Legende
Fixe Produktmerkmale
Variable Produktmerkmale

Tabelle 6-18: Typisierung der Merkmal-Cluster der Korrelationsmatrix

Mit der Identifikation der Freiheitsgrade wurde die Voraussetzung für die werkzeuggerechte Produktoptimierung geschaffen. Somit wurde auch das zweite Teilmodell der Methodik zur integrierten Produkt- und Werkzeugentwicklung validiert. Im nachfolgend vorgestellten dritten Teilmodell erfolgt die Optimierung der Merkmal-Cluster hinsichtlich Werkzeugkosten und Time-to-Market.

6.2.3.3 Optimale Einschränkung der Freiheitsgrade hinsichtlich Werkzeugkosten und Time-to-Market

Im Anschluss an die Ermittlung der Freiheitsgrade im Produkt wurde die Optimierung dieser hinsichtlich der Werkzeugkosten und der Time-to-Market durchgeführt. Freiheitsgarde existierten in dem in Teilmodell 2 identifizierten variablen Merkmal-Cluster 1, bestehend aus den variablen Produktmerkmalen „Wandstärke (max)", „Wandstärke (min)" und „Oberflächengüte (nicht sichtbar)" sowie aus den fixen Merkmalen „Anzahl der Farbvarianten", „Oberflächengüte (sichtbar)", „Material (Schwindung)" und „Anzahl der Rippen pro Außenseite".

Wie im vorherigen Anwendungsbeispiel, ist auch im Rahmen dieser Validierung die Ermittlung einer Bearbeitungsreihenfolge für die variablen Merkmal-Cluster nicht erforderlich, da lediglich ein Cluster als variabel klassifiziert werden konnte. Daher wurde in der weiteren Analyse der Fokus auf die kostenseitige Optimierung gelegt.

Hierzu wurde in Zusammenarbeit mit den Experten von Busch-Jaeger für sämtliche variablen Produktmerkmale des Merkmal-Clusters 1 der Kosteneinfluss, die Kostensensitivität sowie der Ausprägungsraum ermittelt. Aus diesen Kennzahlen lässt sich der Kostenreduzierungsfaktor aller variablen Merkmale des Merkmal-Clusters bestimmen. Für die fixen Merkmal-Cluster ergibt der Kostenreduzierungsfaktor entsprechend 0 (siehe Tabelle 6-19).

Aus der Ermittlung der Kennzahlen wurde ersichtlich, dass das Merkmal „Wandstärke (min)" den größten Kostenreduzierungsfaktor und somit das größte Potenzial zur Senkung der Werkzeugkosten aufweist. Entsprechend des in Abschnitt 5.3.2 erläuterten Vorgehens wurde das Merkmal „Wandstärke (min)" als Referenzmerkmal deklariert. Da mehrere variable Produktmerkmale im Merkmal-Cluster vorhanden sind, wurden ebenfalls die Kostenabhängigkeiten aller weiteren Merkmale zum Referenzmerkmal ermittelt. Eine Kostenabhängigkeit gibt Aufschluss darüber, inwieweit die durch die weiteren Merkmale verursachten Werkzeugkosten sinken (-), steigen (+) oder neutral (0) bleiben, falls das Referenzmerkmal in seinen Ausprägungen abgeändert wird.

Kostensenkungstabelle						
Merkmal	Ausprägung	Kosteneinfluss	Kostensensitivität	Ausprägungsraum	Kosten-reduzierungsfaktor	Kosten-abhängigkeit
Wandstärke (min)	0,7 mm	16,86	0,24	3	12,18	+
Wandstärke (max)	1,4 mm	2,26	0,24	9	3,28	0
Oberflächengüte (nicht sichtbar)	1,6 µm	0,49	0,0018	3	0,003	0
Farbvariante	4	0,08	0,0018	0	0	0
Oberflächengüte (sichtbar)	0,012 µm	14,24	1,18	0	0	0
Material (Schwindung)	0,75%	0,76	0,07	0	0	0
Anzahl Rippen pro Außenseite	2	0,63	0,01	0	0	0

Tabelle 6-19: Kostensenkungstabelle des variablen Merkmal-Clusters 1

Im finalen Schritt wurden alle Kostenreduzierungsfaktoren mit positivem bzw. negativem Vorzeichen aufsummiert. Die Summe der Kostenreduzierungsfaktoren mit positivem Vorzeichen ergibt 12,18, während die Summe derer mit negativem Vorzeichen den Wert 0 ergibt. Innerhalb des Referenzmerkmals „Wandstärke (min)" muss somit die im möglichen Ausprägungsraum günstigste Ausprägung gewählt werden. Da das Produktmerkmal „Wandstärke (min)" keinen Einfluss auf die Merkmale" Wandstärke (max)" sowie „Oberflächengüte (nicht sichtbar)" besitzt, liegt eine Variation der Wandstärke (min) zur Reduzierung der Werkzeugkosten nahe. Dieses Ergebnis wurde durch die Experten von Busch-Jaeger bestätigt. Die methodischen Schritte der drei Teilmodelle der Methodik zur integrierten Produkt- und Werkzeugentwicklung wurden somit validiert.

6.2.4 Fazit der Validierung bei der Busch-Jaeger Elektro GmbH

Im Rahmen der Workshops und Expertengespräche bei Busch-Jaeger konnten alle Teilmodelle der Methodik zur integrierten Produkt- und Werkzeugentwicklung erfolgreich validiert werden. Die für die Analyse zugrunde gelegten Produkte wurden einleitend hinsichtlich der Werkzeugkosten und Time-to-Market bewertet. Anschließend erfolgte unter Berücksichtigung der produktseitigen Einschränkungen sowie der Wechselwirkungen innerhalb des Produkts die Bildung von Merkmal-Clustern sowie die Klassifizierung dieser in fix oder variabel. Das als variabel klassifizierte Merkmal-Cluster wurde im nächsten Schritt so optimiert, dass die resultierenden Werkzeugkosten möglichst gering ausfallen. Da lediglich ein variables Merkmal-Cluster identifiziert wurde, war eine Ermittlung der optimalen Bearbeitungsfolge zur Festlegung der Freiheitsgrade in den Merkmal-Clustern nicht erforderlich.

Wie im vorherigen Anwendungsbeispiel waren auch die in dieser Analyse zugrunde gelegten Validierungsobjekte sehr stark eingeschränkt durch Design- und Gesetzesvorschriften. Dennoch konnten Produktmerkmale mit Potenzial zur werkzeuggerechten Optimierung identifiziert werden. Insbesondere eignen sich hierfür die Wandstärken der Produkte. Die erarbeiteten Ergebnisse wurden von den Experten als plausibel und inhaltlich richtig erachtet.

7 Zusammenfassung und Ausblick

Unternehmen aus Hochlohnländern sehen sich einem zunehmenden internationalen Verdrängungswettbewerb mit Anbietern aus Osteuropa und Asien ausgesetzt. Um in diesem Wettbewerb zu bestehen, müssen individuell auf den Kunden zugeschnittene Produkte in kurzer Zeit und mit marktfähigen Preisen angeboten werden können. Für die Erfüllung dieser Anforderungen ist eine integrierte Betrachtung der Phasen und Prozesse entlang der Wertschöpfungskette unerlässlich. Der Werkzeugbau als Bindeglied zwischen Produktentwicklung und Serienfertigung stellt hierbei einen wichtigen Stellhebel dar, da er neben der Produktqualität insbesondere die Produktentstehungskosten sowie die Time-to-Market wesentlich beeinflusst. Zwar wird die Notwendigkeit der Integration des Werkzeugbaus in die vorgelagerten Kundenprozesse zunehmend erkannt, allerdings existiert kein systematischer Ansatz, mithilfe dessen die Wechselwirkungen zwischen Produkt und Werkzeug abgebildet und rechtzeitig Freiheitsgrade zur werkzeuggerechten Produktoptimierung erkannt werden können. Durch den starken Fokus auf die Produktqualität werden ferner wichtige Zielgrößen wie die Werkzeugkosten sowie die Time-to-Market vernachlässigt. An dieser Stelle setzt die Zielsetzung dieser Arbeit an. Ziel der vorliegenden Arbeit ist die Entwicklung einer Methodik zur integrierten Produkt- und Werkzeugentwicklung, welche zu einer Reduzierung der Werkzeugkosten sowie der Time-to-Market führt.

Hierzu wurde in Kapitel eins, im Anschluss an eine kurze Motivation, der für diese Arbeit zugrunde liegende Forschungsprozess nach ULRICH vorgestellt und das eigene Vorgehen in diesen eingeordnet. In Kapitel zwei wurden die Grundlagen der Produktentwicklung sowie des Werkzeugbaus erläutert. Hierzu wurden zunächst produktbeschreibende Strukturen, die Elemente der Produktentwicklung sowie die grundlegenden Abschnitte des Produktentwicklungsprozesses beschrieben. Zudem wurde auf die Bedeutung des Werkzeugbaus für die industrielle Wertschöpfung eingegangen sowie die Branche, die Erzeugnisse und die möglichen Formen der Organisationsstruktur des Werkzeugbaus beschrieben. Anschließend erfolgte eine Beschreibung der Prozesskette des Werkzeugbaus und insbesondere des Werkzeugentwicklungsprozesses. Aufbauend auf den Grundlagen zur Produktentwicklung sowie zum Werkzeugbau wurde auf die Schnittstelle zwischen diesen beiden Einheiten eingegangen. Hierbei wurden insbesondere die Formen der organisatorischen Einbettung des Werkzeugbaus in die vorgelagerten Prozesse beschrieben.

Ziel des dritten Kapitels war die Vorstellung und Bewertung des Status Quo zur integrierten Produkt- und Werkzeugentwicklung in der Praxis und Theorie. Das Praxisdefizit wurde anhand von zwei aktuellen Studien dargelegt. Haupterkenntnis der Studien war, dass der Einbezug des Werkzeugbaus in die vorgelagerten Kundenprozesse einen überragenden Kundennutzen hat, jedoch nicht umfassend und systematisch umgesetzt wird. Somit existiert ein großer Bedarf an der Entwicklung von Methoden, welche eine integrierte Produkt- und Werkzeugentwicklung unterstützen. Das Theoriedefizit wurde anhand der Darstellung und Bewertung bestehender Ansätze aus der wissenschaftlichen Literatur abgeleitet. Hierzu wurden zunächst Kriterien hinsichtlich der Zielsetzung sowie des Objektbereichs der vorliegenden Arbeit festgelegt, anhand derer die Ansätze bewertet wurden. Der Fokus lag auf bestehende Ansätze aus dem Gebiet des Simultanous Engineering sowie der Integrierten Produktentwicklung. Daneben wurden werkzeugbauspezifische Ansätze sowie sogenannte „Design for Tooling“-Ansätze in die Betrachtung einbezogen. Hierbei hat die Untersuchung ergeben, dass die bestehenden Ansätze des Simultaneous Engineering beziehungsweise der Integrierten Produktentwicklung den Werkzeugbau nur unzureichend thematisieren. Zudem vernachlässigen die Ansätze des Werkzeugbaus die Schnittstelle zur Produktentwicklung. Auch die „Design for Tooling“-Ansätze geben zwar ausführliche Konstruktionsrichtlinien zur werkzeuggerechten Produktentwicklung vor, schneiden den Integrationsgedanken an der Schnittstelle Produkt- und Werkzeugentwicklung jedoch lediglich an. Somit fehlt es ebenfalls aus Sicht der Theorie an einem Ansatz, welcher im Sinne des Simultaneous Engineering eine integrierte Produkt- und Werkzeugentwicklung unterstützt.

Aufbauend auf den in Kapitel drei definierten Kriterien sowie des Praxis- und Theoriedefizits wurde in Kapitel vier das Grobkonzept der Methodik zur integrierten Produkt- und Werkzeugentwicklung vorgestellt. Hierbei wurde einleitend die System- und Graphentheorie erläutert, worauf wesentliche Teile der Methodik basieren. Zur Festlegung der zeitlichen Anwendung der Methodik im Produktentwicklungsprozess, wurde diese in die VDI 2221 eingeordnet. Anschließend erfolgte eine übergeordnete Beschreibung der drei Teilmodelle der Methodik.

Ziel des fünften Kapitels war die Ausdetaillierung der einzelnen Teilmodelle der Methodik zur integrierten Produkt- und Werkzeugentwicklung. Hierbei sieht das erste

Teilmodell die Bewertung der Produktvarianten hinsichtlich der Werkzeugkosten und Time-to-Market vor. Für die Bewertung wird einleitend die Produktfamilie anhand von Merkmalen und Ausprägungen beschrieben. Gleichzeitig erfolgt die Beschreibung der Struktur des sogenannten Referenzwerkzeugs sowie die Ermittlung der Kosten für die einzelnen Werkzeugbaugruppen. Sind Produkt und Werkzeug beschrieben, werden im nächsten Schritt basierend auf der Graphentheorie die Wechselwirkungen zwischen den beiden Systemen analysiert und die Produktvarianten hinsichtlich der Werkzeugkosten bewertet. Anschließend erfolgt eine Bewertung der zeitlichen Kritikalität basierend auf der verfügbaren Zeit zwischen Design Freeze und SOP sowie der erforderlichen Zeit der Werkzeugentstehung.

Aufbauend auf der Bewertung hinsichtlich der Werkzeugkosten und Time-to-Market werden die Produktvarianten im zweiten Teilmodell in einer priorisierten Reihenfolge hinsichtlich ihrer Freiheitsgrade zur werkzeuggerechten Optimierung vertiefend analysiert. Freiheitsgrade beschreiben im Kontext der vorliegenden Arbeit die Möglichkeit ein Produktmerkmal, unter Berücksichtigung der weiteren Restriktionen an das Produkt, in seinen Ausprägungen zu variieren. Hierbei werden zunächst die aus der Anforderungsliste abgeleiteten produktseitigen Restriktionen aufgenommen, welche die Freiheitsgrade im Produkt hinsichtlich einer werkzeuggerechten Optimierung einschränken. Um die weiteren Einschränkungen durch die inneren Wechselwirkungen zwischen den Merkmalen eines Produkts zu analysieren, werden im nächsten Schritt sogenannte Merkmal-Cluster gebildet. Merkmal-Cluster können als fix (nicht veränderbar) oder variabel (veränderbar) klassifiziert werden. Während fixe Merkmal-Cluster kein Potenzial zur werkzeuggerechten Produktoptimierung aufweisen und nicht weiter verfolgt werden, bestehen Freiheitsgrade innerhalb der variablen Merkmal-Cluster.

Im dritten Teilmodell werden die variablen Merkmal-Cluster hinsichtlich der Werkzeugkosten und Time-to-Market optimiert. Basierend auf dem Ablaufplan der Werkzeugentwicklung wird zunächst eine optimale Abfolge zur Festlegung der mit Freiheitsgarden versehenen variablen Merkmal-Cluster ermittelt. Durch die frühzeitige und phasenadäquate Festlegung der variablen Merkmal-Cluster kann die Werkzeugentwicklung frühzeitig starten, wodurch die Time-to-Market insgesamt reduziert werden kann. Mittels der Kennzahlen Kosteneinfluss, Kostensensitivität, Ausprägungsraum sowie der Kostenabhängigkeit können die Potenziale zur Reduzierung der Werkzeugkosten im Produkt ermittelt und durch eine entsprechende Produktauslegung ausgeschöpft werden.

Im sechsten Teilkapitel wurde die in der vorliegenden Arbeit entwickelte Methodik erfolgreich bei der Grunewald GmbH & Co. KG, einem Hersteller von Werkzeugen, Vorrichtungen, Modellen und Gussprodukten sowie bei der Busch-Jaeger Elektro GmbH, welche auf dem Gebiet der Elektroinstallation tätig ist, validiert. In beiden Unternehmen erfolgte die Validierung im Rahmen von Experten-Workshops, an denen im Sinne der Methodik sowohl Produktentwickler als auch Werkzeugentwickler teilgenommen haben.

Die in dieser Arbeit entwickelte Methodik leistet somit einen Beitrag zur Integration des Werkzeugbaus in den vorgelagerten Produktentwicklungsprozess. Im Sinne des Integrationsgedankens setzt die Methodik als Anwender sowohl Vertreter der Produktentwicklung als auch des Werkzeugbaus voraus. Die Anwendbarkeit begrenzt sich dabei nicht auf spezifische Branchen, sondern kann auf alle physischen Produkte, welche mit Hohlformwerkzeugen hergestellt werden, angewendet werden.

Zum Abschluss der Arbeit wird nachfolgend auf den weiteren Forschungsbedarf eingegangen. Im ersten Teilmodell der Methodik wird der Kosteneinfluss von Produktmerkmalen und -ausprägungen auf das Werkzeug anhand von systematisch ermittelten Faktoren beschrieben. Eine weitere Optimierung des Modells kann durch Ausweisung von konkreten monetären Werten erreicht werden. Grundsätzlich kann aus dem Verhältnis von einem Kosteneinflusswert zu der Summe aller Kosteneinflusswerte der Anteil der von einer Produktausprägung verursachten Werkzeugkosten ermittelt werden. Fraglich ist jedoch, ob das Produkt mit den gewählten Merkmalen und Ausprägungen vollständig beschrieben ist und die Summe aller Kosteneinflusswerte die Gesamtkosten eins Werkzeugs repräsentiert. Je vollständiger das Produkt durch Merkmale und Ausprägungen beschrieben ist, desto eher kann der versursachte Kosteneinfluss von Produktausprägungen in monetären Werten ausgedrückt werden. Somit wäre im weiteren Schritt die Entwicklung einer Bewertungsmethode erforderlich, welche im Abhängigkeit von der Vollständigkeit der Beschreibung eines Produkts durch Merkmale und Ausprägungen eine Empfehlung darüber gibt, ob die Durchführung auf Basis monetärer Werte oder auf Basis von Faktoren ohne Einheit zielführender ist.

Zur Steigerung des Aufwand-Nutzen-Verhältnisses der Methodik ist ferner die Entwicklung eines IT-gestützten Tools sinnvoll. Beispielsweise würde eine automatische Erzeugung der Referenzwerkzeugstruktur einschließlich der hinterlegten Kostenarten im Teilmodell eins den Aufwand für den Nutzer erheblich erleichtern und die Praxistauglichkeit der Methodik weiter steigern.

Literaturverzeichnis

Albert, H., Marktsoziologie und Entscheidungslogik - Ökonomische Probleme in soziologischer Perspektive. In: Soziologische Texte, Bd. 36, 1998.

Arnoscht, J., Beherrschung von Komplexität bei der Gestaltung von Baukastensystemen, Aachen: Apprimus Wissenschaftsverlag, 2013.

Bachthaler, M., Entwicklung und Anwendung der Systemtechnik bei komplexen innovativen Vorhaben sowei bei Mensch-Maschine-Systemen - Eine Systemmethodik für das Technische Management, Düsseldorf: VDI-Verlag, 2000.

Bea, F. X., Scheurer, S., Hesselmann, S., Projektmanagement, Stuttgart: Lucius & Lucius, 2008.

Berwanger, J., Gabler Wirtschaftslexikon (Hrsg.), "Prozess", 2014, URL: http://wirtschaftslexikon.gabler.de/Archiv/12416/prozess-v12.html [Stand: 19.11.2014].

Binder, V. A., Kantowsky, J., Technologiepotentiale, St. Gallen: Wiesbaden: Deutscher Universitätsverlag, 1996.

Birkert, A.; Haage, S., Straub, M., Umformtechnische Herstellung komplexer Karosserieteile. Auslegung von Ziehanlagen. Berlin, Heidelberg: Springer, 2013.

Bochtler, W., Modellbasierte Methodik für eine integrierte Konstruktion und Arbeitsplanung, Als Ms. gedr, Aachen: Shaker, 1996.

Böge, A., Böge, W., Handbuch Maschinenbau – Grundlagen und Anwendungen der Maschinenbautechnik, Wiesbaden, Springer, 2015.

Boos, W., Methodik zur Gestaltung und Bewertung von modularen Werkzeugen, Aachen: Apprimus-Verl., 2008.

Boos, W., Kuhlmann, K., Komorek, N., Hensen, T., Beherrschung der Wertschöpfung im Betriebsmittelbau. In: Tagungsband der 10. Aachender Management Tage, Apprimus Verlag, Aachen, 2013

Boothroyd, G., Dewhurst, P., Design for assembly - A designer's handbook, Amherst, Ma.: University of Massachusetts, Dept. of Mechanical Engineering, 1983.

Bonnet, M., Kunststofftechnik. Grundlagen, Verarbeitung, Werkstoffauswahl und Fallbeispiele. 2. Aufl. Wiesbaden: Springer Vieweg, 2014.

Bosch, K., Elementare Einführung in die angewandte Statistik, 6., überarbeitete Auflage, Wiesbaden: Vieweg+Teubner Verlag, 1997.

Brand, F., Komplexe Systeme: Neue Ansätze und zahlreiche Beispiele, München, Oldenbourg Wissenschaftsverlag, 2013.

Brankamp, K., Organisation des Betriebsmittelbaus, Essen: Girardet, 1981.

Brecher, C., Integrative Produktionstechnik für Hochlohnländer, Berlin, Heidelberg: Springer-Verlag Berlin Heidelberg, 2011.

Brinkmann, T. (Hrsg.), Handbuch Produktentwicklung mit Kunststoffen, München [u.a.]: Hanser, 2011.

Brockhoff, K., Schnittstellen-Management - Abstimmungsprobleme zwischen Marketing und Forschung und Innovation, Stuttgart: Poeschel, 1989.

Bronner, A., Angebots- und Projektkalkulation - Leitfaden für Praktiker, 3., aktualisierte Aufl, Berlin, Heidelberg, New York, NY: Springer, 2008.

Browning, T. R., Applying the design structure matrix to system decomposition and integration problems: a review and new directions. In: IEEE Trans. Eng. Manage., 48. Jg., Nr. 3, 2001, S. 292–306.

Bruns, M., Systemtechnik - Ingenieurwissenschaftliche Methodik zur interdisziplinaeren Systementwicklung, Berlin: Springer, 1991.

Bullinger, H.-J., Marktgerechte Produktentwicklung, Berlin, Heidelberg: Springer Berlin Heidelberg, 1992.

Burghardt, M., Projektmanagement - Leitfaden für die Planung, Überwachung und Steuerung von Entwicklungsprojekten, 6. Aufl., Erlangen: Publicis Corp. Publ, 2002.

Burghardt, M., Einführung in Projektmanagement - Definition, Planung, Kontrolle, Abschluss, 4., überarbeitete und erw. Aufl, Erlangen: Publicis Corporate Publishing, 2002.

Burmann, C., Gabler Wirtschaftslexikon (Hrsg.), Produktfamilie, 2014, URL: http://wirtschaftslexikon.gabler.de/Archiv/135585/produktfamilie-v5.html [Stand: 04.06.2014].

Clements, P., Northrop, L., Software Product Lines - Practices and Patterns, Boston: Addison Wesley, 2002.

Conrad, K.-J., Grundlagen der Konstruktionslehre. Methoden und Beispiele für den Maschinenbau und die Gerontik. 6. Aufl. München: Carl Hanser Verlag, 2013.

Corsten, H., Produktionswirtschaft - Einführung in das industrielle Produktionsmanagement, 9. Aufl., München: Oldenbourg, 2000.

Czichos, H., Hennecke, M. (Hrsg.), Hütte - Das Ingenieurwissen. 34. Aufl. Berlin, Heidelberg: Springer Vieweg, 2012.

Dai, Z., Scott, M. J., Product platform design through sensitivity analysis and cluster analysis. In: Journal of Intelligent Manufacturing, 18. Jg., Nr. 1, 2007, S. 97–113.

Deutsches Institut für Normung e. V., DIN Norm 2330, Begriffe und Benennung, 1979.

Deutsches Institut für Normung e. V., DIN Norm 199, Begriffe im Zeichnungs- und Stücklistenwesen, 1977.

Deutsches Institut für Normung e. V., DIN Norm 69901, Projektmanagement, 08/1987.

DIN Deutsches Institut für Normung, Technische Dokumentation - Normen für Produktdokumentation und Dokumentmanagement, 2. Aufl, Berlin: Beuth, 2008.

Du, X., Jiao, J., Tseng, M., Modelling platform-based product configuration using programmed attributed graph grammars. In: Journal of Engineering Design, 14. Jg., Nr. 2, 2003, S. 145–167.

Duden Online (Hrsg.), "Produkt", 2014, URL: http://www.duden.de/rechtschreibung/Produkt [Stand: 04.06.2014].

Ehrlenspiel, K., Kiewert, A., Lindemann, U., Kostengünstig entwickeln und konstruieren - Kostenmanagement bei der integrierten Produktentwicklung, 6., überarb. und korrigierte Aufl, Berlin, Heidelberg, New York, NY: Springer, 2007.

Ehrlenspiel, K., Meerkamm, H. (Hrsg.), Integrierte Produktentwicklung - Denkabläufe, Methodeneinsatz, Zusammenarbeit, 5. Auflage, München: Hanser, 2013.

Eigenfeld, K., Praxis der Druckgussfertigung, Berlin: Schiele & Schön, 2004.

Eigner, M., Product lifecycle management, London: Springer, 2008.

Erlach, K., Wertstromdesign - Der Weg zur schlanken Fabrik. In: Wertstromdesign, 2010.

Eurostat (The EU in the World), The EU in the World 2014 – Statistical Portrait. Luxemburg: Publications Office of the European Union, 2014.

Eversheim, W., Simultaneous Engineering - eine organsatorische Chance. In: Verein Deutscher Ingenieure e.V. (Hrsg.): Berichte 758, 1989, S. 1–27.

Eversheim, W., Organisation in der Produktionstechnik, 3., vollst. überarb. Aufl, Berlin, Heidelberg: Springer, 1998.

Eversheim, W., Bochtler, W., Gräßler, R., Kölscheid, W., Simultaneous engineering approach to an integrated design and process planning. In: European Journal of Operational Research 1997, S. 327–337.

Eversheim, W., Bochtler, W., Laufenberg, L. (Hrsg.), Simultaneous engineering - Erfahrungen aus der Industrie für die Industrie, Berlin, New York: Springer-Verlag, 1995.

Eversheim, W., Klocke, F., Werkzeugbau mit Zukunft - Strategie und Technologie, Berlin: Springer, 1998.

Eversheim, W., Schuh, G. (Hrsg.), Integrierte Produkt- und Prozessgestaltung, 1. Aufl, Berlin: Springer, 2005.

Feldbrügge, R., Brecht-Hadraschek, B., Prozessmanagement leicht gemacht - Geschäftsprozesse analysieren und gestalten, 2. Auflage, München: Redline Wirtschaft, 2008.

Feldhusen, J., Grote, K.-H., Pahl, G., Beitz, W. (Hrsg.), Pahl/Beitz Konstruktionslehre - Methoden und Anwendung erfolgreicher Produktentwicklung, 8., vollst. überarb. Aufl, Berlin: Springer Vieweg, 2013.

Frick, L., Erfolgreiche Geschäftsmodelle im Werkzeugbau, Aachen: Shaker, 2006.

Fricker, I. C., Strategische Stringenz im Werkzeug- und Formenbau, Aachen: Shaker, 2005.

Fritz, A. H. (Hrsg.), Fertigungstechnik, 10., neu bearb. Aufl, Berlin [u.a.]: Springer Vieweg, 2012.

Göpfert, J., Modulare Produktentwicklung - Zur gemeinsamen Gestaltung von Technik und Organisation, Wiesbaden: Dt. Univ.-Verl., 1998.

Grosse-Heitmeyer, V., Globalisierungsgerechte Produktstrukturierung auf Basis technologischer Kernkompetenzen, Garbsen: PZH, Produktionstechn. Zentrum, 2006.

Gutenberg, E., Grundlagen der Betriebswirtschaftslehre, 1. Auflage, Berlin: Springer Verlag, 1951.

Haberfellner, R., Systems Engineering - Grundlagen und Anwendung, 12., völlig neu bearb. und erweiterte Aufl, Zürich: Orell Füssli, 2012.

Haberfellner, R., Die Unternehmung als dynamisches System - Der Prozesscharakter der Unternehmungsaktivitäten, 2. Aufl, Zürich: Verlag Industrielle Organisation, 1975.

Herrmann, J. W., Design for production: concepts and applications. In: Herrmann, J. W. (Hrsg.): Proceedings of the SME East Coast Region 3 Annual Members Conference, Bethlehem, PA, USA, 2003.

Herbertz, R., Hermanns, H., Labs, R., Massivumformung kurz und bündig, Hagen, Industrieverband Massivumformung e. V, 2013

Hinckeldeyn, J., Dekkers, R., Altfeld, N., Kreutzfeldt, J., Bottelneck-based synchronisation of engineering and manufacturing, Hamburg: HAW-Hamburg, 2010.

Hofer, A. P., Management von Produktfamilien - Wettbewerbsvorteile durch Plattformen, 1. Aufl, Wiesbaden: Dt. Univ.-Verl. [u.a.], 2001.

Horváth, P., Synergien durch Schnittstellen-Controlling, Stuttgart: C.E. Poeschel, 1991.

Ittner, T., Quantitative Bewertung von Kernkompetenzen in der Automobilzulieferindustrie am Beispiel des Presswerkzeugbaus, Darmstadt: Shaker, 2004.

Johannaber, F., Michaeli, W., Handbuch Spritzgiessen, 2., Aufl, München: Hanser, 2004.

Jurklies, I., Generierung und Bewertung von Prozessketten für den Werkzeug- und Formenbau, Aachen: Shaker, 2004.

Kalweit, A., Paul, C., Peters, S., Wallbaum, R., Handbuch für Technisches Produktdesign. Material und Fertigung. Entscheidungsgrundlagen für Designer und Ingenieure. 2. Aufl. Berlin, Heidelberg: Springer, 2012.

Klocke, F., Zukunftsstudie Werkzeug- und Formenbau, Aachen: WZL, 2005.

Klocke, F., König, W., Fertigungsverfahren, Berlin, New York: Springer, 2005.

Klocke, F., König, W. (Hrsg.), Fertigungsverfahren 1 - Drehen, Frasen, Bohren, 8. Aufl, Berlin: Springer, 2007.

Klotzbach, C., Gestaltungsmodell für den industriellen Werkzeugbau, Aachen: Shaker, 2006.

Kotler, P., Bliemel, F., Marketing-Management - Analyse, Planung und Verwirklichung, 10., überarb. und aktualisierte Aufl, Stuttgart: Schäffer-Poeschel, 2001.

Kröning, R., Schröder, C., Unternehmensqualifizierung - Sachbericht Regionale Unternehmensqualifizierung im Werkzeug- und Formenbau - Aufbau und Implementierung eines Unternehmensverbundes in Berlin-Brandenburg, Berlin, 2005.

Krumke, S. O., Noltemeier, H., Graphentheoretische Konzepte und Algorithmen, 3. Aufl. 2012, Wiesbaden: Vieweg+Teubner Verlag, 2012.

Kubicek, H., Heuristische Bezugsrahmen und heuristisch angelegte Forschungsdesign als Elemente einer Konstruktionsstrategie empirischer Forschung. In: Köhler, R. (Hrsg.): Empirische und handlungstheoretische Forschungskonzeption in der Betriebswirtschaftslehre - Bericht über die Tagung in Aachen, März 1976, Stuttgart: C. E. Poeschel, 1977.

Kuhlmann, K. K., Methodik zur Gestaltung von Geschäftsprozessen im industriellen Werkzeugbau, Aachen: Apprimus Wissenschaftsverlag, 2013.

Kuhn, T. S., Die Struktur wissenschaftlicher Revolutionen, 2. rev. und um das Postskriptum von 1969 erg. Aufl, Frankfurt am Main: Suhrkamp, 1976.

Lakatos, I., Falsifikation und die Methodologie wissenschaftlicher Forschungsprogramme. In: Lakatos, I., Feyerabend, P. K. (Hrsg.): Kritik und Erkenntnisfortschritt, Wiesbaden: Vieweg+Teubner Verlag, 1974, S. 89–189.

Laufenberg, L., Methodik zur integrierten Projektgestaltung für die situative Umsetzung des simultaneous engineering, Als Ms. gedr, Aachen: Shaker, 1996.

Lenders, M., Beschleunigung der Produktentwicklung durch Lösungsraum-Management, Aachen: Apprimus-Verl., 2009.

Leonhard, K.-W., Naumann, P., Odin, A., Managementsysteme - Begriffe - Ihr Weg zu klarer Kommunikation, 9. Aufl, Berlin, Wien, Zürich: Beuth, 2009.

Lessenich-Henkys, V. F., Aufbau einer firmenspezifischen, wissensbasierten Konstruktionssoftware für Spritzgussteile - Möglichkeiten und Grenzen, Aachen, 1991.

Lincke, W., Simultaneous engineering - Neue Wege zu überlegenen Produkten, München, Wien: Hanser, 1995.

Lindemann, U., Methodische Entwicklung technischer Produkte - Methoden flexibel und situationsgerecht anwenden. In: Methodische Entwicklung technischer Produkte, 2009.

Luhmann, N., Soziale Systeme - Grundriss einer allgemeinen Theorie, 1. Aufl, Frankfurt am Main: Suhrkamp, 1987.

MacDuffie, J. P., International Motor Vehicle Program (IMVP), *Sloan School of Management, Center for Technology*, 2014, URL: http://global.mit.edu/projects/project/international-motor-vehicle-program-imvp/ [Stand: 04.11.2014].

Markgraf, D., Gabler Wirtschaftslexikon (Hrsg.), "Produktlinie", URL: http://wirtschaftslexikon.gabler.de/Archiv/56903/produktlinie-v6.html [Stand: 04.06.2014].

Martin, M., Ishii, K., Design for variety: developing standardized and modularized product platform architectures. In: Research in Engineering Design, 4. Aufl., Berlin: Springer, 2002, S. 213–235.

Meier, J., Produktarchitekturtypen globalisierter Unternehmen, Aachen: Shaker, 2007.

Meyer, M. H., Lehnerd, A. P., The power of product platforms - Building value and cost leadership, New York: Free Press, 1997.

Möhrle, M. G., Gabler Wirtschaftslexikon (Hrsg.), "Produkt", URL: http://wirtschaftslexikon.gabler.de/Archiv/73950/produkt-v6.html [Stand: 19.11.2014].

Müller, D., Betriebswirtschaftslehre für Ingenieure, Heidelberg, Springer, 2013

Nagahanumaiah, Mukherjee, N. P., Ravi, B., An integrated framework for die and mold cost estimation using design features and tooling parameters. In: The International Journal of Advanced Manufacturing Technology, 26. Jg., 9-10, 2005, S. 1138–1149.

Naefe, P., Einführung in das Methodische Konstruieren. 2., überarbeitete und erweiterte Aufl. Wiesbaden: Springer Fachmedien, 2012.

Nedess, C., Organisation des Produktionsprozesses, Stuttgart: Teubner, 1997.

Pahl, G., Beitz, W., Konstruktionslehre - Grundlagen erfolgreicher Produktentwicklung. Methoden und Anwendung, 7., neu bearb. u. erw. Aufl, Berlin: Springer, 2006.

Paulukuhn, L., Typologisierung von Entwicklungsprojekten im Maschinenbau, Aachen: Shaker, 2005.

Pfeifer, T., Qualitätsmanagement - Strategien, Methoden, Techniken; mit 3 Tabellen, 3., völlig überarb. und erw. Aufl, München, Wien: Hanser, 2001.

Pimmler, T., Eppinger, S. D., Integration Analysis of Product Decomposition: Alfred P. Sloan School of Management, Massachusetts Institute of Technology, 1994.

Pollack, A., Entwicklung eines Informationssystems zur strategischen Planung des Werkzeugbaus - Ein Beitrag zur Strategiefindung auf Basis von Benchmarking-Ergebnissen, Aachen: Shaker, 1995.

Ponn, J., Lindemann, U., Konzeptentwicklung und Gestaltung technischer Produkte - Systematisch von Anforderungen zu Konzepten und Gestaltlösungen, 2. Aufl., Heidelberg: Springer, 2011.

PSIPENTA Systems GmbH, Audi Werkzeugbau, Berlin, 2013

Rapp, T., Produktstrukturierung - Komplexitätsmanagement durch modulare Produktstrukturen und -plattformen, Wiesbaden: Gabler, 1999.

Reimer, V. v., Druckguss, München: Hanser, 1959.

Rittstieg, M., Methodik zur Prozesssynchronisierung in der Auftragsabwicklung des industriellen Werkzeugbaus, 1. Aufl., Aachen: Apprimus-Verl., 2012.

Ritz, P., Bewertung technischer Änderungen im Werkzeugbau, Als Ms. gedr., Aachen: Shaker, 1999.

Ropohl, G., Allgemeine Technologie - Eine Systemtheorie der Technik, 2. Aufl, München: C. Hanser, 1999.

Schanz, G., Methodologie für Betriebswirte, 2., überarb. und erw. Aufl, Stuttgart: Poeschel, 1988.

Schleyer, C., Erfolgreiches Kooperationsmanagement im Werkzeugbau, Aachen: Shaker, 2006.

Schlüter, H., Vorkalkulationsmethoden von Spritzgießwerkzeugen - Vorkalkulationsmethoden von Spritzgießwerkzeugen auf Basis der Ähnlichkeitsbetrachtung. In: Schlüter, H. (Hrsg.): DIF-Seminar "Kalkulation von Spritzgießwerkzeugen", Würzburg, 2006.

Schmelzer, H. J., Organisation und Controlling von Produktentwicklungen - Praxis des wettbewerbsorientierten Entwicklungsmanagements, Stuttgart: Schäffer-Poeschel, 1992.

Schönmann, S. O., Produktentwicklung in der Automobilindustrie - Mangementkonzepte vor dem Hintergrund gewandelter Herausforderungen, Wiesbaden, Springer Fachmedien, 2012.

Schönsleben, P., Integrales Logistikmanagement - Planung und Steuerung von umfassenden Geschäftsprozessen, 2., überarb. und erw. Aufl, Berlin [u.a.]: Springer, 2000.

Schuh, G. Lean Innovation, Berlin, Heidelberg, Springer Vieweg, 2013.

Schuh, G. (Hrsg.), Operative Exzellenz im Werkzeug- und Formenbau, 1. Aufl., Aachen: Apprimus-Verl., 2010.

Schuh, G., Toolmaking for the future - A global study of today's situation and future trends in the tooling industry, Aachen: Laboratory for Machine Tools and Production Engineering of RWTH, 2009.

Schuh, G., Arnoscht J., Bohl A., Nußbaum C., Integrative Assessment and Configuration of Production Systems. In: CIRP Annals - Manufacturing Technology, 60. Aufl., 2011, S. 457–460.

Schuh, G., Stölzle, W., Straube, F., Anlaufmanagement in der Automobilindustrie erfolgreich umsetzen - Ein Leitfaden für die Praxis, 1. Aufl, Berlin: Springer Berlin, 2008.

Schuh, G., Boos, W., Eßmann, V., Fuchs, R., Gärtner, R., Hensen, T., Hill, A., Johann, H., Komorek, N., Pitsch, M., Siebenwurst, C., Globaler industrieller Werkzeugbau – Vernetzte Wertschöpfung als Erfolgsfaktor. In: Industrie 4.0 – Aachener Perspektiven, Shaker Verlag, Aachen, 2014, S. 221 - 243

Schuh, G., Varnhagen, V. (Hrsg.), Fokus Automobilindustrie: Digitale Wertschöpfungsnetzwerke im Werkzeugbau, 1. Aufl, Aachen: Apprimus Verlag, 2013.

Schuh, G., Der ideale Werkzeugbau. Vortrag im Rahmen des 12. Internationalen Kolloquiums „Werkzeugbau mit Zukunft“ in Aachen, 26. September 2012

Schuh, G., Werkzeugbau 4.0, Vortrag im Rahmen des 13. Internationalen Kolloquiums „Werkzeugbau mit Zukunft“ in Aachen, 17. Oktober 2013

Schwab, J., Geschäftsprozessmanagement mit Visio, ViFlow und MS Project. In: Geschäftsprozessmanagement mit Visio, ViFlow und MS Project, 2013.

Schwartz, M., Mittelstand im rauen Wind: Wettbewerb wird intensiver, die drei „I“ versprechen Erfolg, KFW Economic Research, 2013

Seibert, S., Technisches Management - Innovationsmanagement, Projektmanagement, Qualitätsmanagement, Stuttgart: Teubner, 1998.

Simpson, T. W., Product platform design and customization: Status and promise. In: AIEDAM, 18. Jg., Nr. 01, 2004, S. 2–22.

Simpson, T. W., Peplinski, J., Koch, P. N., Allen, J. K., On the Use of Statistics in Design and the Implications for Deterministic Computer Experiments. In: Simpson, T. W., Peplinski, J., Koch, P. N., Allen, J. K. (Hrsg.): Design Theory and Methodology DTM'97, 1997, S. 14–17.

Specht, G., Beckmann, C., Amelingmeyer, J., F&E-Management - Kompetenz im Innovationsmanagement, 2. Aufl., Stuttgart: Schäffer-Poeschel, 2002.

Spennemann, F., Organisationsstrukturen im Werkzeugbau - Gestaltung von Organisationsstrukturen im Werkzeugbau, Aachen: Shaker Verlag, 2001.

Spur, G., Das virtuelle Produkt - Management der CAD-Technik, München: Hanser, 1997.

St. Penschke, *Große, A., Heinen, F.*, Ansätze zur parallelen Gestaltung von Produkten und Fertigungsprozessen. In: Mitteilungen aus dem Institut für Maschinenwesen der Technischen Universität Clausthal, Clausthal-Zellerfeld: Inst. für Maschinenwesen der Techn. Univ. Clausthal, 1996.

Thebeau, R. E., Knowledge management of system interfaces and interactions from product development processes, Cambridge: Massachusetts Institute of Technology, 2001.

Tinhofer, G., Methoden der angewandten Graphentheorie, Wien, New York: Springer-Verl., op. 1976.

Tracht, K., Planung und Steuerung des Werkzeug- und Formenbaus auf Basis eines integrierten Produktmodells, Hannover: PZH, Produktionstechn. Zentrum, 2002.

Ulrich, H., Gesammelte Schriften - Die Unternehmung als produktives soziales System, Bern: P. Haupt, 2001.

Ulrich, H., Dyllick, T., Probst, G., Management, Bern: Haupt, 1984.

Ulrich, K., The role of product architecture in the manufacturing firm. In: Research Policy, 24. Jg., Nr. 3, 1995, S. 419–440.

Ulrich, P., Hill, W., Wissenschaftstheoretische Grundlagen der Betriebswirtschaftslehre. In: Wirtschaftswissenschaftliches Studium: Wist ; Zeitschrift für Ausbildung und Hochschulkontakt, 5. Jg., Nr. 7, 1976, S. 304–305.

VDI-Fachbereich Produktentwicklung und Mechatronik, VDI 2221, Methodik zum Entwickeln und Konstruieren technischer Systeme und Produkte, 1993.

VDI-Gesellschaft für Produkt- und Prozessgestaltung, VDI 2243, Recyclingorientierte Produktentwicklung, 2002.

Verein Deutscher Ingenieure e. V. (Hrsg.), 2003, Massivumformung heute - Produkte, Partner, Perspektiven; Tagung Kassel, 24. September 2003, Düsseldorf: VDI-Verl.

Verein Deutscher Ingenieure e. V., VDI 2815, Begriffe für die Produktionsplanung und -steuerung - Einführung, Grundlagen.

Wallentowitz, H., Freialdenhoven, A., Olschewski, I., Strategien in der Automobilindustrie - Technologietrends und Marktentwicklungen, 1. Aufl, Wiesbaden: Vieweg+Teubner Verlag / GWV Fachverlage, Wiesbaden, 2009.

Welge, M. K., Al-Laham, A., Strategisches Management - Grundlagen - Prozess - Implementierung, 4., aktualisierte Auflage, Wiesbaden, s.l.: Gabler Verlag, 2003.

Weidel, S., Intelligenter Leichtbau durch Massivumformung, In: Lightweightdesign Nr. 1, 2013, S. 34–38, 2013.

Wermeyer, F., Marketing und Produktion - Schnittstellenmanagement aus unternehmensstrategischer Sicht, Wiesbaden: DUV, 1994.

Westekemper, M., Methodik zur Angebotspreisbildung - Am Beispiel des Werkzeug- und Formenbaus, Aachen: Shaker, 2002.

Wheelwright, S. C., Clark, K. B., Revolutionizing product development - Quantum leaps in speed, efficiency, and quality, New York, Toronto, New York: Free Press; Maxwell Macmillan Canada; Maxwell Macmillan International, 1992.

Wöhe, G., Döring, U., Einführung in die allgemeine Betriebswirtschaftslehre, 19. neubearbeitete Auflage, München: Verlag Franz Vahlen, 1996.

Womack, J. P., Jones, D. T., Roos, D. (Hrsg.), Die zweite Revolution in der Autoindustrie - Konsequenzen aus der weltweiten Studie aus dem Massachusetts Institute of Technology, Ungekürzte Taschenbuchausgabe, München: Heyne, 1997.

Yassine, A., An introduction to modeling and analyzing complex product development processes using the design structure matrix (DSM) method, Champaign, IL, 2004.

Yassine, A., Braha, D., Complex Concurrent Engineering and the Design Structure Matrix Method. In: concurrent eng, 11. Jg., Nr. 3, 2003, S. 165–176.

Yoshimura, M., Concurrent Product Design and Manufacturing. In: Concurrent Engineering Techniques and Applications, 1993, S. 89–128.

Zimmermann, H.-J., Operations research - Methoden und Modelle ; für Wirtschaftsingenieure, Betriebswirte, Informatiker, 2., aktualisierte Aufl, Wiesbaden: Vieweg, 2008.

Zwicky, F., Entdecken, Erfinden, Forschen im morphologischen Weltbild, München, Zürich: Droemer/Knaur, 1966.

A. Anhang

Nachfolgend sind die im Zuge der Validierung der Methodik zur integrierten Produkt- und Werkzeugentwicklung gewonnenen Ergebnisse vollständig dargestellt. Hierzu werden in Anhang A.1 die Einflussmatrix, die Intensitätsmatrix sowie die Anforderungsliste für die betrachtete Produktfamilie bei Grunewald dargestellt, während Anhang A.2 analog die Ergebnisse bei Busch-Jaeger abbildet.

A.1 Vollständige Ergebnisse der Validierung bei Grunewald

Einflussmatrix	Ober- / Unterguss						Spannrahmensystem						Grundplatten						Temperiersystem						Schiebersystem					
Primärer Gewichtungsfaktor $G_i^{(1)}$	0,38						0,23						0,15						0,15						0,09					
Kostenart a	IK_i	PK_i	MEK_i	FEK_i	RK_i	$KE_i^{(M)}$	IK_i	PK_i	MEK_i	FEK_i	RK_i	$KE_i^{(M)}$	IK_i	PK_i	MEK_i	FEK_i	RK_i	$KE_i^{(M)}$	IK_i	PK_i	MEK_i	FEK_i	RK_i	$KE_i^{(M)}$	IK_i	PK_i	MEK_i	FEK_i	RK_i	$KE_i^{(M)}$
Sekundärer Gewichtungsfaktor $G_{i,a}^{(2)}$	0	0,3	0,2	0,5	0		0	0,3	0,25	0,4	0,05		0	0,15	0,25	0,6	0		0	0,1	0,2	0,7	0		0	0,3	0,3	0,4	0	
Teiligkeit	0	9	1	9	0	2,81	0	3	3	1	1	0,48	0	3	3	3	0	0,45	0	0	1	9	0	0,98	0	0	0	0	0	0
Umformhöhe Fersenblech	0	0	1	9	0	1,79	0	3	9	9	1	1,56	0	0	0	0	0	0	0	0	3	9	0	1,04	0	0	0	0	0	0
Umformhöhe A-Säule	0	0	1	9	0	1,79	0	3	9	9	1	1,56	0	0	0	0	0	0	0	0	3	9	0	1,04	0	0	0	0	0	0
max. Tunnelhöhe	0	0	1	9	0	1,79	0	0	0	0	0	0	0	0	0	0	0	0	0	0	3	9	0	1,04	0	0	0	0	0	0
Werkstoff	0	0	0	0	0	0	0	1	1	1	0	0,22	0	0	0	0	0	0	0	0	1	1	0	0,14	0	0	0	0	0	0
Materialdicke	0	0	0	0	0	0	0	1	1	1	0	0,22	0	0	0	0	0	0	0	0	0	0	0	0	0	0	0	0	0	0
Länge	0	9	9	9	0	3,42	0	3	9	9	3	2	0	3	9	9	0	1,22	0	0	3	9	0	1,04	0	0	0	0	0	0
Breite	0	9	9	9	0	3,42	0	3	9	9	3	2	0	3	9	9	0	1,22	0	0	3	9	0	1,04	0	0	0	0	0	0
Anzahl der Hinterschnitte	0	3	0	3	0	0,91	0	0	0	0	0	0	0	0	0	0	0	0	0	0	1	3	0	0,35	0	9	9	9	0	0.81

Tabelle A-1: Vollständige Einflussmatrix der Validierung bei Grunewald

Intensitätsmatrix der Produktfamilie																				
Merkmal	Ausprägung	Ober- / Unterguss			Spannrahmensystem			Grundplatten			Temperiersystem			Schiebersystem			Einfluss-faktoren (absolut)	Produktvariante		
																		1	2	3
Teiligkeit	3	2,81	9	25,31	0,48	3	1,45	0,45	3	1,35	0,98	9	8,78	0,00	0	0,00	36,88	36,88		
	1		1	2,81		1	0,48		1	0,45		1	0,98		0	0,00	4,72		4,72	4,72
Umformhöhe Fersenblech	300 mm	1,79	9	16,07	1,56	3	4,69	0,00	0	0,00	1,04	3	3,11	0,00	0	0,00	23,87	23,87		
	250 mm		3	5,36		3	4,69		0	0,00		3	3,11		0	0,00	13,16		13,16	13,16
Umformhöhe A-Säule	400 mm	1,79	9	16,07	1,56	3	4,69	0,00	0	0,00	1,04	3	3,11	0,00	0	0,00	23,87	23,87		
	450 mm		9	16,07		3	4,69		0	0,00		3	3,11		0	0,00	23,87		23,87	
	370 mm		3	5,36		3	4,69		0	0,00		3	3,11		0	0,00	13,16			13,16
max. Tunnelhöhe	260 mm	1,79	9	16,07	0,00	0	0,00	0,00	0	0,00	1,04	3	3,11	0,00	0	0,00	19,18	19,18		
	130 mm		3	5,36		0	0,00		0	0,00		3	3,11		0	0,00	8,46		8,46	
	220 mm		9	16,07		0	0,00		0	0,00		3	3,11		0	0,00	19,18			19,18
Werkstoff	900 g/qm	0,00	0	0,00	0,22	3	0,66	0,00	0	0,00	1,14	1	0,14	0,00	0	0,00	0,79	0,79		
	600 g/qm		0	0,00		1	0,22		0	0,00		1	0,14		0	0,00	0,35		0.35	
	560 g/qm		0	0,00		1	0,22		0	0,00		1	0,14		0	0,00	0,35			0,35
Materialdicke	6 mm	0,00	0	0,00	0,22	3	0,66	0,00	0	0,00	0,00	0	0,00	0,00	0	0,00	0,66	0,66		
	5 mm		0	0,00		1	0,22		0	0,00		0	0,00		0	0,00	0,22		0,22	0,22
Länge	2200 mm	3,42	3	10,26	2,00	3	6,00	1,22	1	1,22	1,04	3	3,11	0,00	0	0,00	20,58	20,58		
	1700 mm		1	3,42		1	2,00		1	1,22		1	1,04		0	0,00	7,67		7,67	
	1800 mm		1	3,42		1	2,00		1	1,22		1	1,04		0	0,00	7,67			7,67
Breite	1500 mm	3,42	3	10,26	2,00	3	6,00	1,22	1	1,22	1,04	3	3,11	0,00	0	0,00	20,58	20,58		
	1250 mm		1	3,42		1	2,00		1	1,22		1	1,04		0	0,00	7,67		7,67	
	1300 mm		1	3,42		1	2,00		1	1,22		1	1,04		0	0,00	7,67			7,67
Anzahl der Hinterschnitte	1	0,91	3	2,73	0,00	0	0,00	0,00	0	0,00	0,35	3	1,05	0,81	9	7,29	11,07	11,07		
	0		0	0,00		0	0,00		0	0,00		0	0,00		0	0,00	0,00		0,00	0,00
															Summe		271,64	157,49	66,12	66,12

Tabelle A-2: Vollständige Intensitätsmatrix der Validierung bei Grunewald

A.2 Vollständige Ergebnisse der Validierung bei Busch-Jaeger

Einflussmatrix	Formnest						Heißkanalsystem						Aufbau						Auswerfsystem					
Primärer Gewichtungsfaktor $G_i^{(1)}$	0,70						0,15						0,10						0,05					
Kostenart	IK_i	PK_i	MEK_i	FEK_i	RK_i	$KE_i^{(M)}$	IK_i	PK_i	MEK_i	FEK_i	RK_i	$KE_i^{(M)}$	IK_i	PK_i	MEK_i	FEK_i	RK_i	$KE_i^{(M)}$	IK_i	PK_i	MEK_i	FEK_i	RK_i	$KE_i^{(M)}$
Sekundärer Gewichtungsfaktor $G_{i,a}^{(2)}$	0	0,18	0,1	0,7	0,02		0	0,08	0,8	0,1	0,02		0	0,13	0,4	0,45	0,02		0	0,13	0,4	0,45	0,02	
Länge	0	1	3	3	1	1,82	0	1	3	3	3	0,43	0	1	9	3	1	0,51	0	1	3	3	1	0,14
Breite	0	1	1	1	1	0,7	0	0	1	1	1	0,14	0	1	9	3	1	0,51	0	0	1	1	1	0,14
Höhe	0	1	3	3	1	1,82	0	0	1	1	1	0,14	0	1	3	3	1	0,27	0	0	1	1	1	0,14
Wandstärke (max)	0	0	1	1	0	0,56	0	3	3	3	3	0,45	0	0	0	0	0	0	0	0	3	3	1	0,13
Wandstärke (min)	0	1	1	3	1	1,68	0	3	3	3	3	0,45	0	0	0	0	0	0	0	0	3	3	1	0,13
Farbvarianten	0	0	0	0	0	0	0	0	0	0	9	0,03	0	0	0	0	0	0	0	0	0	0	0	0
Oberflächengüte (sichtbar)	0	0	1	3	3	1,58	0	0	0	0	0	0	0	0	0	0	0	0	0	0	0	0	0	0
Oberflächengüte (nicht sichtbar)	0	0	0	1	0	0,49	0	0	0	0	0	0	0	0	0	0	0	0	0	0	0	0	0	0
Material (Schwindung)	0	0	1	0	1	0,08	0	0	0	0	0	0	0	0	0	0	0	0	0	0	0	0	0	0
Anzahl Rippen pro Außenseite	0	1	0	1	1	0,63	0	0	0	0	0	0	0	0	0	0	0	0	0	0	0	0	0	0
Anzahl der Durchbrüche	0	1	3	3	1	1,82	0	1	3	3	3	0,43	0	1	9	3	1	0,51	0	1	3	3	1	0,14
Anzahl der Einspritzpunkte	0	1	1	1	1	0,7	0	1	1	1	1	0,15	0	0	0	0	0	0	0	0	0	0	0	0

Abbildung A-1: Vollständige Einflussmatrix der Validierung bei Busch-Jaeger

Intensitätsmatrix der Produktfamilie														
Merkmale	Ausprägung	Formnest			Heißkanalsystem			Aufbau			Auswerfersystem			Einflussfaktoren (absolut)
		$KE_{j,i}^{(M)}$	$y_{k,j,i}$	$KE_{k,j,i}^{(A)}$	$KE_{j,i}^{(M)}$	$y_{k,j,i}$	$KE_{k,j,i}^{(A)}$	$KE_{j,i}^{(M)}$	$y_{k,j,i}$	$KE_{k,j,i}^{(A)}$	$KE_{j,i}^{(M)}$	$y_{k,j,i}$	$KE_{k,j,i}^{(A)}$	
Länge	81 mm	1,82	1	1,82	0,43	1	0,43	0,51	1	0,51	0,14	1	0,14	2,89
	152 mm		3	5,46		1	0,43		3	1,53		3	0,41	7,82
	295 mm		9	16,38		3	1,28		9	4,59		9	1,22	23,46
Breite	81 mm	0,70	1	0,70	0,14	1	0,14	0,51	1	0,51	0,14	1	0,14	1,48
Höhe	12 mm	1,82	3	5,46	0,14	1	0,14	0,27	1	0,27	0,14	1	0,14	6,00
Wandstärke (max)	1,4 mm	0,56	3	1,68	0,45	1	0,45	0	0	0	0,13	1	0,13	2,26
Wandstärke (min)	0,7 mm	1,68	9	15,12	0,45	3	1,35	0	0	0	0,13	3	0,39	16,86
Farbvarianten	4	0	0	0	0,03	3	0,08	0	0	0	0	0	0	0,08
	1					1	0,03							0,03
Oberflächengüte (sichtbar)	0,012 µm	1,58	9	14,24	0	0	0	0	0	0	0	0	0	14,24
Oberflächengüte (nicht sichtbar)	1,6 µm	0,49	1	0,49	0	0	0	0	0	0	0	0	0	0,49
Material (Schwindung)	0,65%	0,08	1	0,08	0	0	0	0	0	0	0	0	0	0,08
	0,75%		9	0,76										0,76
Anzahl Rippen pro Außenseite	4	0,63	1	0,63	0	0	0	0	0	0	0	0	0	0,63
	2		1	0,63										0,63
Anzahl der Durchbrüche	1	1,82	1	1,82	0,43	1	0,43	0,51	1	0,51	0,14	1	0,14	2,89
	2		3	5,46		1	0,43		1	0,51		3	0,41	6,80
	4		9	16,38		3	1,28		1	0,51		9	1,22	19,38
Anzahl der Einspritzpunkte	2	0,70	1	0,70	0,15	1	0,15	0	0	0	0	0	0	0,85
	3		1	0,70		1	0,15							0,85
	5		3	2,10		1	0,15							2,25
													Summe	110,74

Tabelle A-3: Vollständige Intensitätsmatrix der Validierung bei Busch-Jaeger

In der Reihe **Ergebnisse aus der Produktionstechnik** zuletzt erschienen:

Nobel, Christoph:
Drehbearbeitung bleiarmer Kupfer-Zink-Legierungen
ISBN: 978-3-86359-413-8
Erscheinungsdatum: 18.04.2016

Gaudlitz, Franz:
Steigerung der Robustheit von Qualitätsmanagementsystemen mittels des System-Dynamics-Ansatzes
ISBN: 978-3-86359-409-1
Erscheinungsdatum: 01.04.2016

Frank, Sascha Jürgen:
Mechanismen der Nahtfehlerentstehung beim Laserstrahlhartlöten
ISBN: 978-3-86359-407-7
Erscheinungsdatum: 01.04.2016

Bernhardt, Frank:
Entwicklung eines Verschleißmodells auf Basis der Degradationsmechanismen von Platin-Iridium-Beschichtungen beim Glaspressen
ISBN: 978-3-86359-411-4
Erscheinungsdatum: 16.03.2016

Aryobsei, Abassin:
Integrierte Produkt- und Werkzeugentwicklung durch Gestaltung von Freiheitsgraden
ISBN: 978-3-86359-404-6
Erscheinungsdatum: 02.03.2016

Maue, Andreas:
Aufwandsorientierte Gestaltung des Produktionsanlaufs am Beispiel der Automobilproduktion
ISBN: 978-3-86359-400-8
Erscheinungsdatum: 23.02.2016

Rasim, Matthias:
Modellierung der Wärmeentstehung im Schleifprozess in Abhängigkeit von der Schleifscheibentopographie
ISBN: 978-3-86359-393-3
Erscheinungsdatum: 17.02.2016

Hienzsch, Martin:
Bewertungsmodell für die lebenszykluskostenorientierte Leistungsfähigkeit von Werkzeugbaubetrieben am Beispiel von Spritzgießwerkzeugen
ISBN: 978-3-86359-385-8
Erscheinungsdatum: 11.02.2016

Aleksic, Saša:
Nachhaltige Weiterentwicklung von modularen Produktarchitekturen durch Release-Management
ISBN: 978-3-86359-397-1
Erscheinungsdatum: 03.02.2016

Froitzheim, Thomas:
Modell für die kommunikationsorientierte Beschreibung und Bewertung von Geschäftsprozessen
ISBN: 978-3-86359-390-2
Erscheinungsdatum: 20.01.2016

Nowacki, Christoph:

Szenariobasierte Konfiguration der Produktmixflexibilität am Beispiel der Fertigung einer Lithium-Ionen-Batteriezelle

ISBN: 978-3-86359-387-2

Erscheinungsdatum: 18.01.2016

Brockmann, Matthias:

On the Use of Potential Theory for Thermal Modeling in Metal Cutting

ISBN: 978-3-86359-391-9

Erscheinungsdatum: 13.01.2016

Buchkremer, Stefan:

Predictive Tool and Process Design for Efficient Chip Control in Metal Cutting

ISBN: 78-3-86359-384-1

Erscheinungsdatum: 16.12.2015

Riesener, Michael:

Ähnlichkeitsbasierte Produktkonfiguration im Maschinenbau

ISBN: 978-3-86359-383-4

Erscheinungsdatum: 09.12.2015

Terhorst, Michael:

Solid Forward Extrusion Hybridized with Direct Resistance Heating

ISBN: 978-3-86359-376-6

Erscheinungsdatum: 20.11.2015

Löpenhaus, Christoph:

Untersuchung und Berechnung der Wälzfestigkeit im Scheiben- und Zahnflankenkontakt

ISBN: 978-3-86359-374-2

Erscheinungsdatum: 17.11.2015

Macedo, Sergio:

Thermoelastische Verformungen von Werkstücken aus Leichtmetall bei der Trockenbearbeitung

ISBN: 978-3-86359-367-4

Erscheinungsdatum: 16.11.2015

Schindler, Florestan:

Zerspanungsmechanismen beim Schleifen von polykristallinem Diamant

ISBN: 978-3-86359-370-4

Erscheinungsdatum: 12.11.2015

Henser, Jannik:

Berechnung der Zahnfußtragfähigkeit von Beveloidverzahnungen

ISBN: 978-3-86359-359-9

Erscheinungsdatum: 29.10.2015

Vogels, Till:

Controlling von Produktbaukästen

ISBN: 978-3-86359-365-0

Erscheinungsdatum: 26.10.2015

Edition Wissenschaft
Apprimus

Lebenslauf

Persönliche Angaben

Name	Abassin Aryobsei
Geburtsdatum, -ort	12. Oktober 1984, Kabul (Afghanistan)
Nationalität	deutsch
Familienstand	verheiratet

Ausbildung

1996 - 2005	Albert-Schweitzer-Schule, Kassel
2005 - 2010	Studium des Wirtschaftsingenieurwesens an der Universität Kassel
2007 - 2010	Studium der Wirtschaftswissenschaften an der Universität Kassel
2009	Auslandssemester an der University of Wisconsin, Madison, USA

Berufliche Erfahrung

2006 – 2009	Tutor und Mentor, Institut für Mechanik, Institut für Mathematik, Institut für VWL, Institut für BWL, Universität Kassel
2008	Praktikant, BMW Group Asia Pacific, Jakarta, Indonesien
2010 – 2014	Wissenschaftlicher Mitarbeiter am Lehrstuhl für Produktionssystematik (Werkzeugmaschinenlabor WZL der RWTH Aachen)

Aachen, im Dezember 2015

FSC
www.fsc.org
MIX
Papier | Fördert
gute Waldnutzung
FSC® C083411

Kolibri 360 GmbH
Ferdinand-Jühlke-Straße 7
99095 Erfurt, Deutschland
produktsicherheit@kolibri360.de